中等职业教育
计算机专业系列教材

Office 2007 高级实用案例教程

总主编 张小毅 甘志勇
主 编 吕 军
编 者（以姓氏笔画为序）
吕 军 刘国纪 张成平
林 龙 徐 菡

Microsoft® Office™

重庆大学出版社

图书在版编目(CIP)数据

Office 2007高级实用案例教程/吕军主编.—重庆:重庆大学出版社,2012.8
中等职业教育计算机专业系列教材
ISBN 978-7-5624-6693-2

Ⅰ.①O… Ⅱ.①吕… Ⅲ.①办公自动化—应用软件—中等专业学校—教材 Ⅳ.①TP317.1

中国版本图书馆CIP数据核字(2012)第080394号

中等职业教育计算机专业系列教材
Office 2007高级实用案例教程
总主编 张小毅 甘志勇
主 编 吕 军
策划编辑:王 勇 李长惠 王海琼
责任编辑:王 勇 陈一柳 张晓华 版式设计:王 勇
责任校对:邹 忌 责任印制:赵 晟
*
重庆大学出版社出版发行
出版人:邓晓益
社址:重庆市沙坪坝区大学城西路21号
邮编:401331
电话:(023)88617190 88617185(中小学)
传真:(023)88617186 88617166
网址:http://www.cqup.com.cn
邮箱:fxk@cqup.com.cn(营销中心)
全国新华书店经销
重庆双百印务有限公司印刷
*
开本:787mm×1092mm 1/16 印张:12.25 字数:306千
2012年8月第1版 2012年8月第1次印刷
印数:1—3 000
ISBN 978-7-5624-6693-2 定价:29.00元

序言 Xuyan

进入21世纪,随着计算机科学技术的普及和发展加快,社会各行业的建设和发展对计算机技术的要求越来越高,计算机已成为各行各业不可缺少的基本工具之一。在今天,计算机技术的使用和发展,对计算机技术人才的培养提出了更高的要求,为培养能够适应现代化建设需求的、能掌握计算机技术的高素质技能型人才,已成为职业教育人才培养的重要内容。

按照"以就业为导向"的办学方向,根据国家教育部中等职业教育人才培养的目标要求,结合社会行业对计算机技术操作型人才的需要,我们在调查、总结前些年计算机应用型专业人才培养的基础上,重新对计算机专业的课程设置进行了调整,进一步突出专业教学内容的针对性和实效性,重视对学生计算机基础知识的教学和对计算机技术操作能力的培养,使培养出来的人才能真正满足社会行业的需要。为进一步提高教学的质量,我们专门组织了有丰富教学经验的教师和有实践经验的行业专家,重新编写了这套中等职业学校计算机专业教材。

本套教材编写采用了新的教育思想、教学观念,遵循的编写原则是:"拓宽基础、突出实用、注重发展"。为满足学生对计算机技术学习的需求,力求使教材突出以下几个主要特点:一是体现以学生为本,针对目前职业学校学生学习的实际情况,按照学生对专业知识和技能学习的要求,教材在编写中注意了语言表述的通俗,以任务驱动的方式组织教材内容,以服务学生为宗旨,突出学生对知识和技能学习的主体性;二是强调教材的互动性,根据学生对知识接受的过程特点,重视对学生探究能力的培养,教材编写采用了以活动为主线的方式进行,把学与教有机结合,增加学生的学习兴趣,让学生在教师的帮助下,通过对活动的学习而掌握计算机技术的知识和操作的能力;三是重视教材的"精、用、新",根据各行各业对计算机技术使用的需要,在教材内容的选择上,做到"精选、实用、新颖",特别注意反映计算机的新知识、新技术、新水平、新趋势的发展,使所学的计算机知识和技能与行业需要结合;四是编写的体例和栏目设置新颖,易受到中职学生的喜爱。这套教材实用性和操作性较强,能满足中等职业学校计算机专业人才培养目标的要求,也能满足学生对计算机专业技术学习的不同需要。

为了便于组织教学,我们将根据计算机专业技术发展的要求和教学的实际需要,研究开发出与教材配套的有关教学资源材料供大家参考和使用,进一步提高教学的实效性。希望重新推出的这套教材能得到广大师生喜欢,为职业学校计算机专业的发展做出贡献。

中等职业学校计算机专业教材编写组

2005 年 7 月

前言 Qianyan

本教材是针对即将走入社会谋职的中职学生而编写的一本办公案例式教材。

本教材以大量的实例,把企业中常用的各类文档处理进行分门别类的梳理、编排、分析、细化,使学生能很好地了解企业工作的情况,明确企业是如何运用 Office 各组件进行日常办公事务处理。

本教材编写思路新颖,既有经典案例的详细分析,又结合了大量企业的实例。从教材的编写风格来看,采用了左边为主线内容,右边为"相关知识""友情提示""试一试""想一想"等栏目,这种安排主线清晰,内容丰富,很好地为教学服务。

本教材依照职业教育服务经济社会发展,助推学生创业、就业为指导宗旨,提高学生对企业的认知和了解,为应对社会挑战,实现终身发展奠定基础。

全书共分为6个模块,模块一是 Office 2007 概述与企业透视;模块二是高级办公 Word 实例;模块三是高级表格 Excel 实例;模块四是高级数据管理 Access 实例;模块五是高级演示文稿 PowerPoint 实例;模块六是高级 Office 2007 其他常用组件。

本书所需的原始资料和素材可在重庆大学出版社的资源网站(www.cqup.com.cn,用户名和密码:cqup)上下载。

本书由吕军担任主编,模块一和模块五由吕军编写,模块二由徐菡编写,模块三由张成平编写,模块四由刘国纪编写,模块六由林龙(企业人员)编写。

由于时间仓促,水平有限,书中难免有不妥之处,敬请读者批评指正。

注:1. 打"*"部分为学生选修内容。

2. 相应模块内容都提供原始资料、素材。

编　者

2012年5月

目录 mulu

模块四 Access数据库管理实例

模块五 演示文稿PowerPoint实例

模块六 Office 2007其他常用组件

模块一 Mokuaiyi

Office 2007 概述与企业透视

Microsoft Office 2007 是微软公司庞大的办公软件和工具软件的集合体，它融合了先进的 Internet 技术，具有强大的网络功能。Office 2007 中文版增加了许多新功能，从窗口界面的改进到构建工作组跨越地理、组织轻松与他人共享，协作办公方面，比以前更完善、工作效率更高，更让人赏心悦目。Office 2007 成为日常工作和企业办公中不可缺少的得力助手。

本模块应达到的目标：

- 认识 Office 2007
- 了解 Office 2007 与 Office 各版本特性对比
- 认识 Office 2007 常用组件
- 理解企业对 Office 2007 的运用

任务一 初识 Office 2007

任务概述

Microsoft Office 2007 是微软在 Office 2003 后推出的又一套办公软件，它突破了早期单纯办公软件的范畴，将触角伸向了更为广阔的企业应用。Office 2007 被称为具有创新与革新性的一个版本，它以全新的用户界面设计，稳定安全的文件格式，无缝高效的沟通协同工作，形成为一个极其强大的办公系统。

一、Office 官方网站

启动 IE 浏览器，在“地址栏”中输入：http://www.microsoft.com.cn/，即可访问 Office 网站。

Office Online 为所有 Office 用户提供丰富的资源和信息，主要包括：产品介绍、Office 在线培训课程、安全与更新、在线购买，以及一系列基于 Web 的服务等，如下图所示。

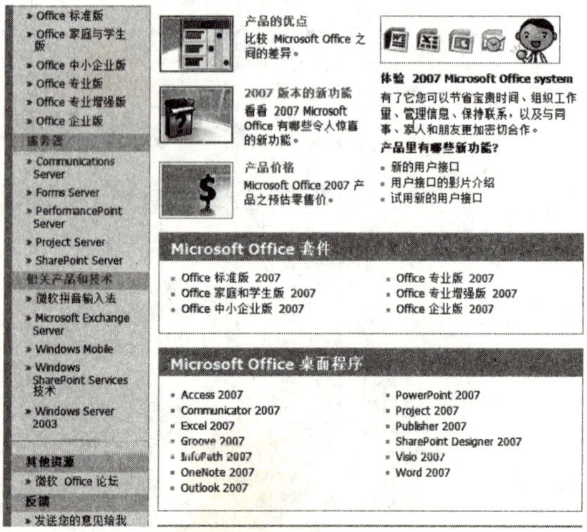

相关知识

在微软的网站上有微软研发的各种套件，包括：标准版、家庭与学生版、中小企业版、专业版、专业增强版、企业版。常用的 Excel、PowerPoint、Word 集于 Office 2007 中的家庭与学生版。

企业版 Office 2007 不仅有我们常用的 Access、Excel、Word、PowerPoint、Outlook 各种组件，还增加了 InfoPath（设计和填写电子业务表单）、OneNote（数字笔记本）、Groove（协作软件程序）、Visio（设计图表）、Publisher（桌面出版应用软件）、Project（网络的项目管理）等软件。

Office 2007 便捷的使用方法使其受到广大用户的欢迎，成为重量级的办公自动化系统。

二、Office 2007 与 Office 以前各版本特性对比

从 Office 诞生到现在，经历了 Office 2000、Office 2003 及 Office 2007 的发展。随着版本的不断升级，很多方面也发生着变化。

想一想

你希望未来的 Office 有什么样的组件功能？

从 Word 2000、Word 2003、Word 2007 工作界面的对比可以看出，其菜单功能在不断地增强，如下图所示。

Word 2000

试一试

自己动手安装 Office 2007，能进行最小安装吗？

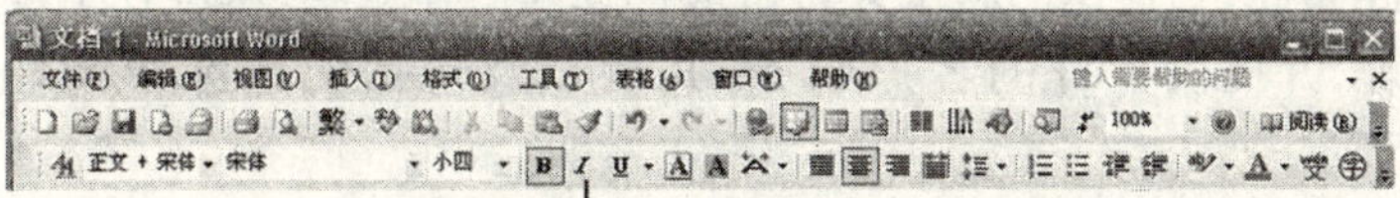

Word 2003

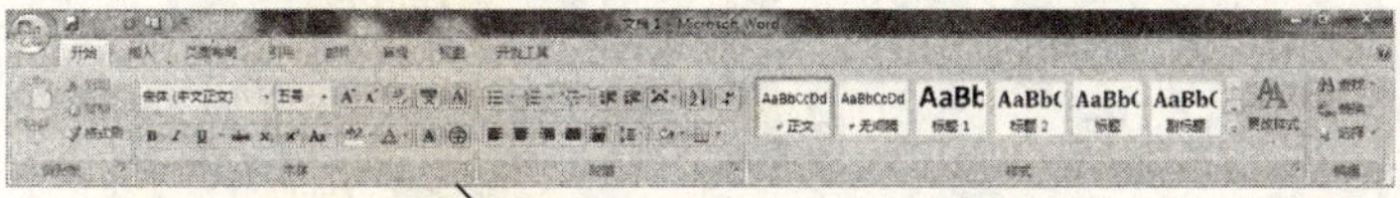

Word 2007

• Office 2000 是办公处理软件的代表产品，为办公和管理搭建了平台，提高了使用者的工作效率和决策能力，其特点和包括的组件如下表所示。

试一试

安装 Office 2007 前必须卸载 Office 2003 吗？

特　点	组件内容
创建自定义的安装	Outlook、Word、Excel、PowerPoint、Access、Publisher、FrontPage、PhotoDraw 等
集成强大的软件包	
支持多种语言	
实现网络办公	
增加了中文方面的新功能	

• Office 2003 是 Office 家族发展史中较为成熟的一个版本，目前仍广泛运用在企业、行政办公等方面。

Office 2003 除了涵盖办公应用程序外，还发售了服务器组件，帮助用户更好地用于通信、创建共享文档、使用信息等，其特点及包括的组件如下表所示。

说一说

你还知道哪些常用办公处理软件，它们各自有何特点与应用场合？

特　点	组件内容
增强本地以及远程信息管理和控制	除有 Word、Excel、PowerPoint、Outlook、Access、Publisher、FrontPage、Visio 之外，还有 InfoPath、OneNote、Project 及服务器组件等
增强各个组件的功能	
新的智能标记	
多人大规模协作办公	
注重文档的安全级别	
强大的 VB 编程语言	
方便报告出错信息	

相关知识

Microsoft Office 是一套由微软公司开发的办公软件，其发展史如下：

Office 3.0
↓
Office 4.0
↓
Office 97
↓
Office 2000
↓
Office XP
↓
Office 2003
↓
Office 2007
↓
Office 2010

你还了解微软的其他产品吗？

● Office 2007 窗口界面与以前版本的窗口界面相比更美观大方。Office 2007 是一个功能强大且易于使用和管理的软件套件，它提供的新工具可帮助你提高工作效率，保持有序管理，并提供更好的客户服务，其特点及包括的组件如下表所示。

特　点	组件内容
Office 组件再次扩大	Word、Excel、Outlook、PowerPoint、Publisher、Access、InfoPath、Communicator、Integrated Enterprise Content Management、Electronic Forms、Advanced Information Rights Policy Capabilities、OneNote Groove、Visio 及服务器组件等
VISTA 按钮风格	
“即输即搜”强大的信息检索功能	
博客即写即发布	
选项卡、功能区与当前操作相关联	
SmartArt 图形及 3D 功能	
帮助管理日程	
跨越地理界限和组织界限与其他人轻松地共享关键信息	
稳定及安全等方面的独特表现	
易用、协同与商务智能	

总之，Office 2007 是 Office 2000、Office 2003 的发展与延续，在界面、功能、沟通、共享、协作等方面跨出了一大步。更安全的体验、更好的互联性能以及更丰富的计算机娱乐体验，使用户无论在家里、在办公室，或是在旅途中都能从中受益。

三、Office 2007 常用组件介绍

1. Word 2007

Word 2007 以全新的用户界面、新增的强大功能为用户制作具有专业水准的文档提供了更好的帮助。新增功能主要有：灵活的浮动工具栏、更加完善的文档兼容功能、丰富的文档模板等。另外，还新增了博客文档和毛笔字帖等功能。右图就是一份使用 Word 2007 制作的电子小报。

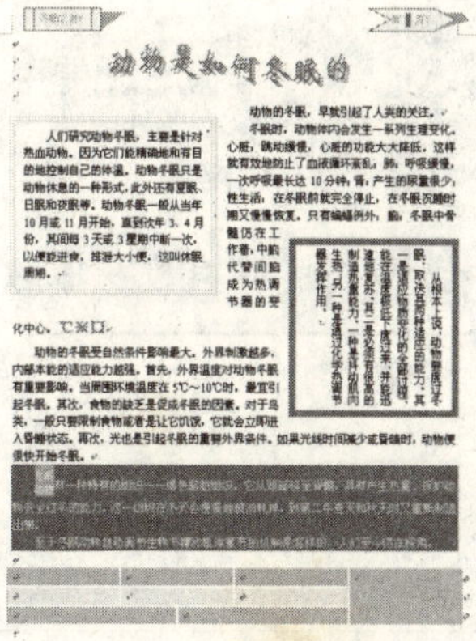

2. Excel 2007

Excel 2007 新增和完善了 Excel 2003 中不少的工具和功能，用户可以使用这些工具和功能轻松地分析、共享和管理数据。新增功能主要有：面向结果的用户界面 、更多的行和列、丰富的条件格式、更加轻松地编写公式、改进地排序和筛选功能 、共享的图表 、快速连接到外部数据等。右图就是一份使用 Excel 2007 制作的电子表格。

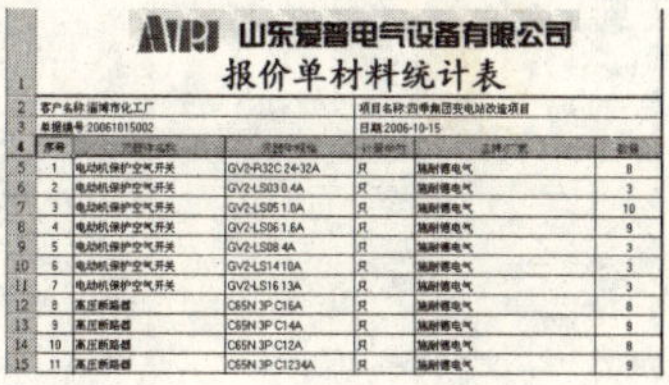

3. PowerPoint 2007

PowerPoint 2007 以全新直观的用户界面，为用户提供更加丰富的新效果、主题以及增强的格式选项，特别是 SmartArt 组件所带来的图形、形状、艺术字和图表，加强了幻灯片的视觉效果，如：3D 效果、底纹、反射、辉光等。右图就是一个使用 PowerPoint 2007 制作的演示文稿。

4. Access 2007

Access 2007 是用于创建小型数据库的关系型数据库管理系统。它通过对表、窗体、报表等进行访问，实现对数据的存储、查询、生成报表等功能，完成数据管理的任务。Access 2007 改进了用户界面和交互式功能，它的优势是即便你不懂深层的数据库知识，也能用简便的方式创建、跟踪、报告和共享数据信息。右图就是使用 Access 开发的一个数据管理系统。

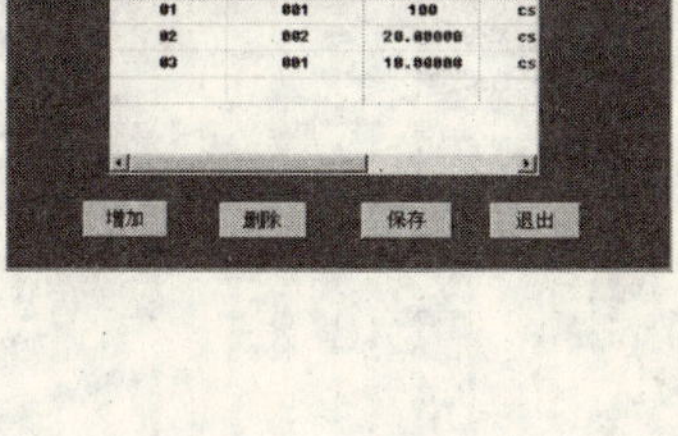

5. Publisher 2007

Publisher 2007 是一个针对企业或单位日常办公应用的小型排版软件。对于企业或单位来说，可以利用它的各种模板，或是用户自定义的模板来设计制作企业或单位的徽标、品牌、简报、手册、明信片等。制作出的这些小型产品还能用于打印、印刷、电子邮件分发或在 Web 中查看。左图就是使用 Publisher 2007 制作的车票。

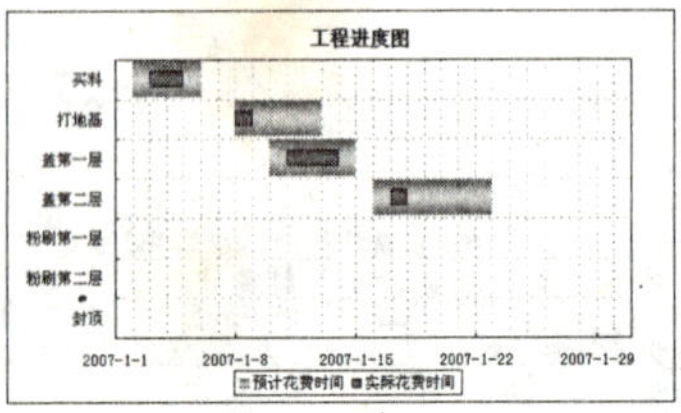

6. Project 2007

Project 2007 是应用于网络的项目管理软件，它能够为企业项目制作计划并通过网络进行监控。其中，项目的日程表可以用资源作为标准，而项目的关键链则以甘特图的形式形象化，便于用户使用和理解。Project 2007 可以设置不同类别的用户，这些不同类别的用户对项目、资源、视图以及其他资料有不同的访问权限。左图就是使用 Project 2007 制作的工程甘特图。

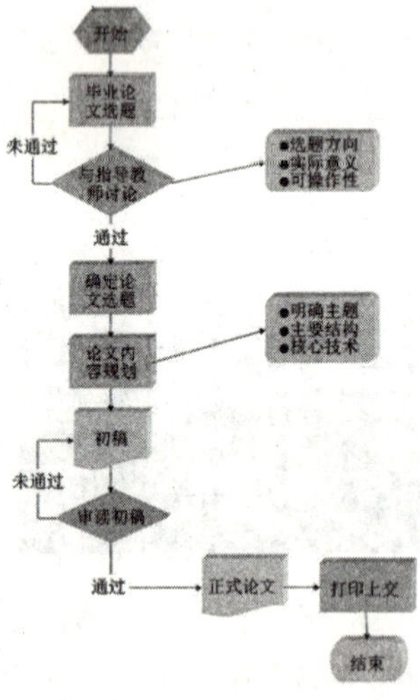

7. Visio 2007

Visio 2007 能够帮助用户轻松地分析和交流复杂信息，它能够将难以理解的复杂文本和数据转化成清楚易懂的 Visio 图表。Visio 2007 利用其拥有的强大的模板、模具与形状等元素，实现各种图表与模具的绘制功能，其使用方法也非常简单方便。左图就是使用 Visio 2007 制作的流程图。

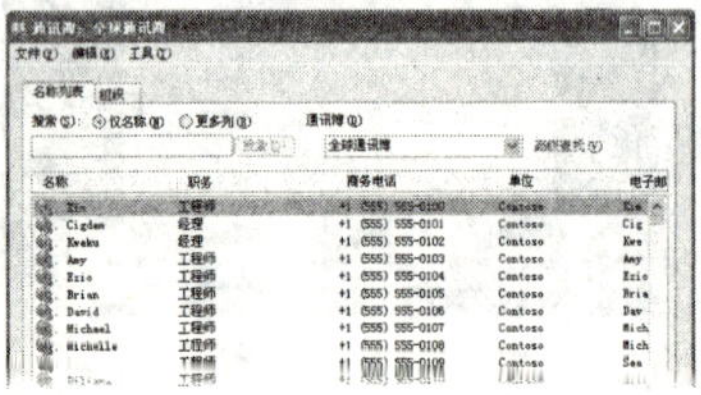

8. Outlook 2007

Outlook 2007 是一个电子邮件客户端，它能使用户跨越不同网络的界限来实现各种网络邮箱的统一管理。Outlook 2007 还能将日历、约会事件和工作任务时间安排整合在一起，使用户能很好地安排时间。另外它增强的搜索功能，只需某封邮件附件中的一个词就能够从成千上万封邮件中快速找到所需内容。左图就是使用 Outlook 2007 制作的联系表格。

任务二　对企业的透视

任务概述

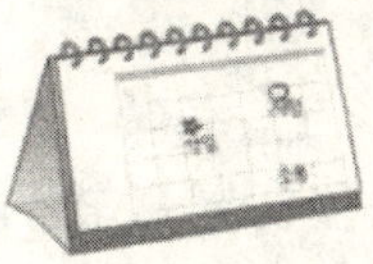

随着办公自动化的快速发展,越来越多的企业开始使用 Office 软件。它能在企业中解决什么问题,人们又如何使用 Office 2007 各个组件进行办公呢?

一、办公自动化是时代发展的需要

1. Office 软件是解放生产力,提供工作效率的需要

当今社会,企业竞争日益激烈,传统的办公方式已无法满足巨量的业务处理和信息管理的要求。人们需要使用先进的工具来规范管理和解放生产力,Office 软件能快速地制作和处理文字、文件、数据、报表、幻灯片等,满足高效处理日常办公事务的需求。

2. Office 软件是企业内务规范管理的需要

传统的管理方式过分依赖个人能力、精力、经验、风格、习惯、感觉等人为因素,也受个人意愿甚至心情的影响,由于这些不定因素易导致整个企业办公环境的混乱、无序、推诿、低效以及信息、知识损耗严重,企业领导者无法快速准确地决策以及进行监督指导,无法保证决策得到彻底执行。Office 软件能够弥补这些不利因素,以科学的依据和方法帮助企业领导做出正确决策,并保证决策得到贯彻执行。

3. Office 软件是企业信息管理和共享的需要

传统的办公模式容易使信息在企业内部形成“信息孤岛”,各种信息资源各自孤立地运行,各部门之间无法有效形成一个有机的整体,导致影响经营决策。Office 软件能够高效管理信息,对信息进行生成、传递、发布、更新、存储、共享、检索、统计、分析等,使各部门之间形成一个有机的整体。

4. Office 软件是企业协同办公的需要

企业的发展带来规模化,使部门、人员、流程、业务增多并复杂化,一个项目往往需要跨部门、跨地域、跨时间的协同配合才能完成。传统的办公模式无法建立群体运行机制,难以保证协调一致地工作,Office 软件的协同办公功能就能很好地解决这个问题。

走进企业

小张是一名刚从职业中学毕业的学生,他所看到的企业的情况:

工作环境

办公环境

每个学生都有最适合他的职业,合适的就是最好的。中职教育是一种帮助学生成才的教育,让学生按照自己的意愿、能力、兴趣选择并设计规划自己未来的职业,这样,才会有自己满意的工作和幸福生活。

相关知识

在企业办公事务中，最为普遍的应用有文字处理、电子表格处理、文件收发登录、电子文档管理、办公日程管理、人事管理、财务统计、报表处理、个人数据库等。这些常用办公事务处理应用软件互相调用或共享数据，以便提高办公事务处理的效率。

说一说

你知道企业在下面的日常工作中是用Office 2007中的哪个组件进行办公的？

招聘启事
公司办公用品清单
个人工作总结
劳动合同书
公司年度报告
邀请函和传真
公司信封
员工名片
员工人事资料管理表
员工销售业绩统计表
员工薪资管理系统
员工考勤表
产品制作演示文稿

二、使用 Microsoft office 的好处

办公软件很多，如：Microsoft Office、国产金山 WPS Office、永中 Office 系列、红旗 2000 Red Office、致力协同 OA 系列等。目前办公软件的应用范围很广，大到社会统计，小到会议记录，数字化的办公离不开办公软件的协助。办公软件正朝着操作简化、功能细化等方向发展。为什么许多人仍选择使用 Microsoft Office，它的好处在哪儿？

1. 微软产品的使用面广

目前，大多数的外企或合资企业都比较认同微软的 Office 软件，再加上人们长期使用 Microsoft Office，所以在企业或单位中使用 Microsoft Office 的用户还是占绝大多数。

2. Microsoft Office 新产品的开发和各组件的发展

Microsoft Office 产品除了常用套件的发展更新外，在 Office 2007 中开发了许多功能强大的新产品，如网络化的协同办公组件 Office SharePoint Server 2007、Microsoft Office Groove 2007、OneNote、Groove、Access、InfoPath 等，使得 Microsoft Office 组件得到不断地壮大和长足的发展。

下面看看 Microsoft office 2007 在企业中的应用。

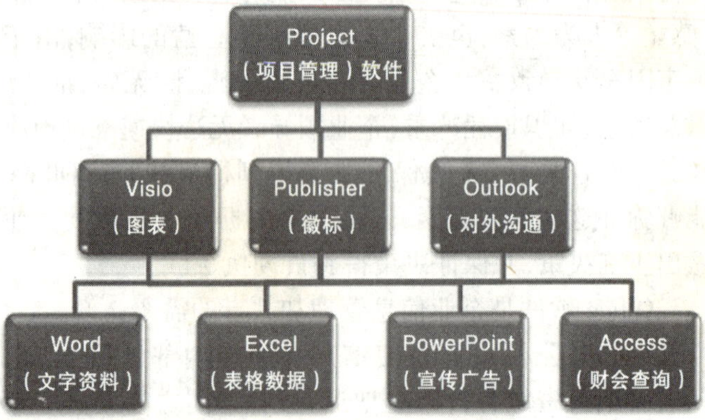

可以看到，在 Office 强大组件的帮助下，企业的各项工作得以顺利开展。

学习评价

一、填空题

1. Word 2007 文档的扩展名是____________________。

2. 在企业中使用 Office 软件，它能在企业中解决____________________、____________________、____________________、____________________、____________________问题。

3. Microsoft Office 2007 的特点____。

4. Publisher 2007 组件的用途____________________。

5. 你身边有在企业或公司工作的人吗？请他们谈谈在企业中如何使用 Office 软件？

____

____

二、上机练习题

1. 访问“www. mircorsoft. com”网站进行在线学习。

2. 搜索 Visio 2007、Project 2007、Publisher 2007 的相关资料，谈谈它们的用途。

模块二 Mokuaier

Word 办公实例

Word 2007 在现代办公领域中应用非常广泛，能进行基本文档编辑、排版直至打印操作。本模块将以四维传媒(4CV)传播有限公司的日常办公为例，学习制作企业部门工作计划、薪酬管理办法、员工手册及客户联谊会邀请函等，从而掌握 Word 2007 较深层次的文稿编排方法。

本模块应达到的目标：

- ☐认识 Word 2007 的工作界面及新增功能
- ☐掌握 Word 2007 修订和批注
- ☐掌握 Word 2007 长文档及超级链接的设置
- ☐理解 Word 2007 邮件合并功能
- ☐掌握 Word 2007 打印功能
- ☐了解综合人力资源管理的应用

任务一　认识 Word 2007 工作界面

任务概述

Word 2007 是 Office 2007 中一个功能强大的组件，通过其易于操作的界面、强大的功能区，用户可以快捷地创建和排版具有专业水准的文档。此外，丰富的审阅、批注、修订功能可以快速收集和处理来自不同渠道的反馈信息，高级的数据集成可确保文档与重要的业务信息源时刻相连。

相关知识

Office 2007 相对于前面的版本而言，具有以下特点：

①输入法变化。Office 自带的“微软拼音输入法 2003”自动更新为“微软拼音输入法 2007”，字词库也能自动更新，更加智能化。

②文档保存格式变化为“.docx”文档。

③加了一个“隐藏工具栏”。当鼠标向选中部分末字符的右上角移动，会出现一个段落和格式的常用工具栏。

④在面板中新增了“审阅”选项卡。

启动 Word 2007，进入工作界面，如下图所示。

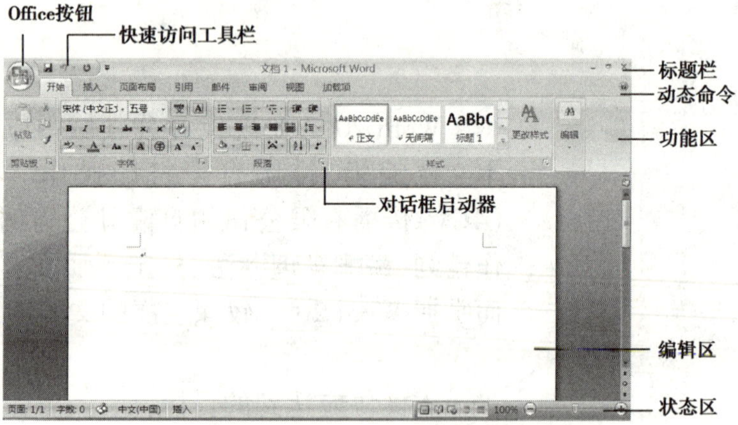

• Office 按钮　单击 Office 按钮会弹出一个下拉菜单，可以对文档执行打开、保存、打印等操作，与 Word 2003 版本的“文件”菜单功能相似，如下图所示。

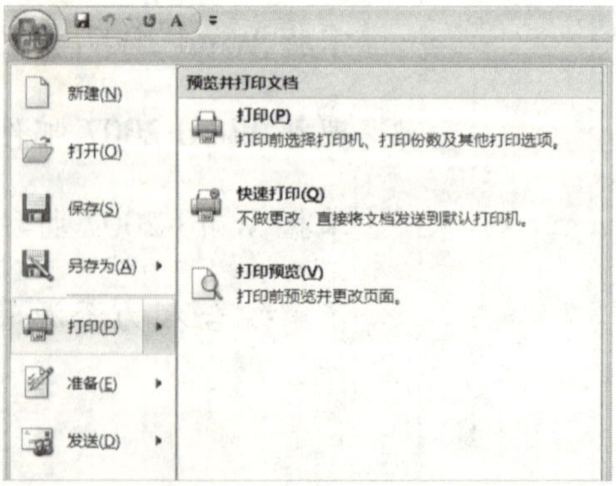

• 快速访问工具栏　用户可以在快速访问工具栏上放置一些最常用的选项，例如新建文件、保存、撤销、打印等选项，便于快速操作使用。

设置时只需单击“快速访问工具栏”后面的下拉菜单，即可得到相应的下拉列表。在下拉列表中选择相应的命令选项，即可将该选项添加到“快速访问工具栏”，如下图所示。

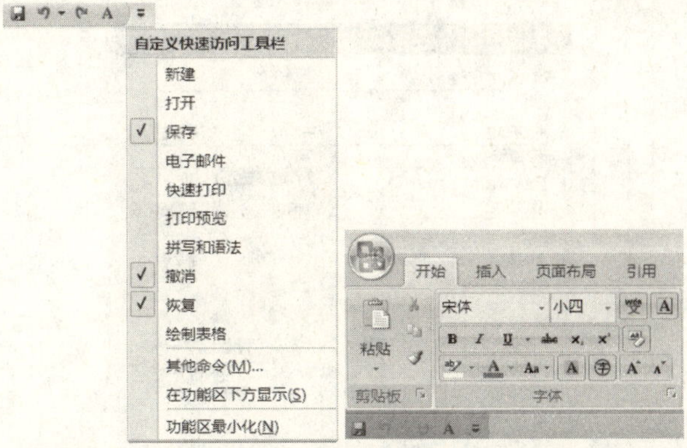

• 功能区　Word 2007 有了全新设计的用户界面，其创新就是改变下拉菜单选项，取而代之的是功能区选项工具栏。

如：在“页面布局”命令选项卡中，分为“主题”组、“页边距”组、页面“分隔符”组、页面内部“段落”组设置等。这样非常符合用户的操作习惯，便于记忆，提高操作效率。

• 动态命令选项卡　在 Word 2007 中，根据用户当前操作的对象自动显示出一个动态命令，该选项卡中的所有命令都和当前用户操作的对象相关。

如：当用户选择了文本中的一张图片时，在功能区中会自动显示“图片工具”选项卡，如下图所示，从图片参数的调整到图片效果样式的设置，用户可以在数秒钟内完成。

• 对话框启动器　Word 2007 在功能区的各个选项组的右下角有一个小方框的对话框启动按钮，单击它来启动对话框，如下图所示。

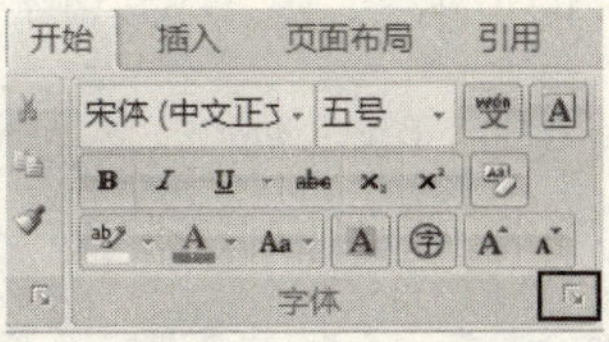

想一想

Word 2003 和 Word 2007 创建的文档能够互相兼容吗？

试一试

要使在 Word 2007 中生成的文档能够在 Word 2003 中使用，应该怎样操作？

友情提示

Word 2007 在功能区中将 Word 2003 下拉菜单命令重新组织在“开始”“插入”“页面布局”“引用”“邮件”“审阅”“视图”命令选项中。

如:单击“开始”命令中“字体”组,右下角的对话框启动器打开如下图所示。

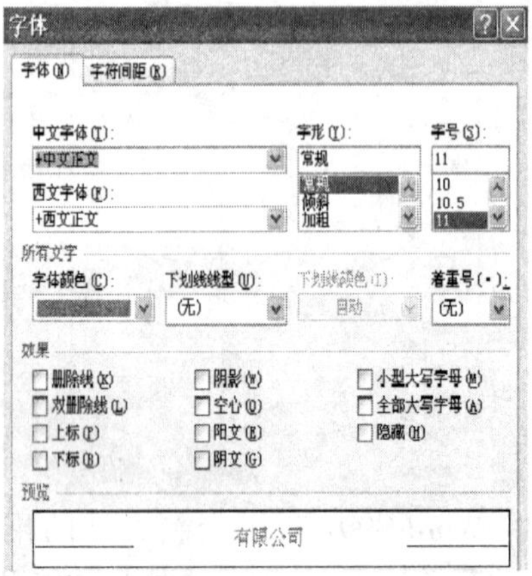

- 状态栏　在 Word 窗口底部的状态栏如下图所示。

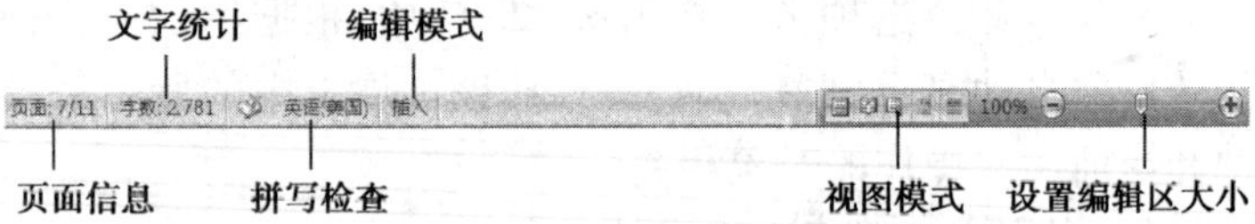

❖页面信息:显示当前页数和文档总页数。

❖文字统计:每个汉字、标点符号、英语单词、连续的字母或者数字序列被 Word 统计为一个字。

❖拼写检查:可以选择默认拼写检查的语言,比如英语或法语。

❖编辑模式:插入还是改写方式。

❖视图模式:Word 2007 提供了 5 种视图模式,从左到右依次是页面视图、阅读版式视图、Web 版式视图、大纲视图和普通视图,默认模式是页面视图模式。

❖设置编辑区大小:可以拖动中间的游标来设置编辑区的大小,或者单击左右两边的⊟/⊞按钮来缩小或放大编辑区的大小。

相关知识

每种视图模式的使用范围:

阅读长文档并进行文本编辑,可使用“阅读版式视图”。

创作文档并浏览文本和基本的文本格式,可以选择“普通视图”。

处理包含图形、公式和其他非文本元素的文档,可使用“页面视图”。

如果文档的目的是在线查看,可使用“Web 版式视图”。

“大纲视图”不用复制、剪切和粘贴就能移动文档的整节。

任务二　制作企业部门工作计划——Word 2007 修订和批注

任务概述

任何一个单位都要求各部门提交年度工作计划,作为本部门、本公司一年的工作纲领。用户可以使用 Word 2007 编辑文档,并利用其中的各项操作与设置使工作计划更加完善。下面将通过对样式设置、目录编制、图片编排以及修订和批注等操作完成四维传媒的人事行政部门的年度工作计划制作。

操作步骤

1. 打开文件

打开素材"模块二\任务二\企业部门工作计划. docx"文件,如下图所示。

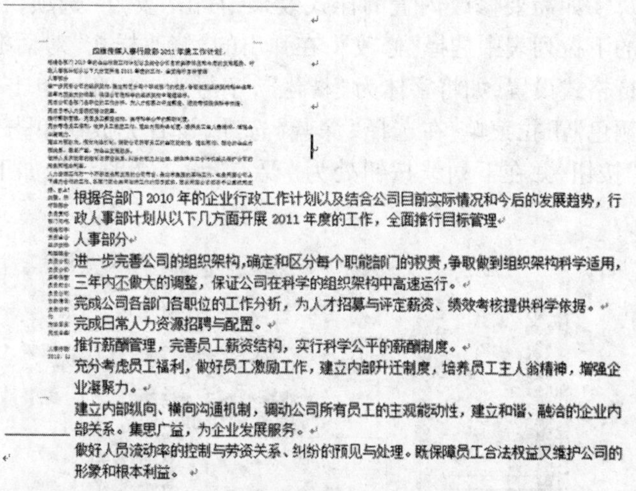
四维传媒人事行政部 2011 年度工作计划
根据各部门 2010 年的企业行政工作计划以及结合公司目前实际情况和今后的发展趋势,行政人事部计划从以下几方面开展 2011 年度的工作,全面推行目标管理。
人事部分
进一步完善公司的组织架构,确定和区分每个职能部门的权责,争取做到组织架构科学适用,三年内不做大的调整,保证公司在科学的组织架构中高速运行。
完成公司各部门各职位的工作分析,为人才招幕与评定薪资、绩效考核提供科学依据。
完成日常人力资源招聘与配置。
推行薪酬管理,完善员工薪资结构,实行科学公平的薪酬制度。
充分考虑员工福利,做好员工激励工作,建立内部升迁制度,培养员工主人翁精神,增强企业凝聚力。
建立内部纵向、横向沟通机制,调动公司所有员工的主观能动性,建立和谐、融合的企业内部关系。集思广益,为企业发展服务。
做好人员流动率的控制与劳资关系、纠纷的预见与处理。既保障员工合法权益又维护公司的形象和根本利益。

2. 设置标题样式

使用 Word 的内置样式功能,用户只需选定文本内容,再利用已有样式进行设置即可。

①单击"开始"→"样式"组,如下图所示,如需更多样式时,在下拉列表中选择。

知识窗

工作计划是机关、团体、企事业单位的各级机构对一定时期的工作预先作出安排和打算,需制订的具体要求。工作计划一般包括工作的目的和要求、工作的项目和指标、实施的步骤和措施等。

试一试

自己动手写一份本学期的学习计划,并按任务二进行排版。

两种标题样式展示:

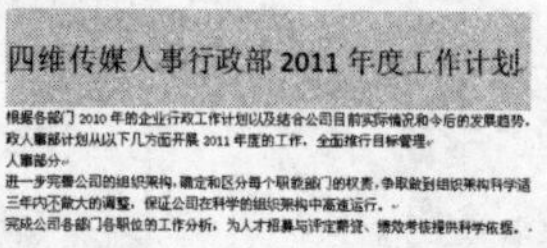
四维传媒人事行政部 2011 年度工作计划
根据各部门 2010 年的企业行政工作计划以及结合公司目前实际情况和今后的发展趋势,
政人事部计划从以下几方面开展 2011 年度的工作,全面推行目标管理。
人事部分
进一步完善公司的组织架构,确定和区分每个职能部门的权责,争取做到组织架构科学适
三年内不做大的调整,保证公司在科学的组织架构中高速运行。
完成公司各部门各职位的工作分析,为人才招幕与评定薪资、绩效考核提供科学依据。

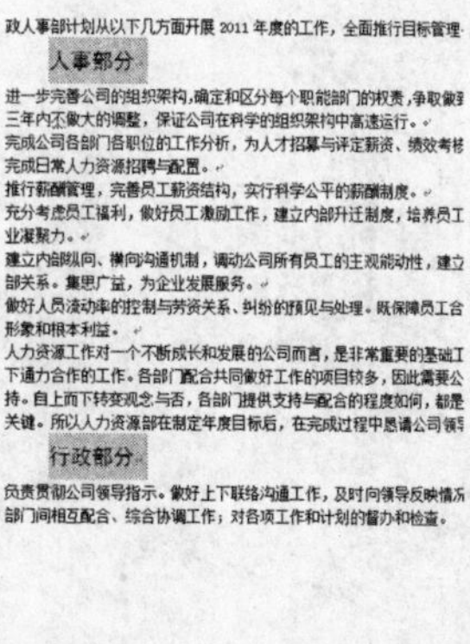
政人事部计划从以下几方面开展 2011 年度的工作,全面推行目标管理
人事部分
进一步完善公司的组织架构,确定和区分每个职能部门的权责,争取做
三年内不做大的调整,保证公司在科学的组织架构中高速运行。
完成公司各部门各职位的工作分析,为人才招幕与评定薪资、绩效考核
完成日常人力资源招聘与配置。
推行薪酬管理,完善员工薪资结构,实行科学公平的薪酬制度。
充分考虑员工福利,做好员工激励工作,建立内部升迁制度,培养员工
业凝聚力。
建立内部纵向、横向沟通机制,调动公司所有员工的主观能动性,建立
部关系。集思广益,为企业发展服务。
做好人员流动率的控制与劳资关系、纠纷的预见与处理。既保障员工合
形象和根本利益。
人力资源工作对一个不断成长和发展的公司而言,是非常重要的基础工
下通力合作的工作。各部门配合共同做好工作的项目较多,因此需要公
持。自上而下转变观念与否,各部门提供支持与配合的程度如何,都是
关键。所以人力资源部在制定年度目标后,在完成过程中恳请公司领
行政部分
负责贯彻公司领导指示。做好上下联络沟通工作,及时向领导反映情况
部门间相互配合、综合协调工作;对各项工作和计划的督办和检查。

相关知识

在 Word 2007 中，全新的实时预览功能可以让用户在应用某个样式之前轻松而快速地查看其应用后的效果。只需鼠标指向某个样式即可立即查看，省事又省时，极大地方便了用户。

也可单击“对话框启动器”菜单，出现如下图所示对话框。

相关知识

如果文档中，某一种样式总是接在另一种样式之后，那么就可以不用每一次都单独编辑样式，只需要选择一种样式，然后在“样式”组中单击“其他”下拉列表→“应用样式(A)…”，在出现的对话框中单击“修改”按钮，在“修改样式”对话框中的“后续段落样式”中设置另一种样式即可。

②选中文档标题，单击“样式”→“标题 1”。

③选中文档中小标题，按“标题 2”样式在多处进行小标题设置。

④如需要修改内置的样式效果，右击“要点”选项，在弹出的下拉列表中选择“修改”，在弹出的“修改样式”对话框中进行格式设置，如将字体为“楷体”，字号为“小四”，单击“字体颜色”下拉菜单，在选择“深蓝”选项，设置完成后单击“确定”按钮，并在下划线按钮处为“要点”设置下划线 ，如下图所示。

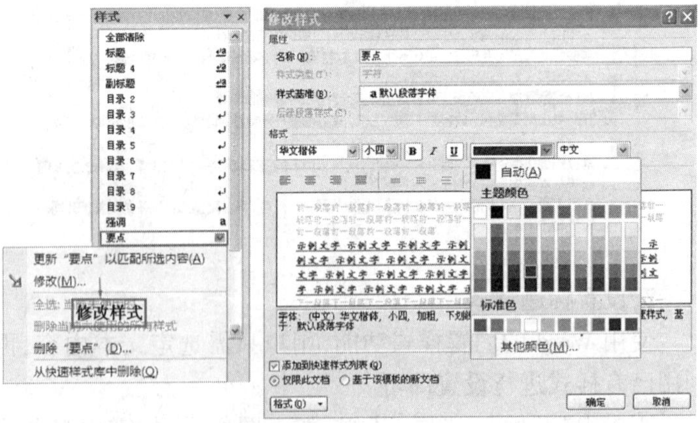

⑤选中需要应用“要点”样式的文本，单击“样式”→“要点”选项，得到模式效果。

通过样式所提供的模板能快速地完成对文稿标题的设置。

3. 文档内容的设置

标题设置完毕后,还需要对这篇文档进行版式设置。

①设置文档段落格式

单击“开始”→“段落”→“对话框启动器”,在“段落”对话框中进行设置,如下图所示。

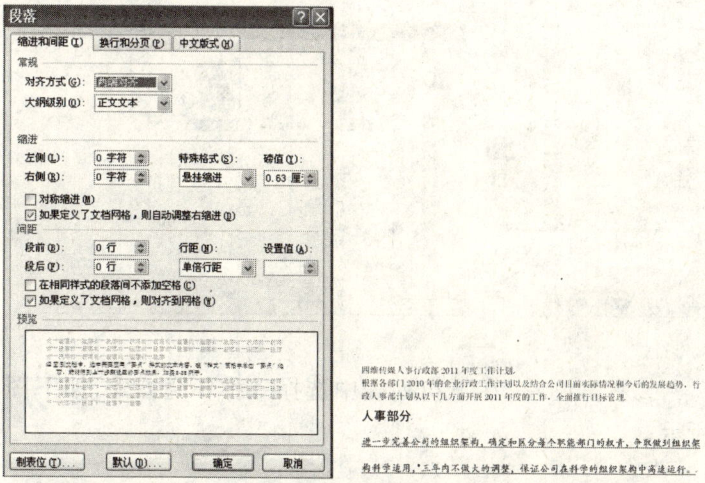

如:选中正文中一段,在样式组中单击“正文”→右击鼠标,在下拉列表中选择“修改”选项,把“正文”样式设置为“宋体、四号、首行缩进2字符、行距1.5倍”。

②添加编号和项目符号

选中要添加缩写的内容,单击“开始”→“段落”→“编号”。再次单击该按钮,即可取消段落文本的编号。添加项目解方法同上。

如用户需自定义新的编号格式,可单击下拉列表中的“定义新编号格式”选项,在弹出的对话框进行设置。

添加新项目符号的方法同上。

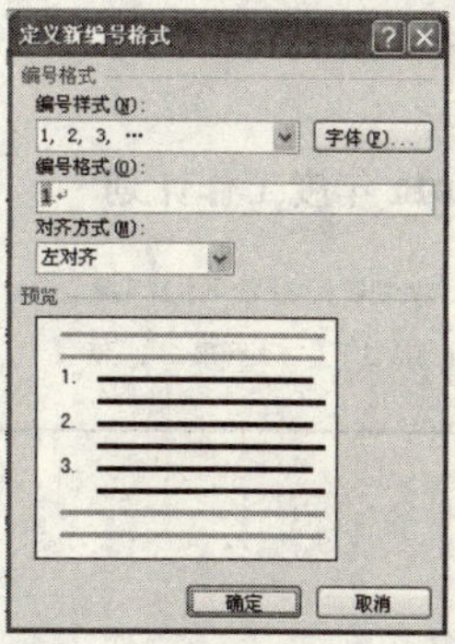

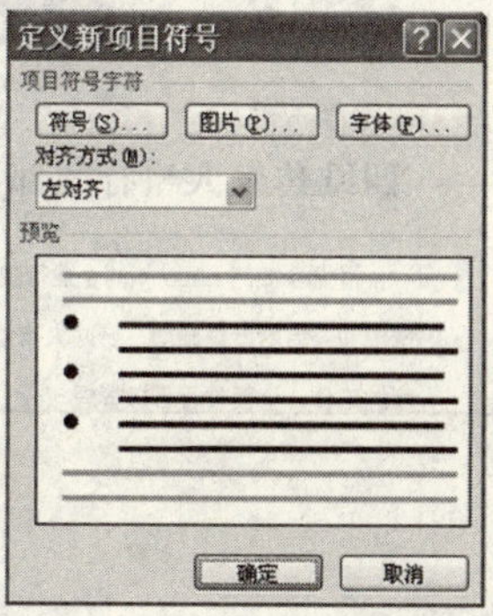

友情提示

单击“开始”→“样式”→“更改样式”命令,在展开的列表中单击“样式集”选项,在展开的级联列表中选择需要应用的样式集选项即可。

友情提示

单击“定义新项目符号”→“图片”命令,在打开的“图片项目符号”对话框中选择需要应用的图片选项,再单击“确定”按钮,返回到“定义新项目符号”对话框中即可完成图片样式的项目解设置。

4. 插入图形对象

①单击“插入”→“插图”→“图片”，在打开的对话框中选择需要插入的图片“徽标”，单击“插入”按钮，将“徽标”图片插入到文档中。拖动图片四周的控点按钮，进行图片大小调整，如下图所示。

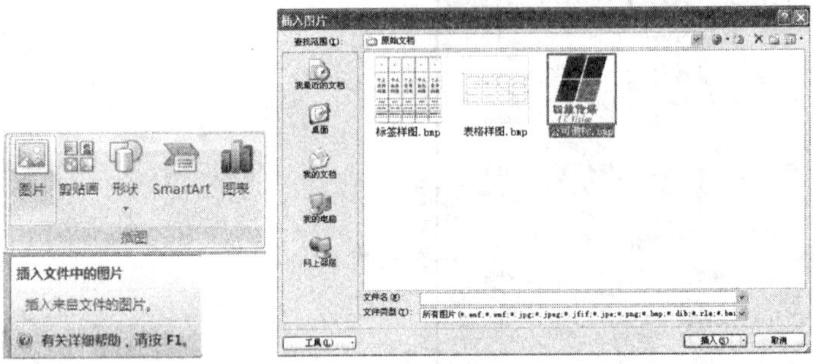

②右击图片，在下拉列表中选择一种环绕方式，如下图所示。

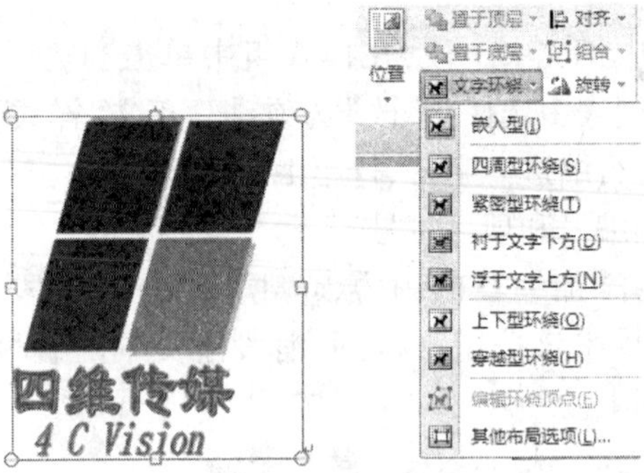

③调整图片在文档中的位置，以达到满意的效果，如下图所示。

四维传媒人事行政部 2011 年度工作计划

根据各部门 2010 年的企业行政工作计划以及结合公司目前实际情况和今后的发展趋势，行政人事部计划从以下几方面开展 2011 年度的工作，全面推行目标管理

友情提示

选中图片，单击“格式”→“调整”→“重设图片”命令即可快速恢复图片到最初插入时的效果。

选中需要设置的图片，单击“格式”→“调整”→“亮度”或“对比度”命令，在展开的列表中选择需要设置的选项即可对亮度和对比度进行设置。

相关知识

Word 2007 对图片进行批量设置的方法：

如将多幅图片设置居中，可直接打开“查找和替换”对话框，先将“查找内容”设置为“g”，然后将光标定位到“替换”的文本框中，单击“更多”按钮，单击“格式”→“图文框”命令，将水平位置设置为居中，单击“查找和替换”→“全部替换”命令后即可生效。

想一想

如何设置图片的亮度和对比度？

④选中图片，单击“图片工具”→“格式”→“图片样式”→“矩形投影”样式，如下图所示。

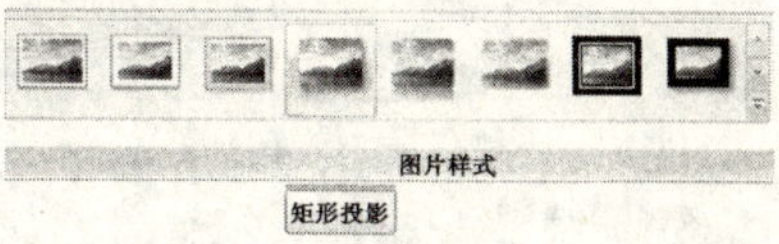

⑤单击“图片样式”→“图片形状”，在下拉列表中选择“剪去对角的矩形”选项，如下图所示。

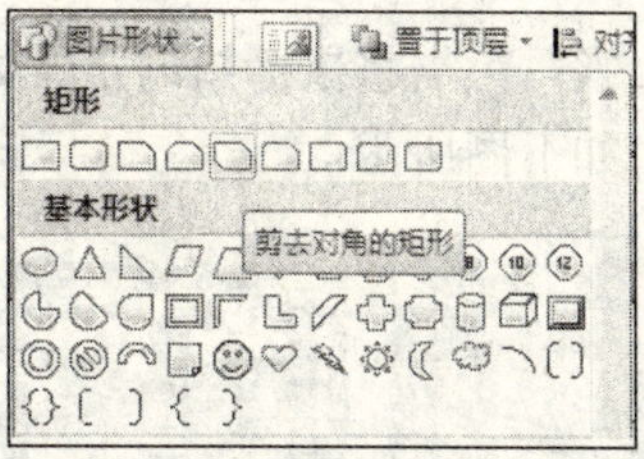

⑥设置完成后，查看图片在文档中的最终效果，如下图所示。

5. 脚注和尾注的设置

①为文档插入脚注。将光标移动到“人事行政部”位置处，单击“引用”→“脚注”组中的对话框启动器按钮，打开“脚注和尾注”对话框，单击“脚注”，可以设置编号格式，也可以将脚注标记设置为其他符号等，如下图所示。

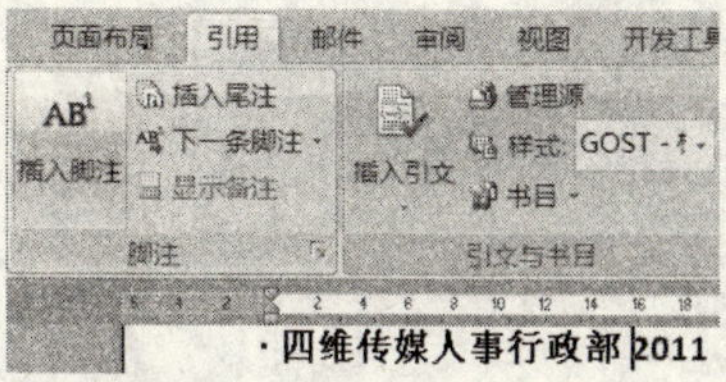

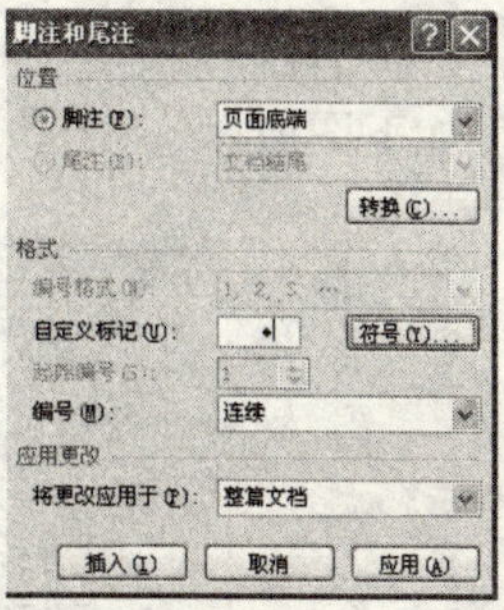

相关知识

脚注通常显示在文档页面底端，用于对文档内容进行说明注释。

尾注通常显示在文档末尾，用于说明文档的引用文献、参考资料等相关信息。

友情提示

将光标定位到需要插入脚注的文档位置处，按组合键“Ctrl + Alt + F”即可快速插入脚注标记。

将光标定位到需要插入尾注的文档位置处，使用组合键“Ctrl + Alt + D”即可快速插入尾注标记。

相关知识

将尾注改为脚注的操作方法如下：

对尾注进行全选后，单击右键，选择“转换至脚注”项。

②在文档页面底端插入脚注标记，并自动切换到页面底端位置，用户在此输入需要添加的脚注内容，如下图所示。

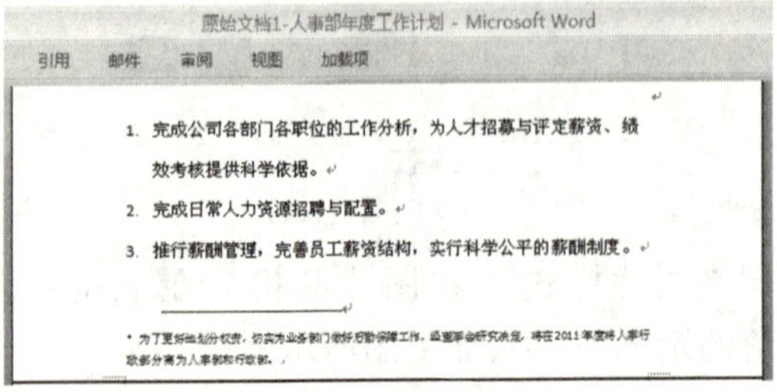

相关知识

用户要在脚注标记与内容间进行切换，则在正文的标记处或者脚注内容的标记处双击即可。

③查看脚注内容，只需将鼠标指向正文处的脚注标记，即可显示脚注内容，如下图所示。

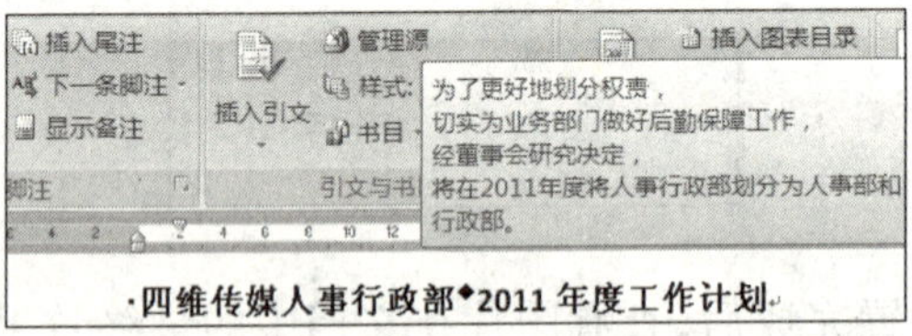

试一试

如何删除文件中的尾注内容？

④将光标定位在要插入尾注的文本处，单击“引用”→“插入尾注”，用户在此输入尾注内容即可，如下图所示。

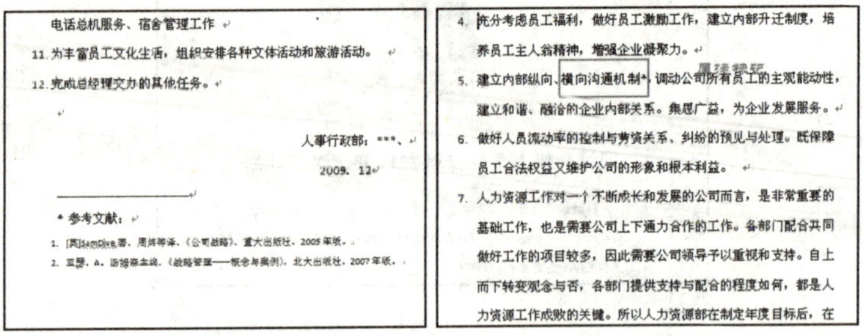

如果用户需要在尾注标记与内容间进行切换，可在文档末尾的尾注标记位置处双击，即可切换。

6. 修订和批注的应用

对文稿添加修改意见，然后返回原作者处，进行最后的修改定稿。

①添加修订信息。单击“审阅”→“修订”→“修订选项”，如下图所示。

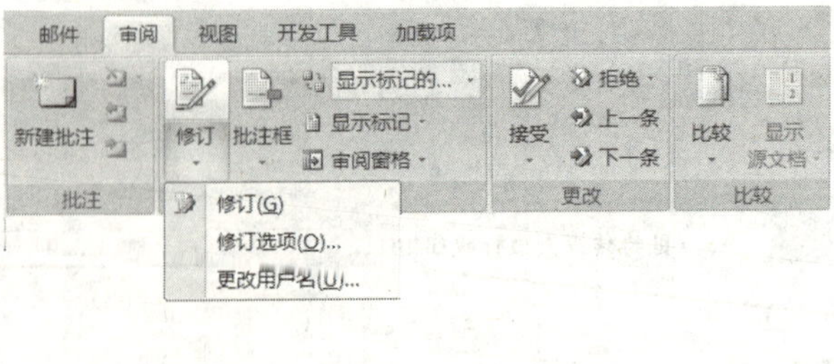

友情提示

要快速显示修订和批注，请单击“查看”→“修订”→“显示标记”。

如果你不希望其他人看到修订和批注，请在与其他人共享文档前接受或拒绝修订并删除批注。

②在“修订选项”对话框中，进行相应设置，如下图所示。

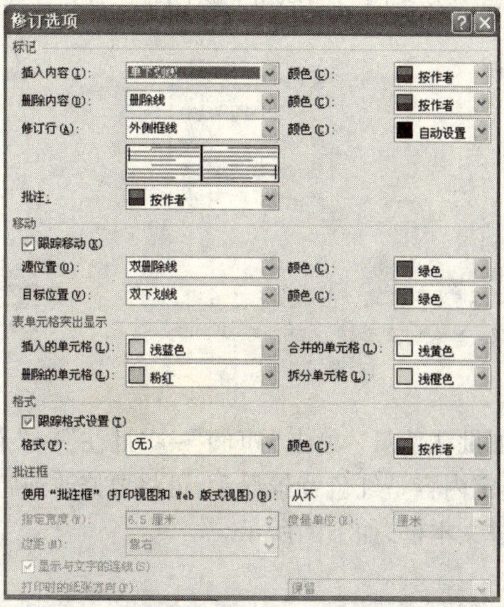

③单击“更改用户名”，输入用户信息，如下图所示。

④单击“修订”，进入“修订”状态。黄经理认为文稿中的“人事部分”第二条应该添加内容，将光标定位到第二条的“招聘与配置”后面，直接输入要添加的内容。

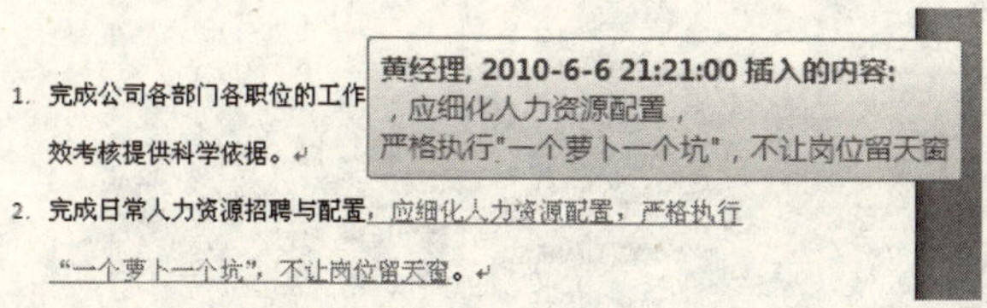

如要删除某些内容，只需将该内容选定后直接按删除键即可，如下图所示。

想一想

你的文档已经隐藏修订，但再次打开时又会出现，这是怎么回事呢？

相关知识

隐藏或显示修订和批注可用以下方法操作：

● 单击“审阅”→“修订”→“显示以供审阅”，打开“显示以供审阅”对话框，显示你所处的查看模式，如果单击“最终状态”或“原始状态”，修订和批注会隐藏；若要显示，选择“显示标记的最终状态”或“显示标记的原始状态”。

● 在“显示”→“修订”组中，通过是否勾选复选标记的方式可以显示或隐藏某个项目。

友情提示

修订完成后，将“修订”选项的高亮显示取消，以免影响后面的操作效果。取消操作只需按选定的步骤再执行一遍即可。

⑤单击“修订”→“显示标记的最终状态”，同时也可单击“批注框”显示对文稿的修改等，如下图所示。

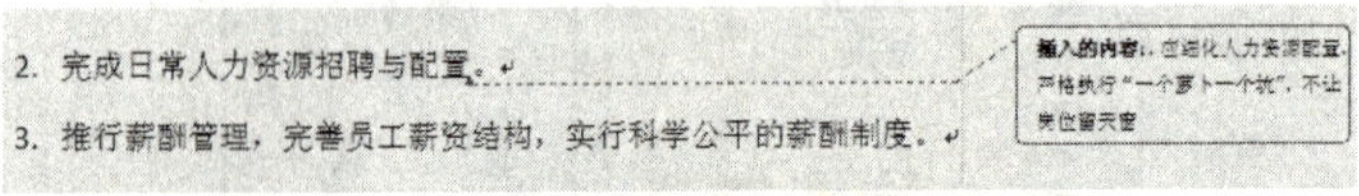

⑥添加批注信息。单击“审阅”→“批注”→“新建批注”命令，被选定内容呈红色背景显示，可将要修改或特别说明的内容输入进文本框，如下图所示。

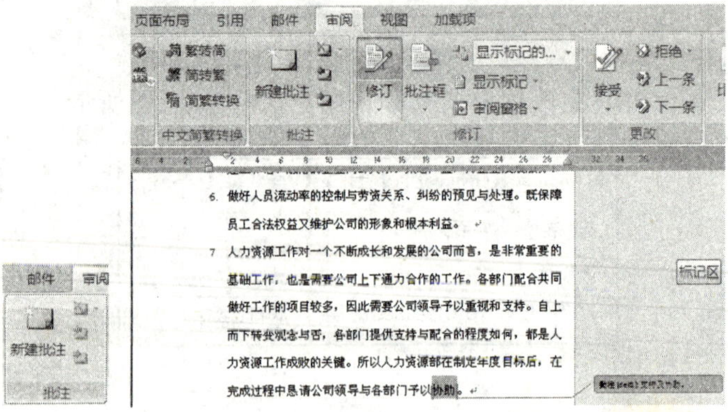

不想将批注框单独显示，可在“修订”组内设置“以嵌入方式显示修订”或其他方式，嵌入式方式显示修订效果，如下图所示。

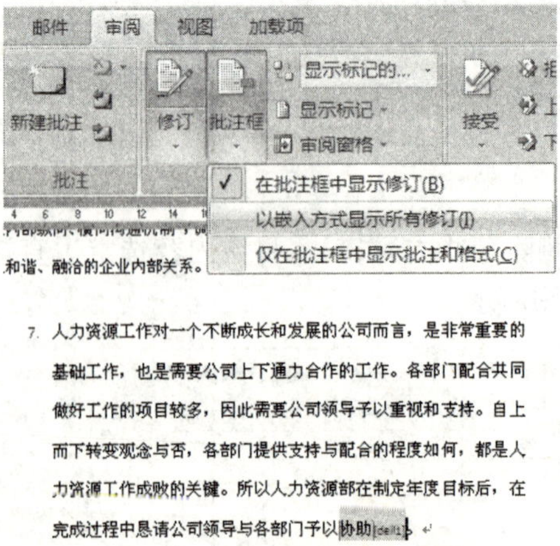

⑦查看修订情况。

黄经理审阅文稿后，文稿返回给原作者小张，由小张根据审阅意见修改文稿。

小张将鼠标指向已修改的内容位置，Word立即出现包括“修订的作者、日期、时间和修订的属性”等屏幕提示信息，如下图所示。

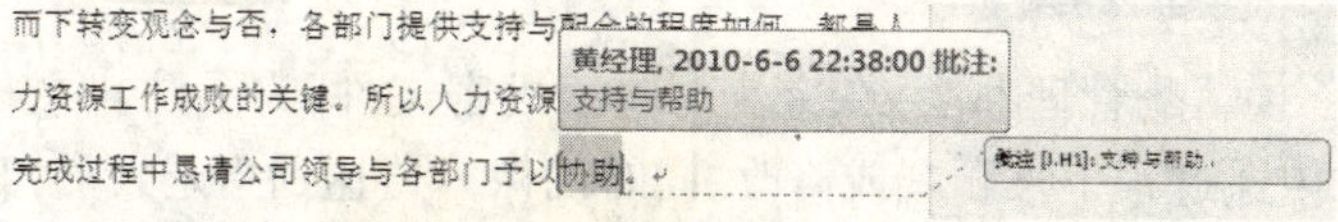

如想看到更为详细的修订信息，则单击“审阅”→“修订”→“审阅窗格”选项，可垂直或是水平显示所有修订信息，如下图所示。

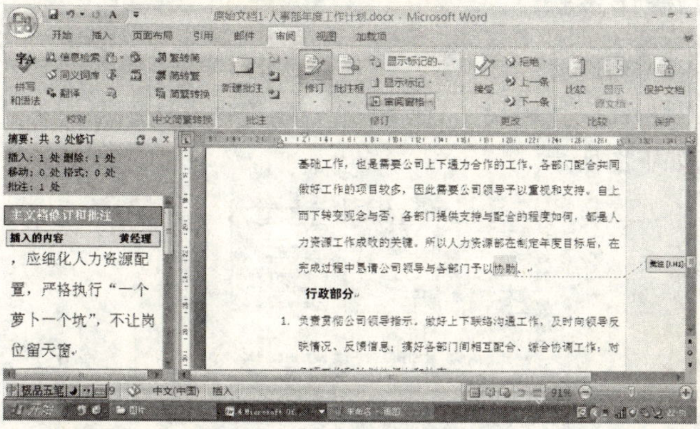

⑧整合修订文稿，接受或拒绝修订内容。

查看完审阅意见后主要做两件事，一是接受或拒绝审阅者的修订内容，二是根据批注意见对文稿进行进一步修改完善。

单击“更改”→“接受”→选择不同的接受方式；同样，单击“拒绝”→选择不同的拒绝方式，如下图所示。

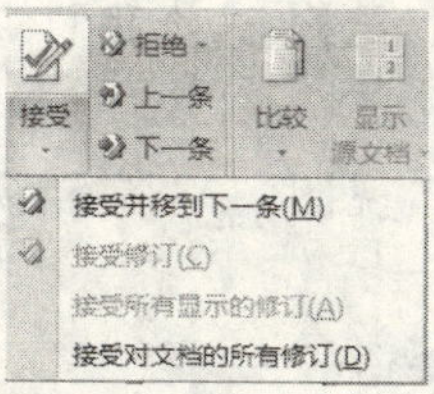

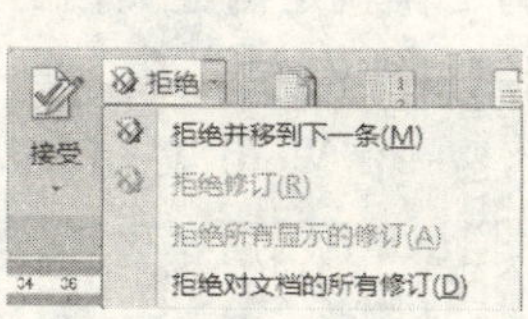

如果全部接受修改内容，选择图中的“接受对文档所做的全部修订”选项。

根据批注信息所提意见对文稿做进一步修改完善，最后完成文稿修改整合工作。

试一试

如果你希望保留文档中的修订或批注，又希望共享文档不让他人看到修订和批注，应该怎么办呢？

友情提示

要解决上述问题最好的办法就是保留文档的不同副本：公用副本用于分发，不显示修订或批注；专用副本用于自己使用，显示修订和批注。

在删除批注者姓名时不能单击“批注、修订、版本和注释”旁边的“全部删除”按钮，否则删除的不仅仅是批注者的姓名缩写，而是文档中的所有批注。

任务三　制作企业《薪酬管理办法》——Word 2007 文档安全

任务概述

《薪酬管理办法》在企业内属于机密文件，为了防止文件在传递过程中被删减或修改，同时确保只传达到指定人员，我们有必要对文档实行加密保护。本任务以四维传媒的《薪酬管理办法》为例，通过 Word 2007 进行制作，并通过加密与安全性设置实现文档的安全保护。

知识窗·

《薪酬管理办法》是企业制订的员工薪酬条例。

操作步骤

1. 打开文件

打开素材“模块二\任务三\薪酬管理办法纲要.docx”文件，如下图所示。

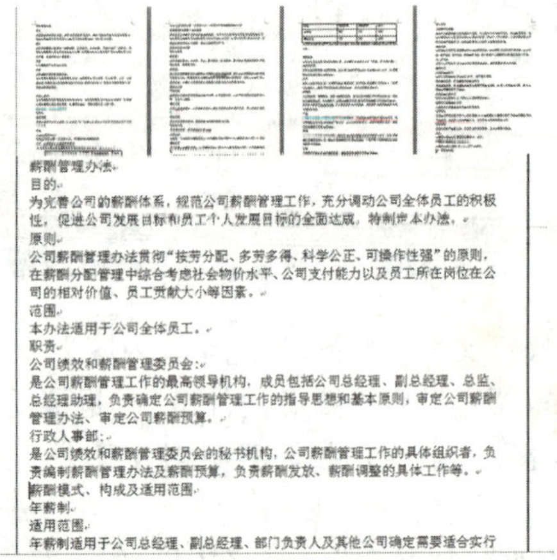

相关知识

编辑长文档时，文中的导航是一个非常棘手的问题。如果在文档中特定的部分加上书签，就可以非常轻松快速地定位到特定的位置。

操作方法如下：

(1)在文档中选中需要加入书签功能的部分，在界面上方的工具栏中单击“插入”选项卡，在其中的“链接”部分中可以看到“书签”按钮。

(2)单击“书签”按钮，弹出一个添加书签的窗口。在“书签名”文本框中输入该段文字的名称，最后单击“添加”按钮。这样就为该段文字添加了书签功能。

2. 在大纲视图中建立纲目结构

《薪酬管理办法》是一个长文档，要完成对长文档的排版，首要的工作就是构建文档的纲目结构，这里我们使用大纲视图文档纲目结构方式。

①新建一个 Word 文档，单击“视图”→“文档视图”→“大纲视图”，如下图所示。

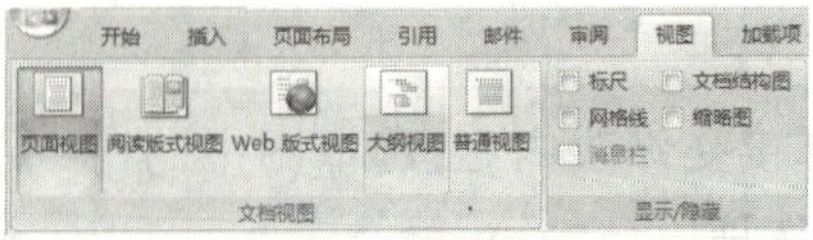

②窗口上方出现“大纲工具”组，该工具组是专门为建立和调整文档纲目结构设计的，返回时单击右边“关闭”按钮，如下图所示。

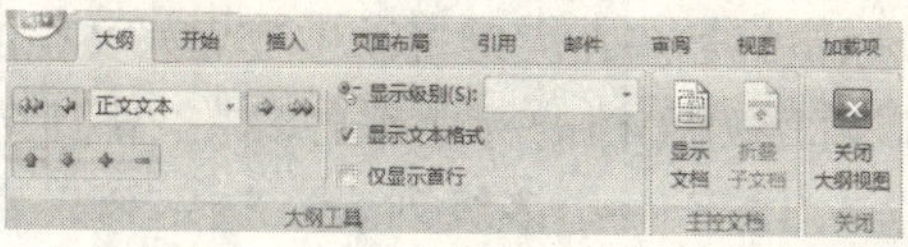

③选中标题，设为“一级标题”。

④用同样的方法设置二级标题。还可单击“大纲工具”→“降低”或者按“Tab”键创建二级标题，如下图所示。

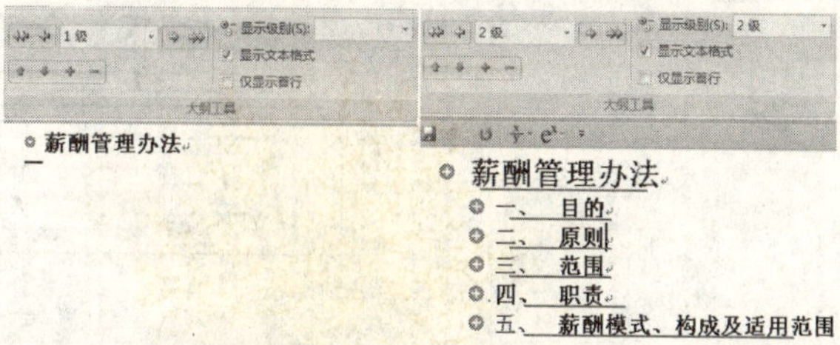

⑤整个“薪酬管理办法”共有4级标题，整个纲目结构如下图所示，可以发现标题有⊖ ⊕变化。

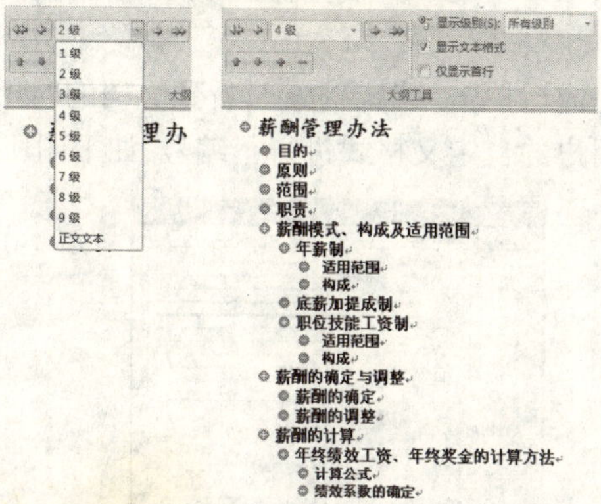

纲目结构建好后，人事部的工作人员就可以往里面添加各条款的内容，完善整个薪酬管理办法。

⑥调整修改长文档的纲目结构。设定完“薪酬管理办法”纲目后，默认内容均显示为“正文文本”。进行调整时，将光标定位到设置为“1级标题”的内容，即“薪酬管理办法”，单击“大纲工具”组中的“升级”按钮，从“正文文本”提升为“1级”，如下图所示。同样可作“降级”处理。

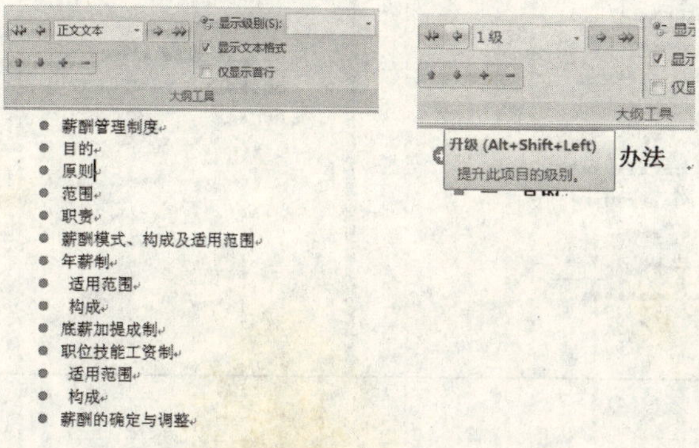

友情提示

书签的名称只能以字母或汉字开头，不能够包含有空格。

设置多级标题编号，既可以在大纲视图中进行，也可以在页面视图中完成。

相关知识

“大纲工具”组4个按钮 ⇧ ⇩ + − 的作用依次分别是：在大纲内上移纲目、下移纲目、展开或折叠所选项目，合理利用可有效提高操作效率。

想一想

当不需要 Word 提供自动编号功能时，该怎么操作？

⑦多级标题编号。在大纲视图中建立好文档的纲目框架后，用户可以直接为文档的标题编号。在“薪酬结构表”中，单击“开始”→“段落”→“多级列表”，选定列表库中第二行第三种编号方案。再次打开选择“定义新的列表样式”，对文稿进行三级标题编号分别为“一”“(一)”“1.”，如下图所示。

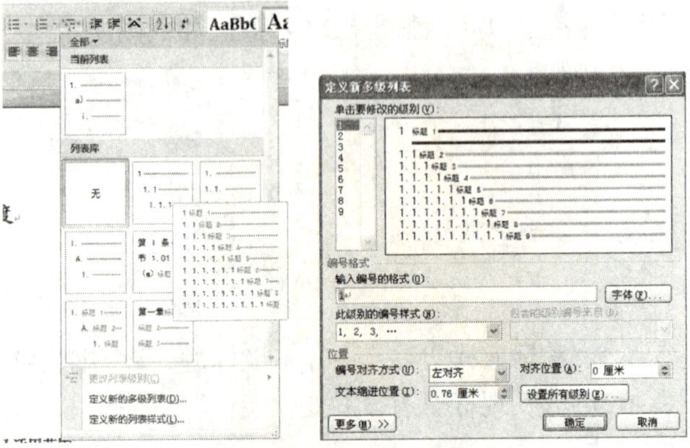

⑧设置完成后单击“确定”按钮，看到文档的“四级”标题都已经根据用户的自定义格式进行了编号，如下图所示。

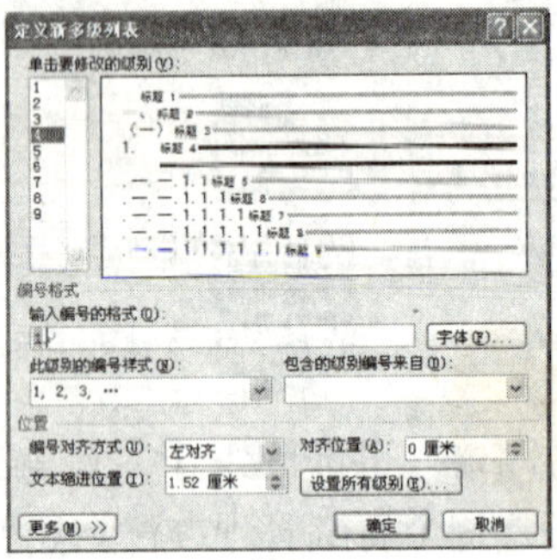

文档最终效果显示如下图所示。

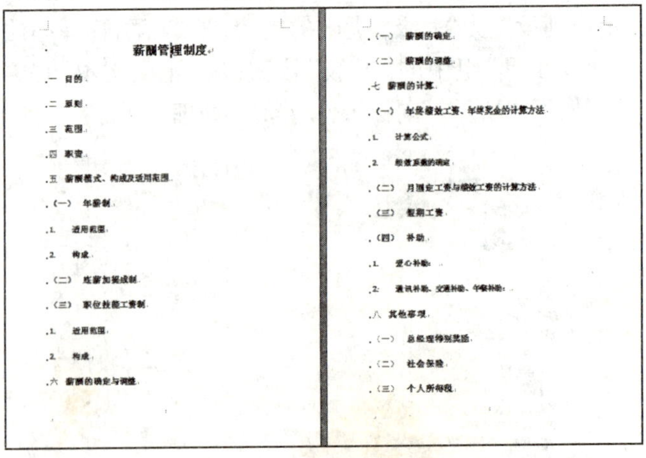

整个文档的框架搭建完成，小张可以对“薪酬管理办法”进行内容的充实与完善了。

3. 制作薪资结构表

《薪酬管理办法》一般要附上一个薪酬结构表，以利于大家清晰地了解工资的构成，因此小张还要制作一个薪酬结构表，样式如下图所示。

薪酬结构表

职位	职级	工资部分		补贴部分			预期收入总计
		职位工资	技能工资	餐补	通讯	交通	
总监 总经理助理	一级	3,500	1,500	300	500	300	
	二级	3,850	1,650	300	500	300	
	三级	4,200	1,800	300	500	300	
	四级	4,550	1,950	300	500	300	
	五级	4,900	2,100	300	500	300	
经理	一级	2,100	900	200	300	200	
	二级	2,450	1,050	200	300	200	
	三级	2,800	1,200	200	300	200	
	四级	3,150	1,350	200	300	200	
	五级	3,500	1,500	200	300	200	
主管 经理助理	一级	1,400	600	150	200	150	
	二级	1,540	660	150	200	150	
	三级	1,680	720	150	200	150	
	四级	1,820	780	150	200	150	
	五级	1,960	840	150	200	150	
职员	一级	700	300	100	100	100	
	二级	840	360	100	100	100	
	三级	980	420	100	100	100	
	四级	1,120	480	100	100	100	
	五级	1,260	540	100	100	100	

①制作薪酬结构表。单击“插入”→“表格”→“插入表格”，如下图所示，设计一个 8×22 的草表。右击对单元格进行合并。

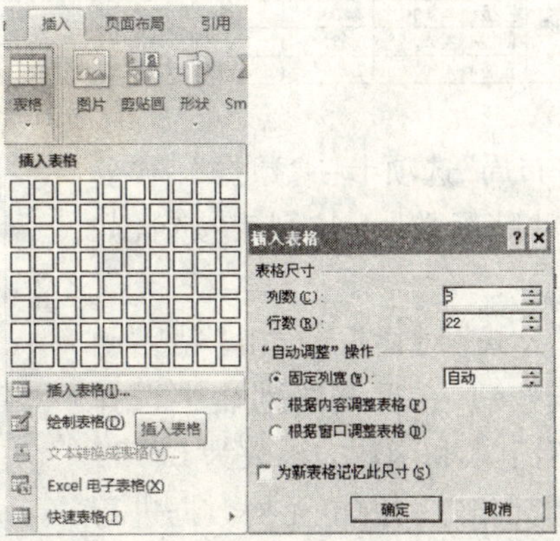

设置完成后，表格格式已基本形成，合并后的表头如下图所示。

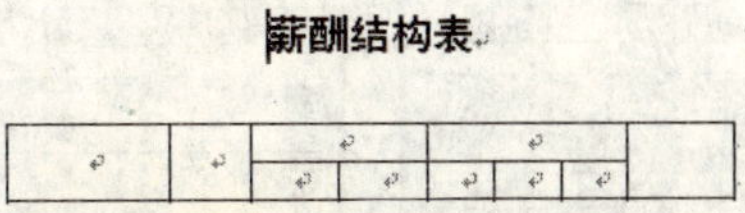

友情提示

单击“插入”→“表格”选项，在展开的列表中的“插入表格”区域中拖动鼠标进行选择，也可快速插入表格，但使用此方法插入表格的最大尺寸是 10×8。

试一试

如何快速选定表格中的整行或整列单元格？

友情提示

将鼠标放置在需要选定行的左侧或选定列的上方，当鼠标呈向右或向下箭头样式时单击，即可快速选定指定的整行或整列单元格。

试一试

怎么对表格的行高或列宽进行精确设置？

友情提示

选中需要设置的单元格,在“单元格大小”组中单击“分布行”按钮,可使选定的单元格为相同的行高效果;单击“分布列”按钮,可使选定的单元格为相同的列宽效果。

试一试

如果表格的行数不够,除了用“选项卡”按钮的方法增加行数外,还有什么办法可以快速插入行呢?

友情提示

将光标放置在最后一列单元格的外侧,按“Enter”键,即可在放置行下方快速插入一行新的单元格。

友情提示

用户在编辑表格内容时,有时会出现输入的信息较多的情况,如输入的信息超过当前页面,则可以使用“数据”组中的“重复标题行”功能,自动对下一页的表格添加相同的标题行。

②为了使表格达到更好的效果,可以对表格中单元格的大小进行调整。根据窗口自动调整表格,水平居中等,如下图所示。

薪酬结构表

职位	职级	工资部分		补贴部分			预期收入总计
		职位工资	技能工资	餐补	通讯	交通	
总监 总经理助理	一级	3,500	1,500	300	300	300	
	二级	3,850	1,650	300	300	300	
	三级	4,200	1,800	300	300	300	
	四级	4,550	1,950	300	300	300	
	五级	4,900	2,100	300	300	300	
经理	一级	2,100	900	200	300	200	
	二级	2,450	1,050	200	300	200	
	三级	2,800	1,200	200	300	200	
	四级	3,150	1,350	200	300	200	
	五级	3,500	1,500	200	300	200	
主管 经理助理	一级	1,400	600	150	200	150	
	二级	1,540	660	150	200	150	
	三级	1,680	720	150	200	150	
	四级	1,820	780	150	200	150	
	五级	1,960	840	150	200	150	
职员	一级	700	300	100	100	100	
	二级	840	360	100	100	100	
	三级	980	420	100	100	100	
	四级	1,120	480	100	100	100	
	五级	1,260	540	100	100	100	

③计算“预期收入总计”。

a. 将光标定位到需要进行计算操作的单元格中,如下图所示。

职位	职级	工资部分		补贴部分			预期收入总计
		职位工资	技能工资	餐补	通讯	交通	
总监 总经理助理	一级	3,500	1,500	300	500	300	
	二级	3,850	1,650	300	500	300	
	三级	4,200	1,800	300	500	300	
	四级	4,550	1,950	300	500	300	
	五级	4,900	2,100	300	500	300	

b. 单击“布局”选项卡→“数据”→“公式”按钮→“粘贴函数”下拉列表按钮,如右图所示。

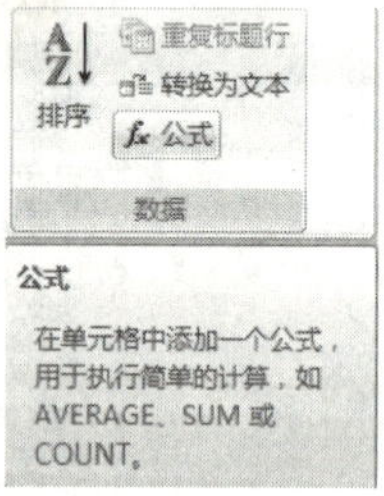

c. 打开“公式”对话框,单击“粘贴函数”下拉列表按钮,在展开的列表中选择 SUM 选项。确定求和函数的参数为 LEFT,表示对选定单元格左侧的单元格数据进行求和计算,如下图所示。

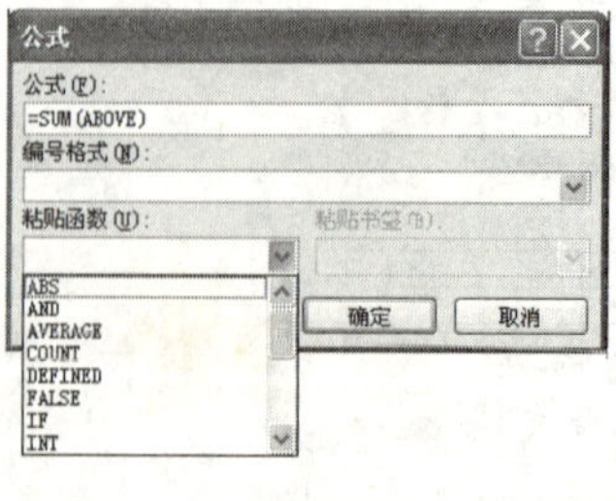

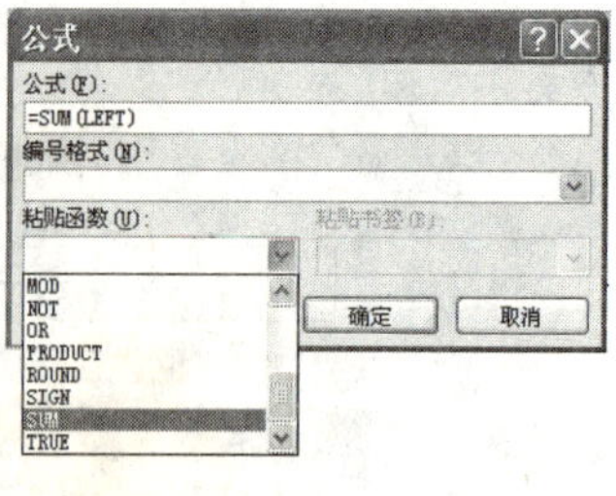

d. 在选定的单元格显示公式计算结果，如下图所示。

职位	职级	工资部分		补贴部分			预期收入总计
		职位工资	技能工资	餐补	通讯	交通	
总监 总经理助理	一级	3,500	1,500	300	500	300	6,100
	二级	3,850	1,650	300	500	300	
	三级	4,200	1,800	300	500	300	
	四级	4,550	1,950	300	500	300	
	五级	4,900	2,100	300	500	300	

④使用相同的方法逐个进行计算。

表格的设计：为了使表格达到更好的视觉效果，可以为表格套用样式，如下图所示。

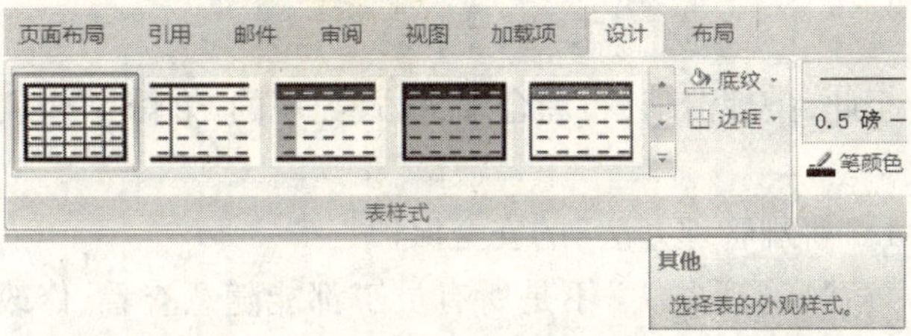

单击“表样式”→“其他”即可调出 Word 内置的表格样式，从中可以选择一种适合的样式，如下图所示。

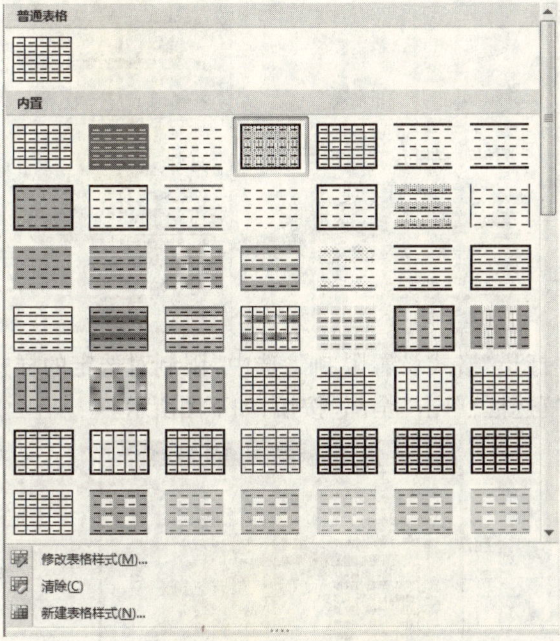

⑤设置完成后，可以看到表格套用了选定的样式效果，如下图所示。

相关知识

Word 公式中的函数与 Excel 的函数应用是一样的，经常用到的函数：

SUM（ ）：求和函数；

AVERAGE（ ）：求平均值函数；

COUNT（ ）：计数函数；

PRODUCT( )：乘法函数；

LEFT：对左侧单元格进行计算；

ABOVE：对上方单元格进行计算。

友情提示

LEFT 和 ABOVE 函数主要针对在 Word 表格中的应用。

友情提示

在“数据”组中单击“排序”按钮也可以对表格数据进行排序,但同样注意,合并后的单元格不能进行排序。

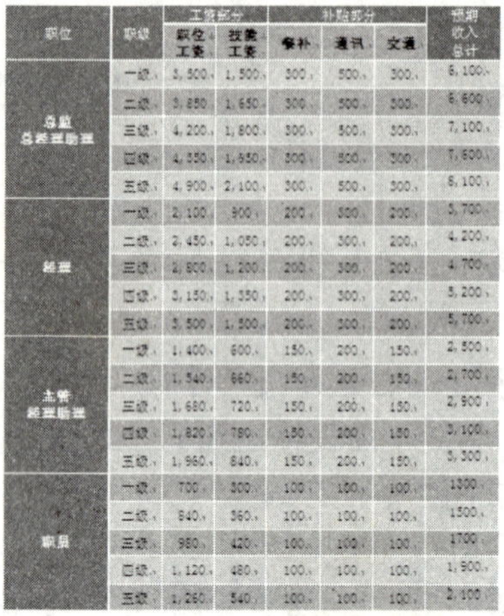

薪酬结构表

职位	职级	工资部分		补贴部分			预期收入总计
		职位工资	技能工资	餐补	通讯	交通	
总监 总经理助理	一级	3,500	1,500	300	500	300	6,100
	二级	3,850	1,650	300	500	300	6,600
	三级	4,200	1,800	300	500	300	7,100
	四级	4,550	1,950	300	500	300	7,600
	五级	4,900	2,100	300	500	300	8,100
经理	一级	2,100	900	200	300	200	3,700
	二级	2,450	1,050	200	300	200	4,200
	三级	2,800	1,200	200	300	200	4,700
	四级	3,150	1,350	200	300	200	5,200
	五级	3,500	1,500	200	300	200	5,700
主管 经理助理	一级	1,400	600	150	200	150	2,500
	二级	1,540	660	150	200	150	2,700
	三级	1,680	720	150	200	150	2,900
	四级	1,820	780	150	200	150	3,100
	五级	1,960	840	150	200	150	3,300
职员	一级	700	300	100	100	100	1300
	二级	840	360	100	100	100	1500
	三级	980	420	100	100	100	1700
	四级	1,120	480	100	100	100	1,900
	五级	1,260	540	100	100	100	2,100

想一想

如何将计算结果显示为不同的数字格式效果?

至此,条理清晰,布局合理,样式美观的“薪酬结构表”就完成了。

4.“薪酬管理办法”的安全保护

“薪酬管理办法”不是所有员工都能随意查看、修改,因此需要对文件加以保护,设置查看权限,保护文档。

①打开文稿,单击“审阅”→“保护文档”→“限制格式和编辑”→“限制对选定的样式设置格式”复选框,再单击“设置”链接,如下图所示。

友情提示

在窗口中单击Office按钮,在打开的菜单中单击“准备”→“属性”,打开的“文档属性”区域中可以查看文档作者、标题、状态等信息。

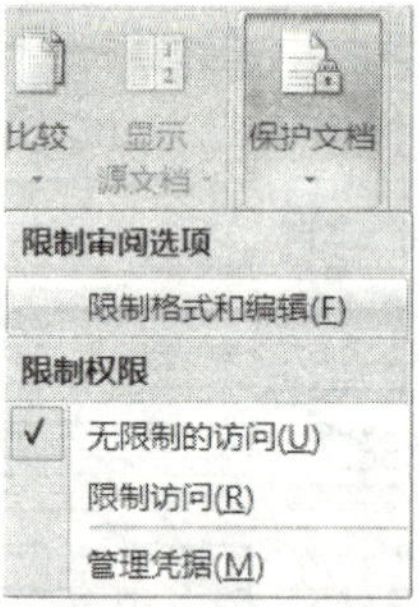

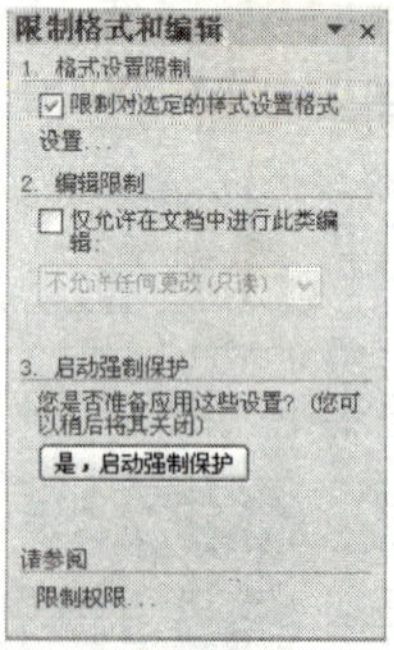

②打开“格式设置限制”,选中“限制对选定的样式设置格式”复选框,单击“全部”按钮,如下图所示。

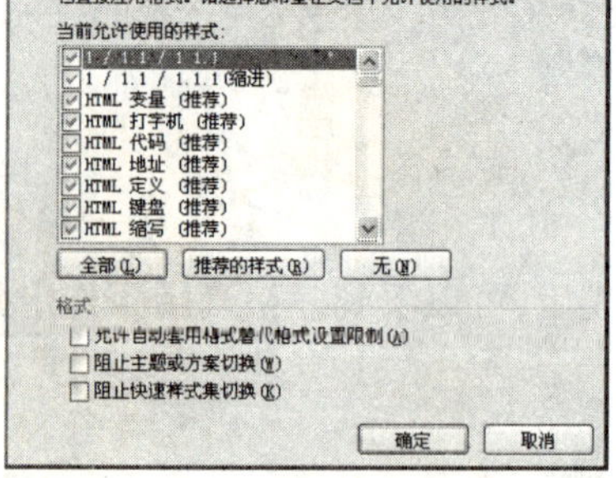

③单击“确定”按钮，弹出“提示”对话框，提示用户文档包含不允许的格式或样式，是否需要删除，单击“是”按钮即可，如下图所示。

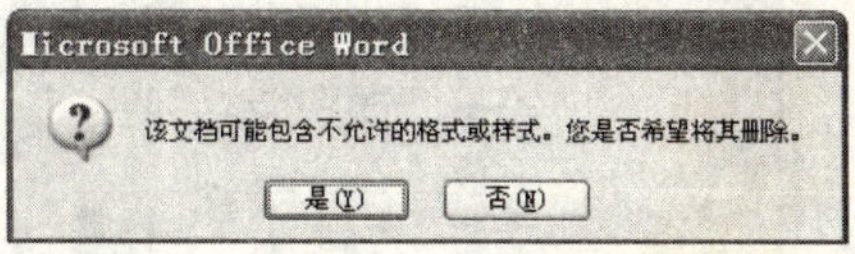

④单击“限制格式和编辑”→“编辑限制”→“仅允许在文档中进行此类编辑”复选框，在下拉列表中选择“不允许任何更改(只读)”选项，在“启动强制保护”区域中，单击“是，启动强制保护”按钮，如下图所示。

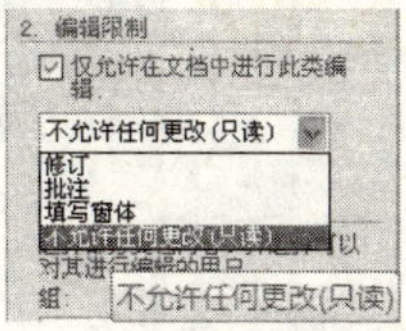

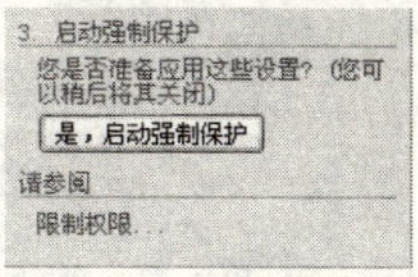

⑤选中“密码”选项，在“新密码”和“确认新密码”文本框中输入密码，单击“确定”按钮，返回到文档中，在“限制格式和编辑”窗格中可以看到“文档受保护，以防止误编辑”的提示文字，如下图所示。

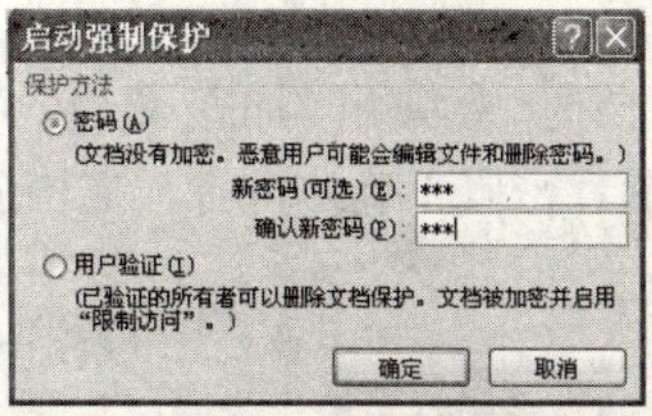

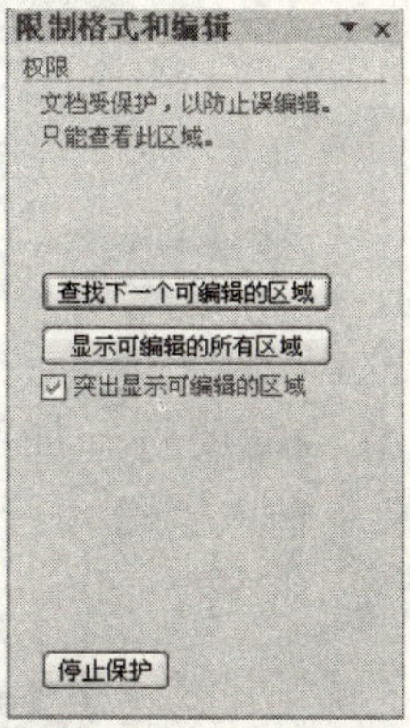

对文档进行修改时，工具按钮都是呈灰色状态，为不可用状态，如下图所示。

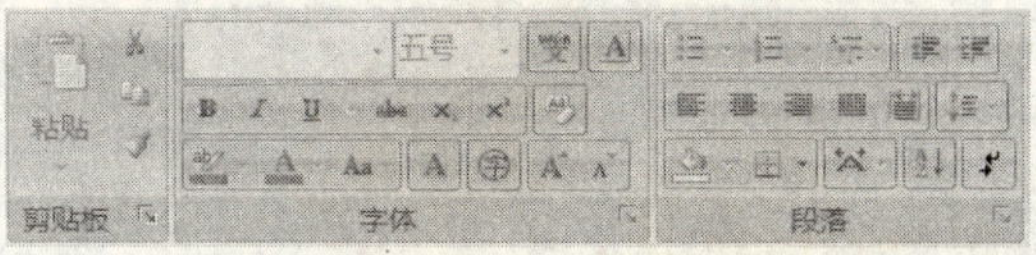

当用户在文档中输入或删除文本时，状态栏显示文档不允许修改，所选内容已锁定，如下图所示。

相关知识

计算机操作除了常规的菜单命令和工具按钮外，常用功能都提供了快捷键的操作，尽可能多地掌握快捷键能使你的操作达到事半功倍的效果。

Ctrl + Shift + F：改变字体；

Ctrl + Shift + P：改变字号；

Ctrl + Shift + >：增大字号；

Ctrl + Shift + <：减小字号；

Ctrl +]：逐磅增大字号；

Ctrl + [：逐磅减小字号；

Ctrl + D：改变字符格式；

Shift + F3：切换字母大小写；

Ctrl + Shift + A：将所选字母设为大写；

Ctrl + B：应用加粗格式；

Ctrl + U：应用下划线格式；

Ctrl + Shift + W：只给字、词加下划线，不给空格加下划线；

Ctrl + Shift + H：应用隐藏文字格式；

Ctrl + I：应用倾斜格式。

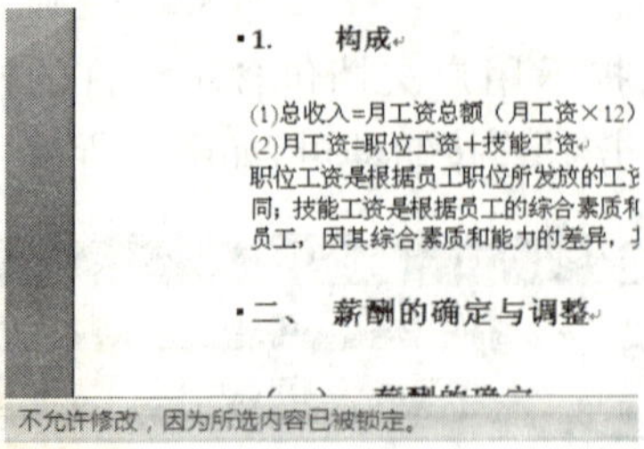

⑥对整个文档加密。将文档设置密码后，只有知道密码的用户才能打开文档进行查看等操作。

单击“Office”按钮→“准备”→“加密文档”选项，输入密码，单击“确定”按钮，如下图所示。

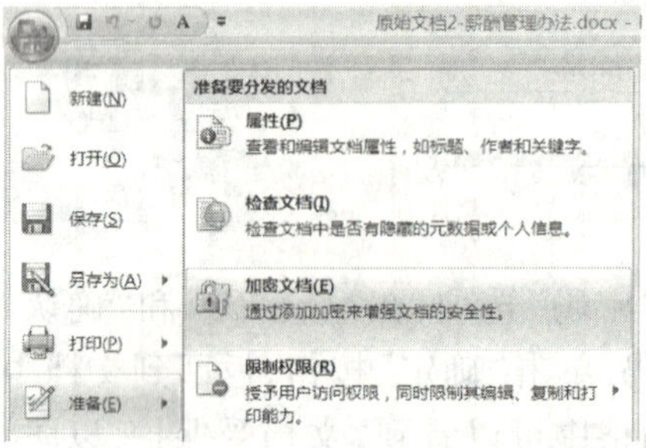

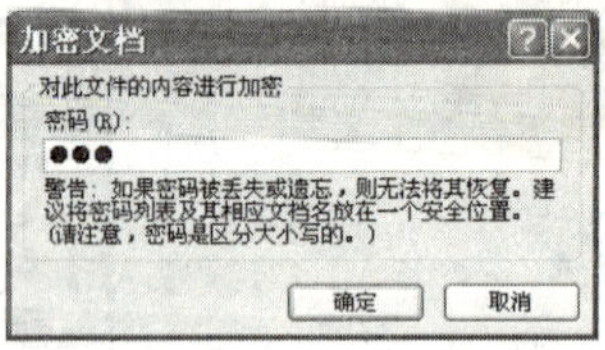

⑦当需要打开加密的文档时，会弹出“加密文档”对话框，要求输入密码，如下图所示。密码正确才可打开文档进行查看。

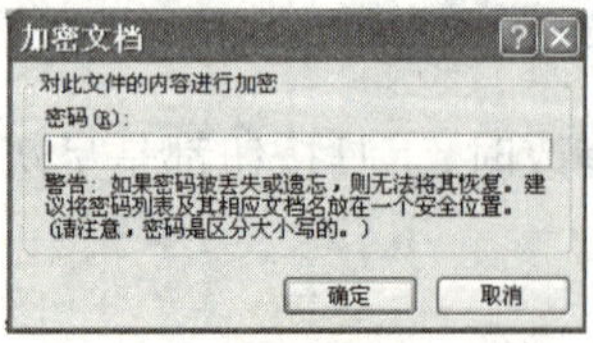

任务四　制作企业《员工手册》——Word 2007 长文档及超级链接

任务概述

任何单位都有自己的规章制度,《员工手册》是企业员工最基本的行为准则,也是外界了解企业的一个窗口。本任务通过封面制作、套用内置样式、自动生成目录、指定邮件超链接以及为文档添加页眉页脚等操作,完成四维传媒的《员工手册》制作。

操作步骤

1. 制作《员工手册》封面

①打开素材"模块二\任务四\员工手册.docx"文件,如下图所示。

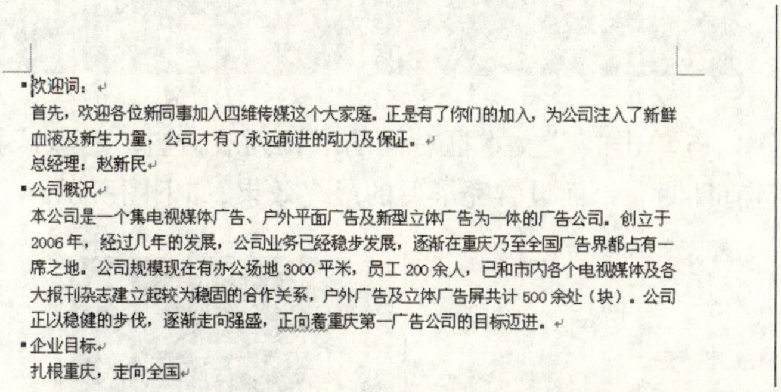
欢迎词:
首先,欢迎各位新同事加入四维传媒这个大家庭。正是有了你们的加入,为公司注入了新鲜血液及新生力量,公司才有了永远前进的动力及保证。
总经理:赵新民
公司概况
本公司是一个集电视媒体广告、户外平面广告及新型立体广告为一体的广告公司。创立于2006年,经过几年的发展,公司业务已经稳步发展,逐渐在重庆乃至全国广告界都占有一席之地。公司规模现在有办公场地3000平米,员工200余人,已和市内各个电视媒体及各大报刊杂志建立起较为稳固的合作关系,户外广告及立体广告屏共计500余处(块)。公司正以稳健的步伐,逐渐走向强盛,正向着重庆第一广告公司的目标迈进。
企业目标
扎根重庆,走向全国

②单击"插入"→"页"→"封面",选择一种封面模板,如"拼板型",如下图所示。

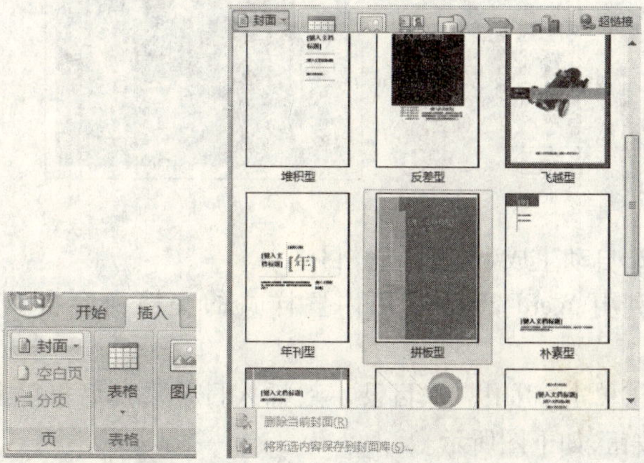

知识窗

《员工手册》是一本让本企业员工了解企业文化,规范日常行为,强化企业的特殊要求,提升企业整体的运作效率的手册。

友情提示

Word 2007 中最让人喜爱的功能之一就是它的封面功能。在Word 2007 中包含了许多预先定制的封面,只需单击鼠标就可完成。

相关知识

保存自己编辑的封面,操作方法如下:

①在Word编辑窗口中选择已编辑好的封面,并单击"插入"按钮。

②在"页"选项中单击"封面"→"将所选内容保存到封面库"即可。

以后要使用这个封面模版,只要按照上面提到的插入封面的步骤操作,在"常规"分类中即可找到自己的模版。

友情提示

设置封面过程中，凡输入文字部分都可以进行字体格式的设置，操作方法与之前的文本格式设置相同。

③插入完成后即可，如下图所示。

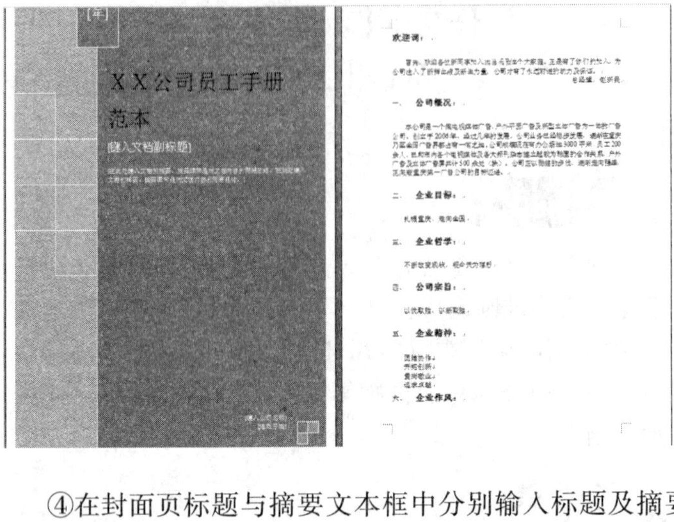

友情提示

Word 2007 提供了一个样式库，其中有多种目录样式可供选择。标记目录项，从选项库中单击你需要的目录样式。Office Word 2007 会自动根据所标记的标题创建目录。

④在封面页标题与摘要文本框中分别输入标题及摘要文本内容，如下图所示。

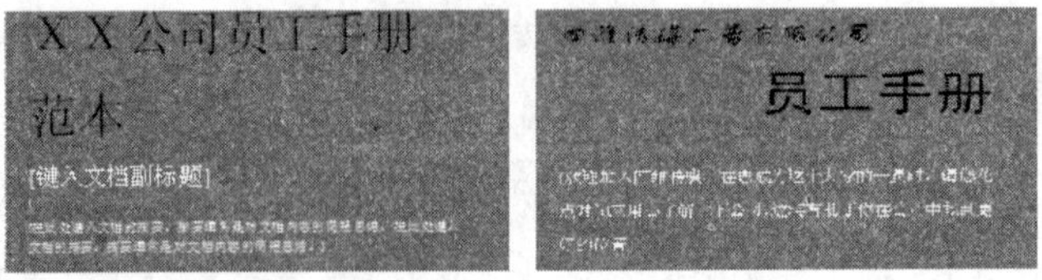

想一想

除了使用内置标题样式创建目录外，还有什么方法可以创建目录呢？

⑤单击“年”文本框右侧的下拉列表，选择“今日”插入当前日期。封面设置完毕后的最终效果，如下图所示。

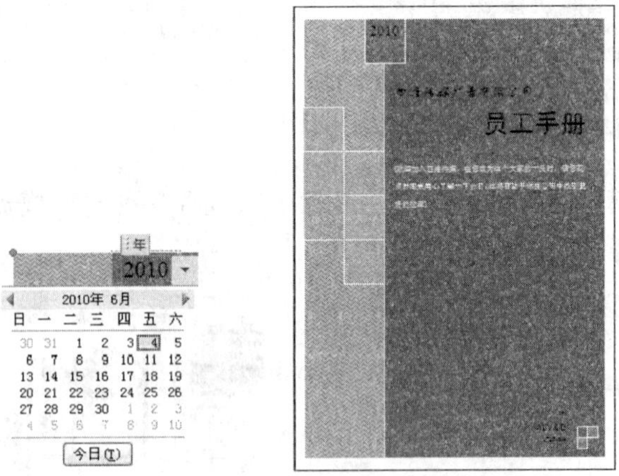

友情提示

还可以用自定义样式的目录，或者通过将目录级别指定给各个文本项来创建新目录。

2. 自动生成《员工手册》目录

利用 Word 2007 套用内置样式的文档内容自动生成目录。

①单击“引用”→“目录”→“插入目录”，然后再单击“选项”按钮，如下图所示。

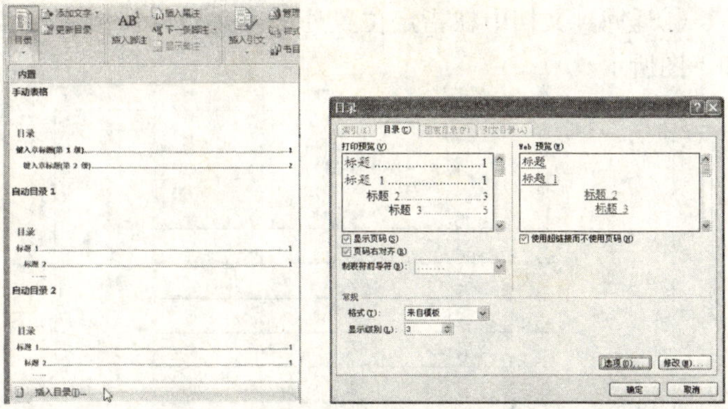

②单击“样式”→“目录 2”，在“预览”区域中可查看该目录的字体格式效果。如需要更改字体格式，单击“修改”按钮，在“修改样式”对话框，如设置字体为“楷体_GB2312”，字号为“四号”，单击“下划线”→“确定”按钮，如下图所示。

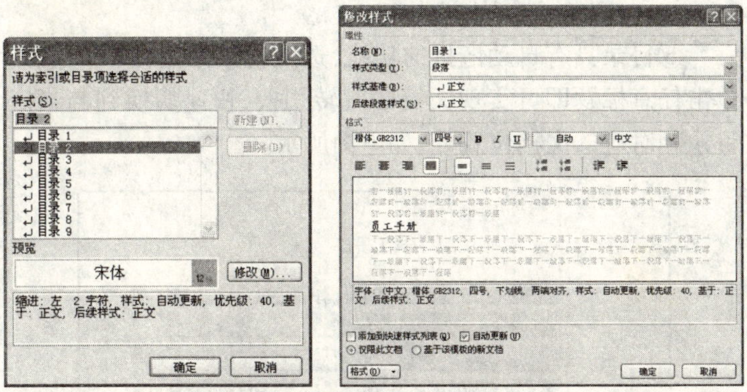

③返回到“样式”对话框，完成目录样式的更改后，单击“确定”按钮。用户可以使用相同的方法分别对不同的目录进行样式效果的设置。返回到“目录”对话框，完成目录选项内容的设置后，单击“确定”按钮，如下图所示。

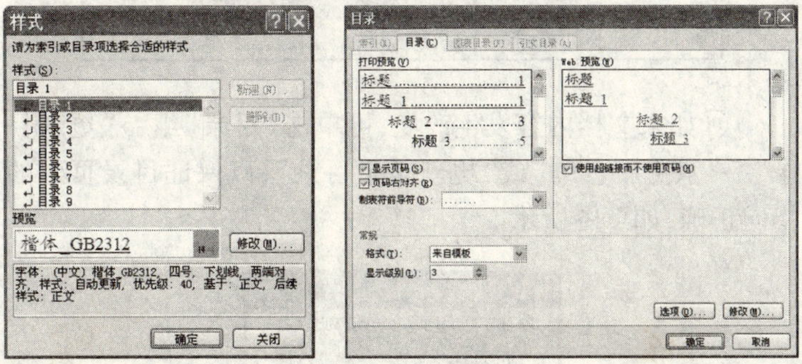

友情提示

在“引用”选项卡的“目录”列表中，内置的目录样式可选择“手动目录”，用户也可自己进行填写而不受文档内容的限制。

想一想

如果目录中不想使用超链接该怎么办？

④返回到文档中在指定位置处插入文档目录相关内容，如下图所示。

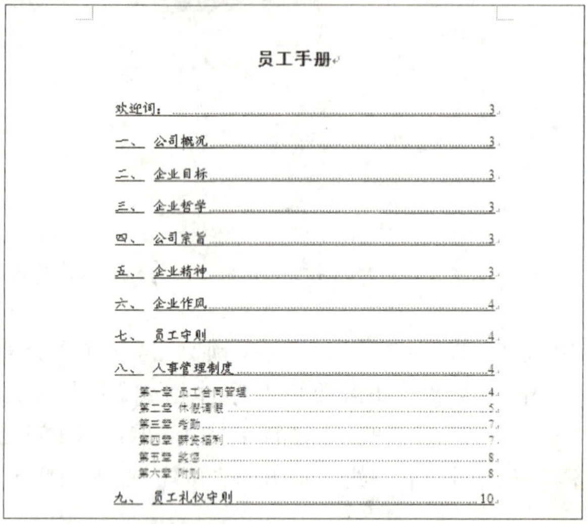

⑤目录具有自动链接的功能，选定目录区按住“Ctrl”键，单击任意标题即可实现文档的跳转切换，快速切换到与指定目录相对应的文档位置处，如下图所示。

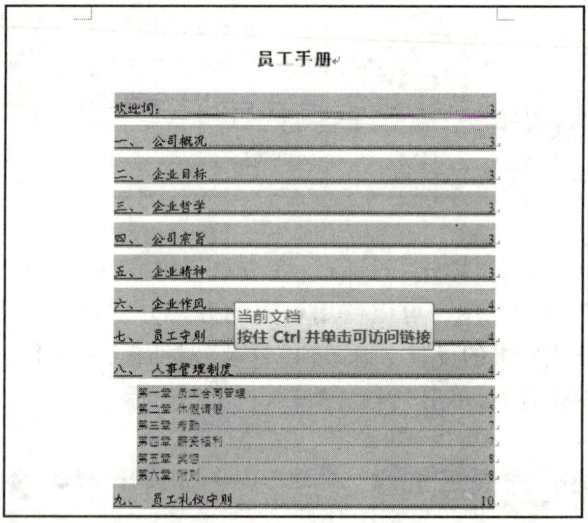

⑥如果文档内容发生改变，可单击“目录”组→“更新目录”→“只更新页码”或“更新整个目录”，以保证目录页码的指向正确，如下图所示。

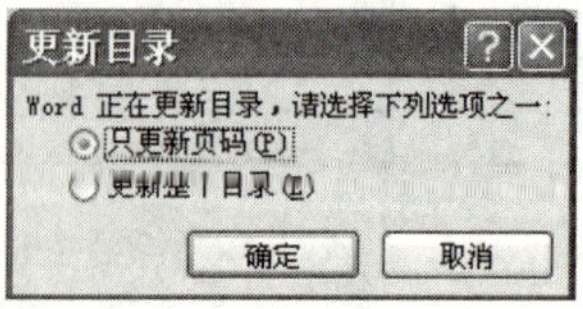

3. 为《员工手册》添加页眉和页脚

《员工手册》编辑完成后，由于手册内容较多，需要为文档页面添加页眉或页脚内容，在其中插入页码、文档标题、文件名等信息内容，以方便用户的查看。

①单击“插入”→“页眉和页脚”→“页眉”，在展开的列表中单击与封面风格相对应的“拼板型”选项，如下图所示。

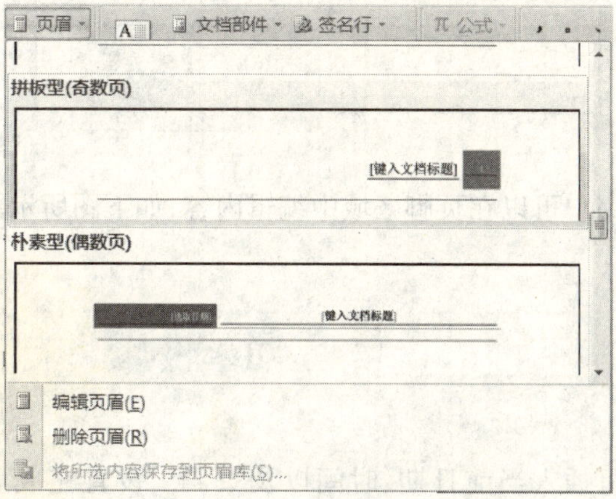

②切换到页眉页脚视图方式，页眉输入“四维传媒员工手册”。“拼板型”页眉在标题后显示页码内容，如下图所示，除了封面页不显示页码外，其他每页依次显示页码。

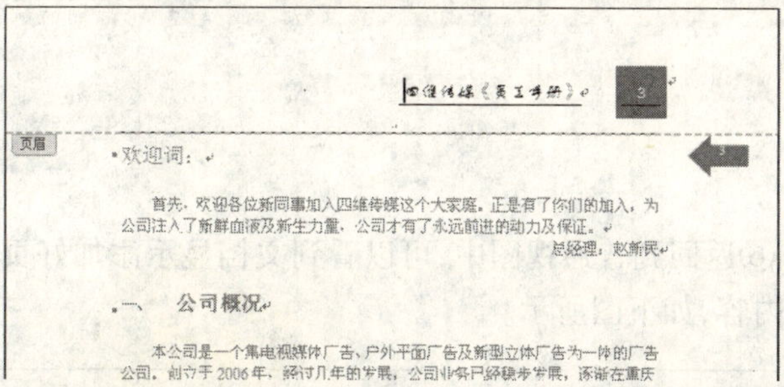

③选中文本内容，其选定区域左上角会出现一个“全选”按钮，单击“全选”按钮后上方会弹出一个浮动工具栏，可进行字体、字号、字形等设置，如下图所示。

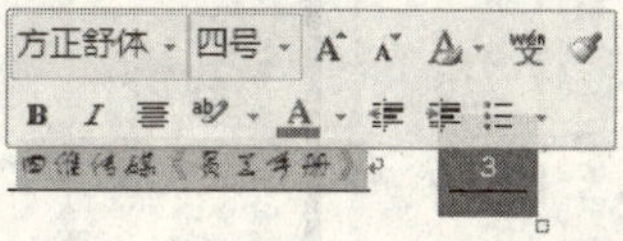

④用户还可以为文档页面添加页脚内容，单击“设计”选项卡→“页眉和页脚”组→“页脚”，在下拉列表中选择“拼板型”选项，如下图所示。

友情提示

禁用目录超级链接的操作很简单，只需取消勾选“使用超链接而不使用页码”复选框即可。

相关知识

设置页眉后，页面上方会出现一条横线，即使页眉内容删除掉横线也依然存在。删除这条横线的步骤操作如下：

①双击文档中任意页面的页眉，使页眉处于编辑状态，然后单击“开始”→“样式”组的对话框启动器。

②在“样式”窗口中指向页眉，并单击其后出现的三角箭头，选择“修改”。

③在“修改样式”对话框，单击“格式”按钮，再单击“边框”。

④在“边框”选项卡的“设置”标题下，单击“无”。

⑤单击“确定”按钮即可。

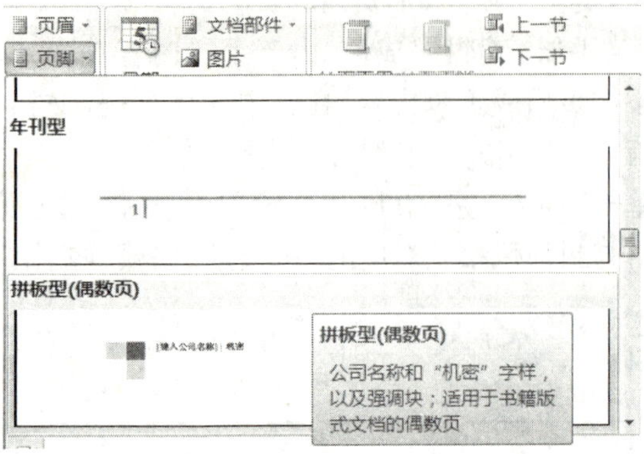

⑤用户可以在页脚区域中编辑内容，如下图所示。

还可插入当前日期、时间以及页码。设置完成后，单击“关闭页眉和页脚”按钮，如下图所示。

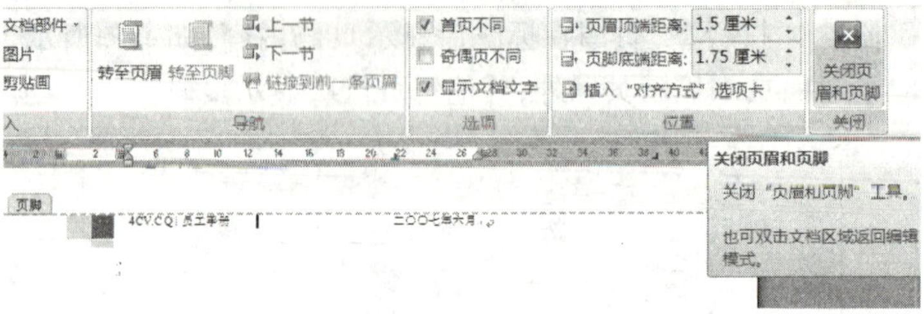

⑥返回到普通视图中，可以看到文档显示添加好页眉和页脚内容，如下图所示。

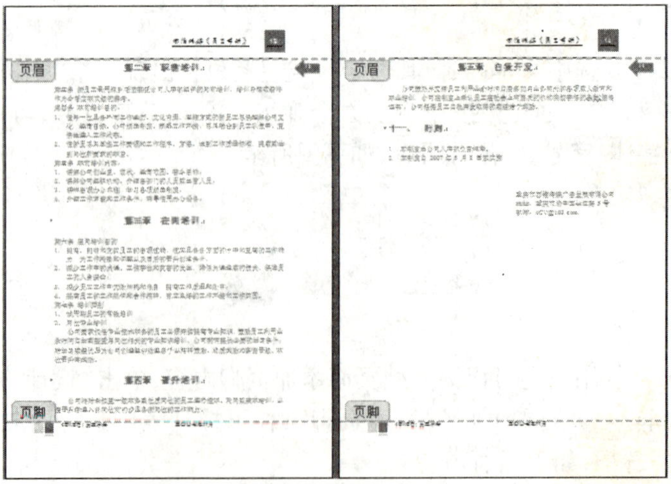

友情提示

除了分别在页眉页脚区双击鼠标进行切换外，还可以使用工具按钮进行快速切换。即在“设计”选项卡下的“导航”组中单击“转至页眉”按钮，或单击“转至页脚”按钮。

相关知识

在“插入”选项卡下单击“页眉和页脚”组中的“页码”按钮，在展开的列表中选择“页面顶端”或“页面底端”，在级联菜单中选择需要使用的页码样式，即可在相应位置插入选定样式的页码。将光标放置在某个位置，选择“当前位置”选项，即可在指定位置插入页码内容。

4. 邮件超链接制作

①打开制作完毕的《员工手册》，切换到文档的最末一页，选中电子邮件地址相关文本内容，单击“插入”→“链接”→“超链接”，如下图所示。

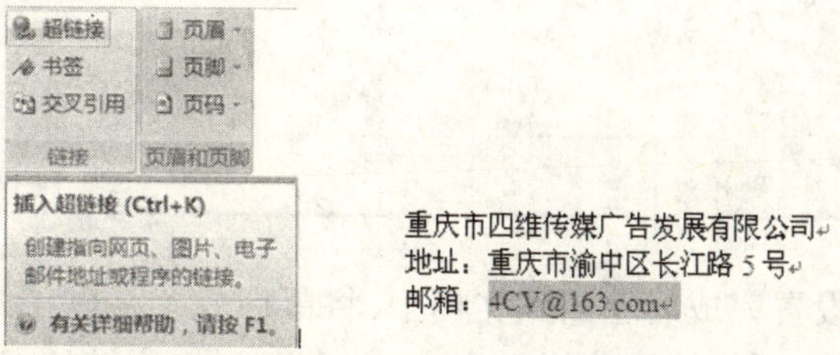

②单击“插入超链接”→“链接到”→“电子邮件地址”，在文本框中输入需要链接的地址，单击“屏幕提示”按钮，如下图所示。

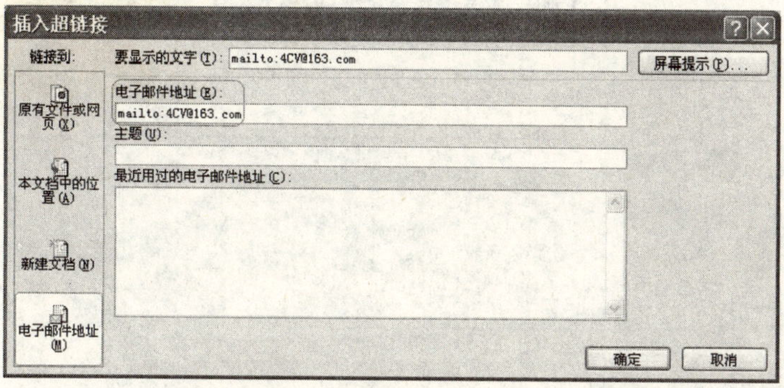

③单击“设置超链接屏幕提示”→“屏幕提示文字”，在文本框输入文本内容，单击“确定”按钮，如下图所示。

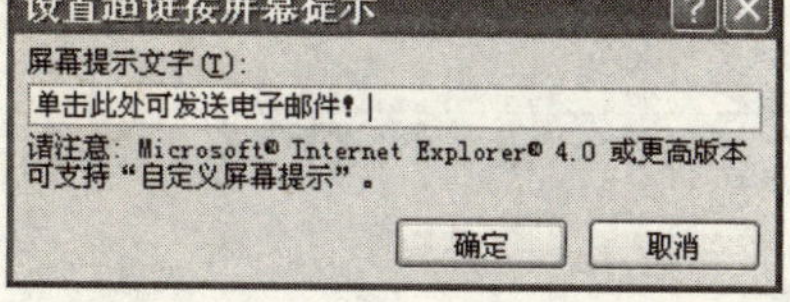

④返回到“插入超链接”对话框，单击“确定”按钮，如下图所示。

想一想

在文档中输入Web网址或E-mail地址时，Word会自动转换为超级链接。其实很多时候我们并不需要这样的功能，那应该怎么办呢？

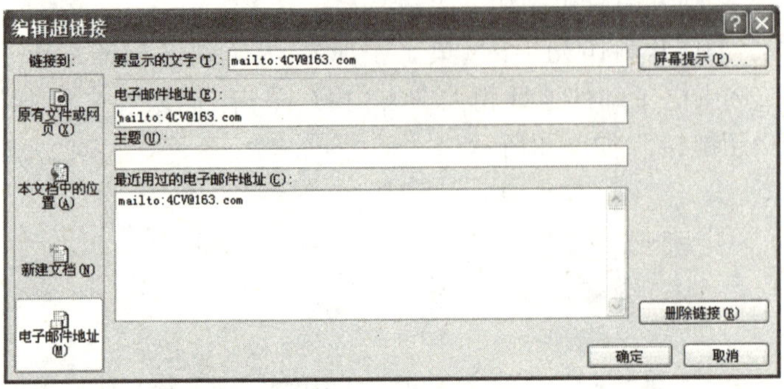

⑤设置完成后返回到文档中，将鼠标放置在电子邮件位置上方，此时显示屏幕提示内容，单击即可打开链接对象，系统自动启用 Outlook Express 应用程序，在窗口中用户可以编辑邮件内容，并发送到指定的邮箱地址中，如下图所示。

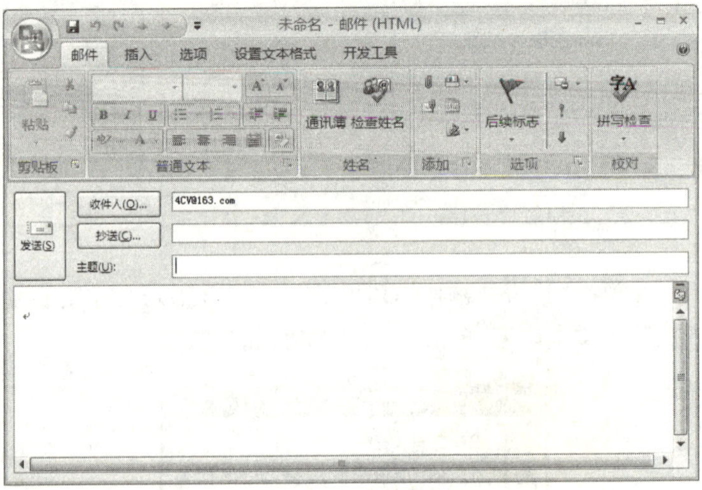

友情提示

在 Word 文档中输入一个 Web 网址或者 E-mail 地址，在它自动转换为超级链接后（在默认状态下 Web 地址会变成蓝色），立即按下"Ctrl + Z"或者"Alt + Backspace"组合键，撤消最后一个动作，这样就不会显示为超链接了。

试一试

在 Word 中加入超链接的文字下面会有一条线，你能将它取消吗？

友情提示

选中加了超链接的文字，然后双击"开始"选项卡下的"字体"组中的"下划线"按钮，即可取消下划线。

任务五　制作企业《客户联谊会邀请函》
——Word 2007 邮件合并功能

任务概述

年末、新春之际，企业常会答谢客户对公司的支持召开客户联谊会。本任务通过 Word 2007 的邮件合并等功能，完成四维传媒企业《客户联谊会邀请函》制作。

使用 Word 提供的邮件合并功能，将数据信息导入到固定格式的主文档中，完成批量信函、信封文档的制作。

操作步骤

①制作信封。新建一个文档，单击“邮件”→“创建”→“中文信封”，打开“信封制作向导”对话框，单击“下一步”按钮，如下图所示。

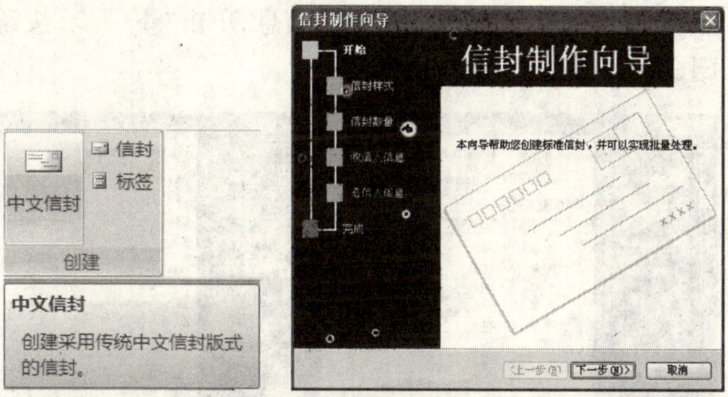

②单击“信封样式”下拉列表按钮，选择一种样式，单击“下一步”按钮。

③设置信封的方式和数量，选择“基于地址簿文件，生成批量信封”，再单击“下一步”按钮，如下图所示。

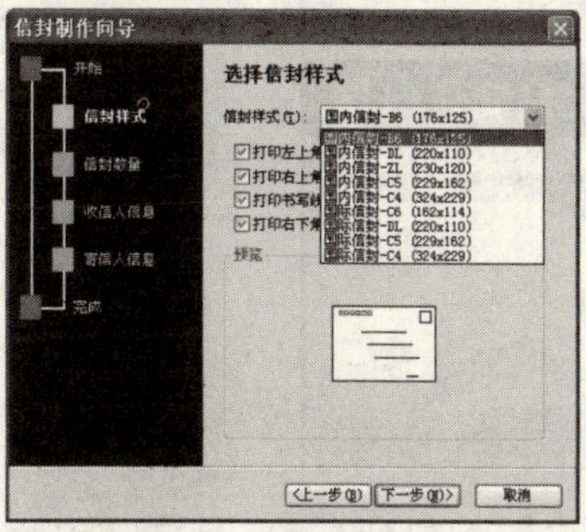

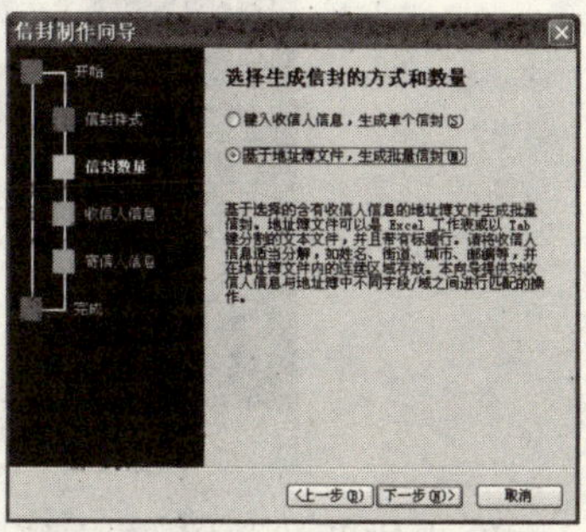

知识窗

邀请函是邀请亲朋好友或知名人士、专家、客户等参加某项活动时所发的请约性书信。

相关知识

在“邮件”选项卡下的“创建”组中单击“信封”按钮，打开“信封和标签”对话框，切换到“信封”选项卡下，设置需要创建信封的收信人地址、寄信人地址等相关信息，再单击“打印”按钮，即可将创建的信封进行打印。单击“添加到文档”按钮，可创建由设置信封生成的新文档。

想一想

如果在设置信封的过程中想跳过向导的某个步骤，该怎么办呢？

友情提示

在“信封制作向导”对话框的左侧区域中，呈绿色标记的为当前设置步骤，如果用户需要切换到其他向导步骤中进行设置，双击相应的选项，使其呈绿色选中状态即可。

友情提示

信封向导只能使用Excel表格和Tab分隔符分隔的纯文本文件来作为地址簿，不支持Word表格。因此地址簿文件最好是由Excel或者在邮件合并的步骤中制作。

试一试

按照创建信封的操作方法，创建一组名为“重庆市三维视界文化传播公司员工档案”的标签。

友情提示

在“邮件”选项卡下的“创建”组中单击“标签”按钮，打开“信封和标签”对话框，切换到“标签”选项卡下即可创建标签。

想一想

邮件合并功能的作用是什么？

④进入下一个向导步骤，单击“选择地址簿”按钮，进行收件人信息的设置，如下图所示。

⑤弹出“打开”对话框，在“查找范围”选定地址簿文件所在位置(打开素材“模块二\任务五\客户通讯录. docx”文件)，在“文件类型”列表框选定“Excel”，单击右下角的“打开”按钮，如下图所示。

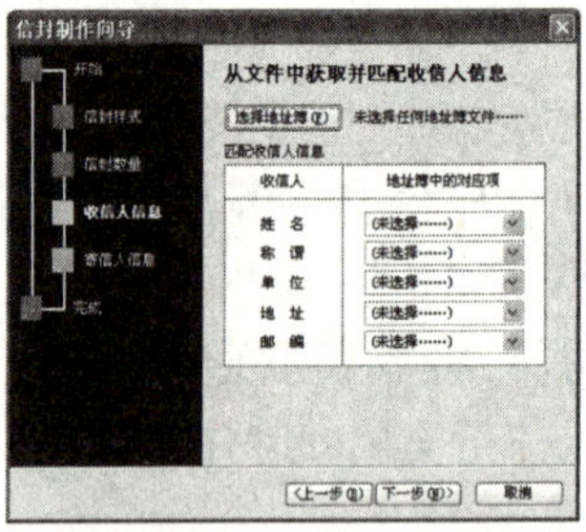

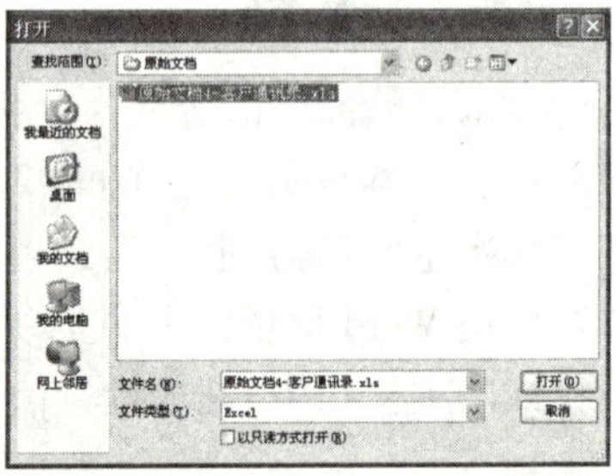

⑥返回信封制作向导，进行匹配收信人信息地设置，通过“地址簿中的对应项”旁边的下拉箭头进行相应项目地选择，设置完毕后单击“下一步”按钮。

⑦进入下一个向导步骤，设置寄信人信息，在“姓名”“单位”“地址”等文本框中输入相关信息，单击“下一步”按钮，如下图所示。

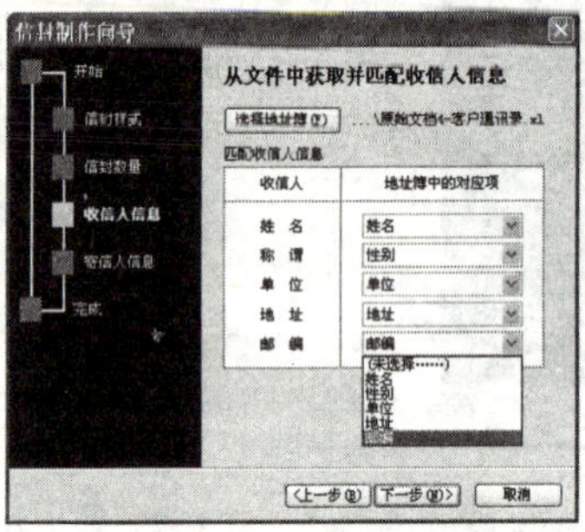

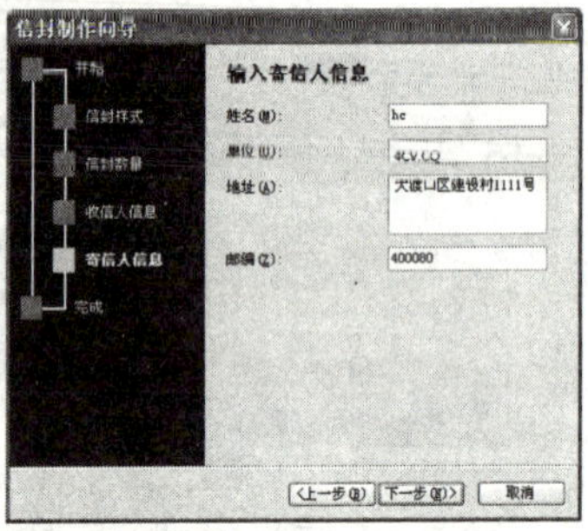

⑧按向导步骤完成信封制作设置，单击“完成”按钮，如下图所示。

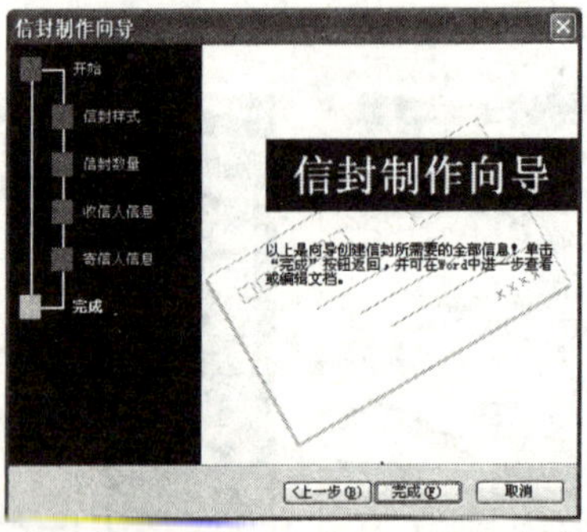

⑨生成新的文档，在文档中显示创建的信封，并显示相关收信人与寄信人信息，如下图所示。

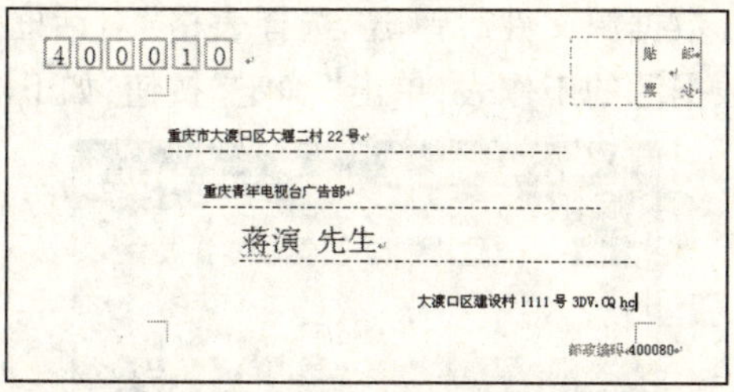

⑩信封完成后，打开素材“模块二\任务五\邀请函.docx”文件，单击“邮件”→“开始邮件合并”→“邮件合并分步向导”，如下图所示。

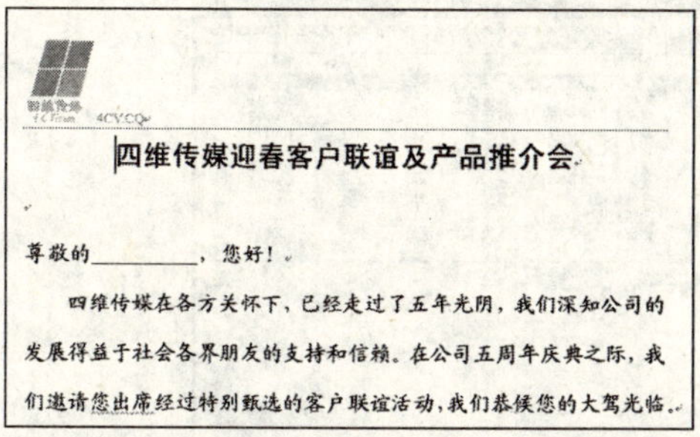

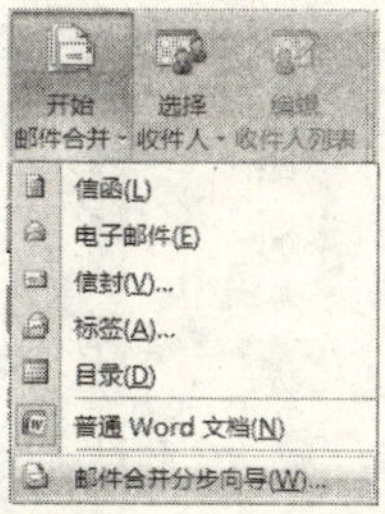

⑪单击“邮件合并”→“信函”→“正在启动文档”文字链接；单击“使用当前文档”→“选取收件人”文字链接，如下图所示。

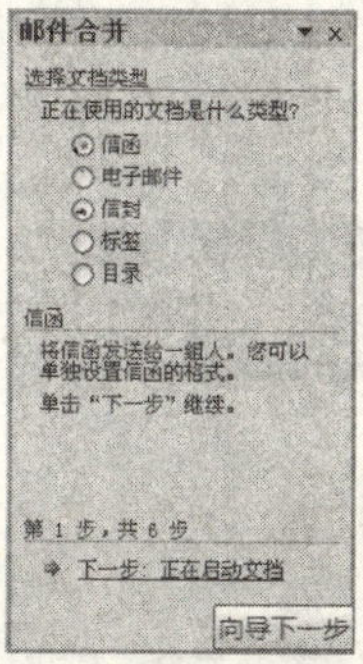

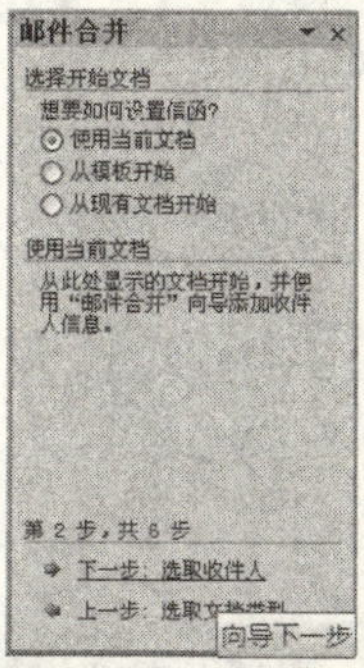

⑫进入下一向导，在下拉列表中选择 使用现有列表 ，弹出“选取数据源”对话框，在“查找范围”下拉列表框选择收件人信息的文件，然后双击该文件，如下图所示。

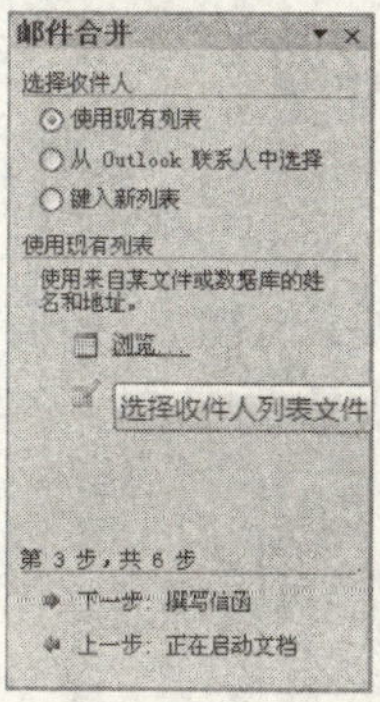

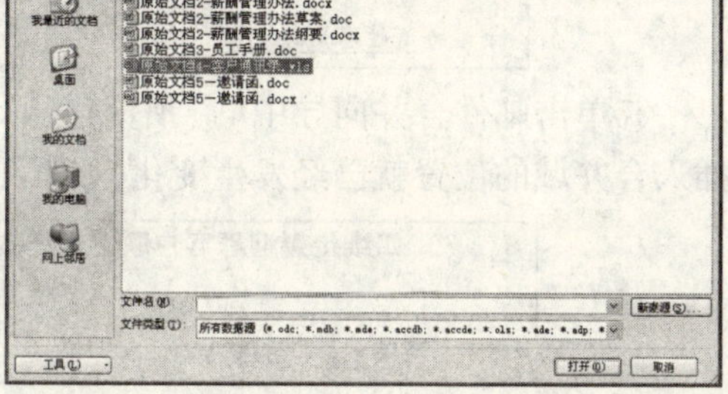

友情提示

邮件合并功能的主要作用是创建一个需要多次打印或通过电子邮件发送给不同收件人的信函，它可以在信函中插入或使用联系人列表中的信息，自动替换每份信函中的相关域，使文档实现批量自动生成的功能。

友情提示

从模板创建邮件合并文档：

只需启动邮件合并功能，在邮件合并向导步骤 2 中，选择“开始文档类型”为“从模板开始”，再单击“选择模板”文字链接，在打开的对话框中选择需要应用的模板类型即可。

想一想

如何删除收件人列表中的条目？

友情提示

在“新建地址列表”对话框中，选中需要删除的条目，再单击“删除条目”按钮即可在编辑收件人信息时，删除需要删除的条目。

⑬打开数据源文件后弹出“选择表格”对话框，选取工作簿中作为数据源的工作表，单击“确定”按钮，如下图所示。

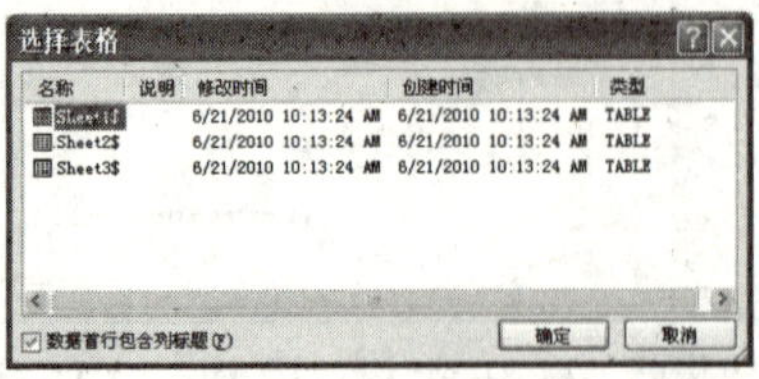

⑭弹出“邮件合并收件人”对话框，在下拉列表中通过复选框来添加或删除合并的收件人，单击“确定”按钮，如下图所示。

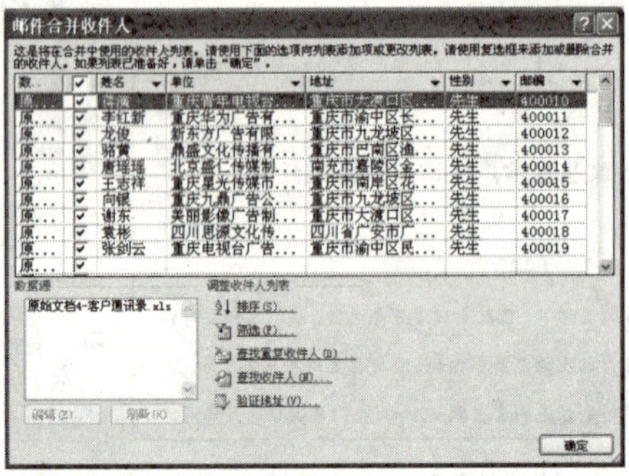

⑮返回邮件合并向导“撰写信函”文字链接，将光标定位到要插入信息的位置，单击“其他项目”，弹出“插入合并域”对话框，在下拉列表中依次选择“姓名”和“性别”项，单击“插入”按钮，如下图所示。

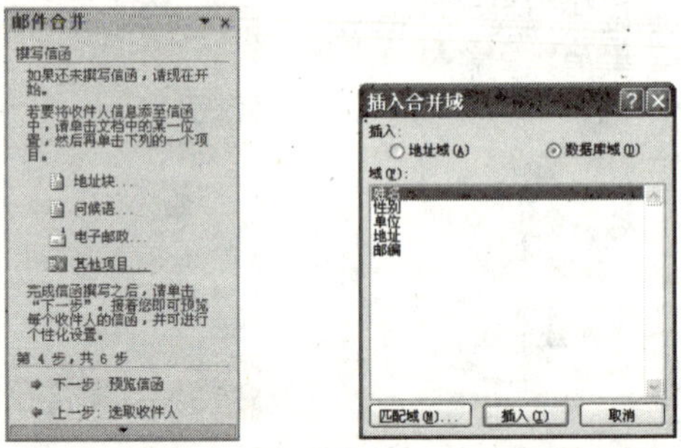

⑯合并域插入完毕后，单击“确定”按钮，内容就被插入到指定位置，可对合并域进行字体、字号等格式设置，文档效果如下图所示。

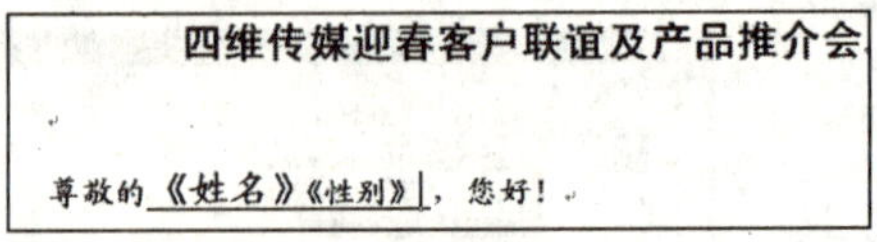

⑰单击邮件合并向导中的“预览信函”文字链接，文档有插入合并域的位置就已经发生变化，如下图所示。

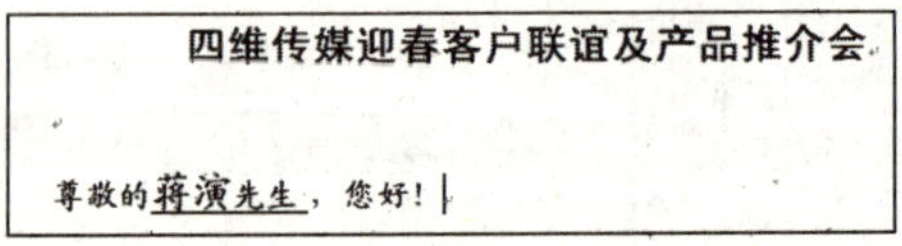

友情提示

信函一般都要带上问候语，表示对收信人的尊重，在“编写和插入域”组中单击“问候语”按钮，打开“插入问候语”对话框，在对话框中设置需要插入的问候语相关内容，再单击“确定”按钮即可。

试一试

在文档中突出显示插入的合并域，应该怎么操作？

友情提示

在“编写和插入域”组中单击“突出合并域”按钮，使其呈选中状态，此时文档中插入的合并域呈灰色底纹显示。

友情提示

当预览到需要删除的收件人信息时，在“邮件合并”窗体中的“预览信函”区域中单击“排除此收件人”按钮，即可删除当前收件人。

⑱在“预览信函”向导中可查看其他收件人，也可对收件人信息做出更改，单击“完成合并”文字链接，进入下一向导，至此已可使用邮件合并完成信函，如下图所示。

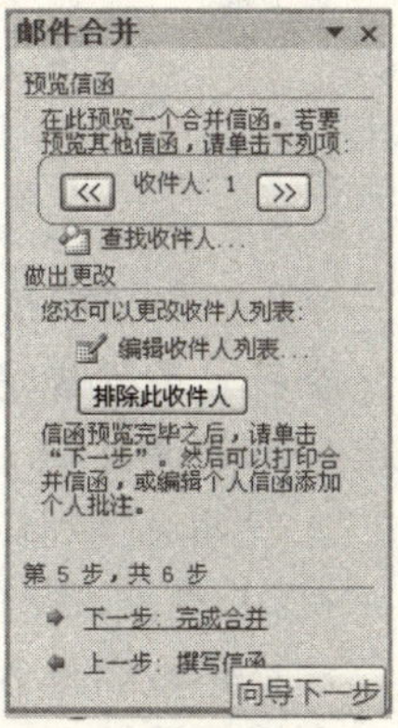

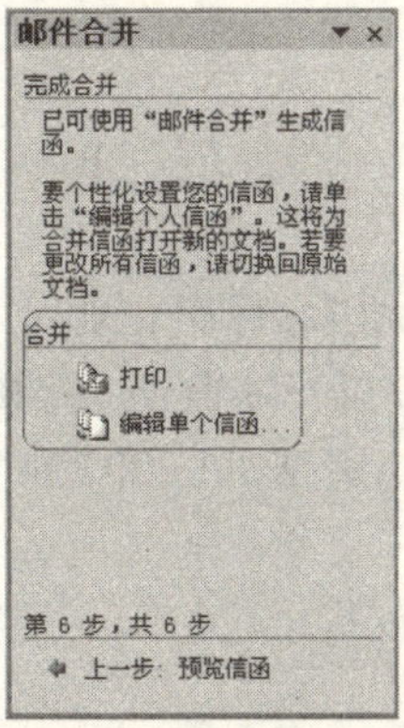

⑲单击“完成合并”→“打印”，在“合并到打印机”对话框中选择好记录范围，单击“确定”按钮。如果选择“编辑单个信函”选项，会弹出“合并到新文档”对话框，选择好记录范围，单击“确定”按钮即可生成一个新文档，包含所有合并后的信函，如下图所示。

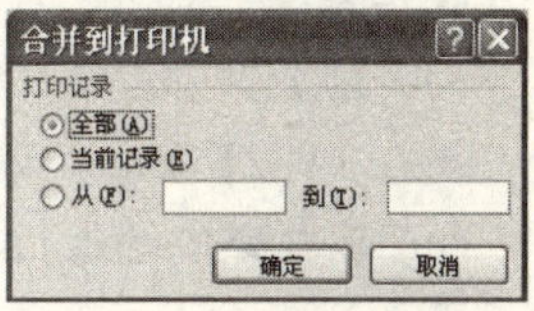

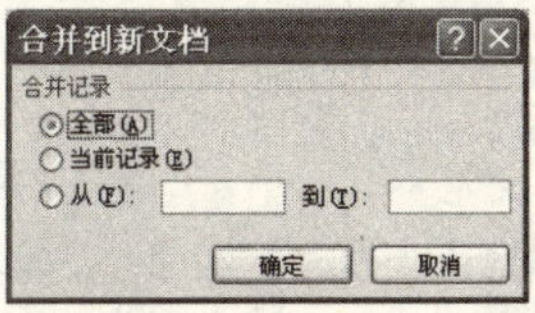

⑳所有信函合并到新文档，自动生成一个名为“信函 1”的文档，里面包含了所有收件人的邀请函，如下图所示。

相关知识

在“开始邮件合并”组中单击“选择收件人”按钮，在展开的列表中单击“使用现有列表”选项，打开“选择数据源”对话框，选择需要使用的收件人列表，再单击“打开”按钮即可使用已有的收件人列表。

想一想

在打开某个 Excel 数据源文件后，我们应该在对话框中选取哪个工作表作为数据源呢？

试一试

如何对收件人列表进行重新排序？

友情提示

对收件人进行重新排序只需在“邮件”选项卡的“开始邮件合并”组中单击“编辑收件人列表”按钮，打开“邮件合并收件人”对话框，单击“排序”选项，打开“排序和筛选”对话框，设置排序的方式，再单击“确定”按钮即可。

任务六 打印员工录用通知书——Word 2007 办公文档打印

任务概述

人才是企业创新与发展的不竭动力,每次企业或单位招聘后,需要给被录用者发去录用通知书。本任务以四维传媒公司的录用通知书为例,介绍如何使用 Word 2007 来完成员工录取通知书的制作和打印。

操作步骤

1. 页面设置与打印预览

①打开素材“模块二\任务六\录用通知书. docx”文件,切换到“页面布局”选项卡,单击“页面设置”组→“纸张方向”,如需文字横排,可在下拉列表中选择“横向”选项,如下图所示。

②单击“页面设置”→“纸张大小”,在下拉列表中选择纸张大小,如“A4”。同样,单击“页面设置”→“页边距”,在下拉列表中单击“普通”选项,如下图所示。

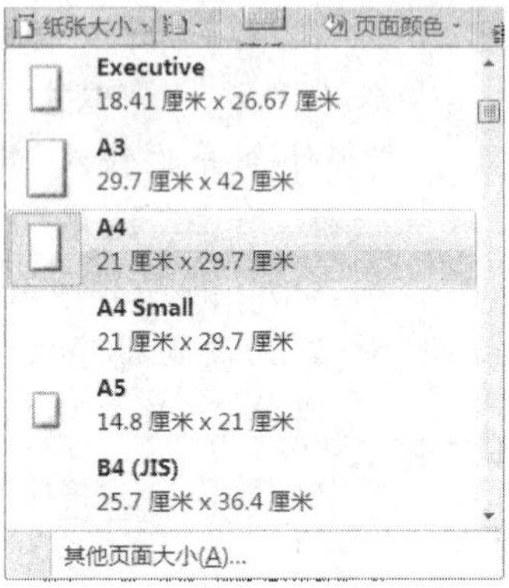

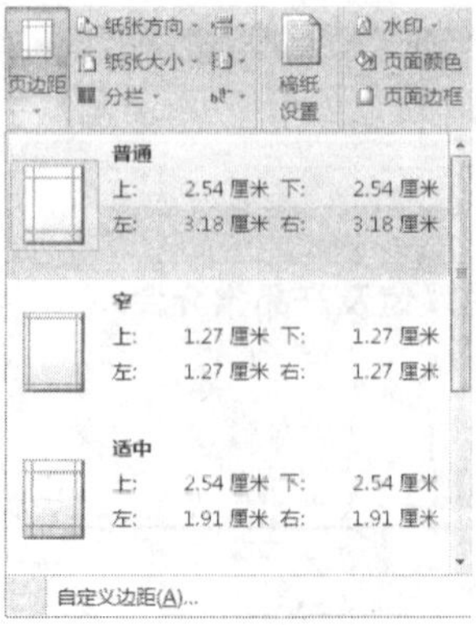

知识窗

“员工录用通知书”是用人单位想与某个特定劳动者建立劳动关系的单方意思表示,表明用人单位愿意录用,并说明用人单位愿意提供的职位和待遇。

友情提示

要快速调整文档的显示比例,除了拖动右下角的显示比例滑块来改变外,还可以按住 Ctrl 键然后滚动鼠标滑轮来实现。

知识窗

常用纸张:

A4:21 cm × 29.7 cm(正式公文纸张,系统默认);

A3:29.7 cm × 42 cm(A4 纸的 2 倍);

B5: 18.2 cm × 25.7 cm;

B4:25.7 cm × 36.4 cm(B5 纸的 2 倍);

16 开:18.4 cm × 26 cm。

页边距类型:

普通:上下 2.54 cm,左右 3.18 cm;

窄:上下左右均为 1.27 cm;

适中:上下 2.54 cm,左右 1.91 cm。

页边距还可以自定义。

相关知识

常用快捷键：

Ctrl + =（等号）：应用下标格式（自动间距）；

Ctrl + Shift + +（加号）：应用上标格式（自动间距）；

Ctrl + Shift + Z：取消人工设置的字符格式；

Ctrl + Shift + Q：将所选部分设为 Symbol 字体；

Ctrl + Shift + ＊（星号）：显示非打印字符；

Shift + F1（单击）：查看文字格式；

Ctrl + Shift + C：复制格式；

Ctrl + Shift + V：粘贴格式。

③单击“页面布局”→“页面背景”→“水印”，在下拉列表中选择“自定义水印”选项，打开“水印”对话框，选择“文字水印”单选按钮，设置字体为“华文行楷”，颜色为“深蓝”，勾选“半透明”复选框，选择“斜式”单选按钮，再单击“确定”按钮，如下图所示。

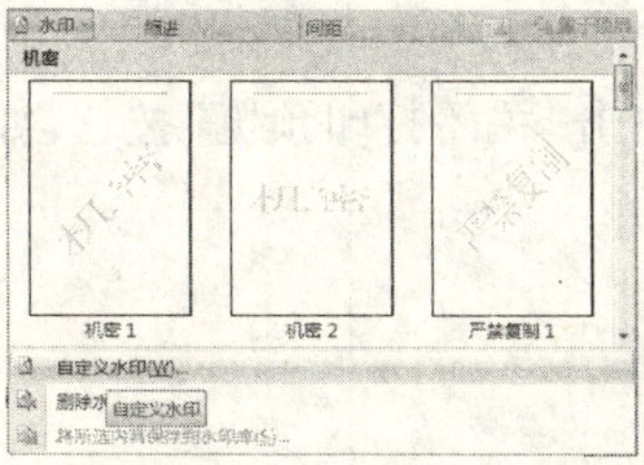

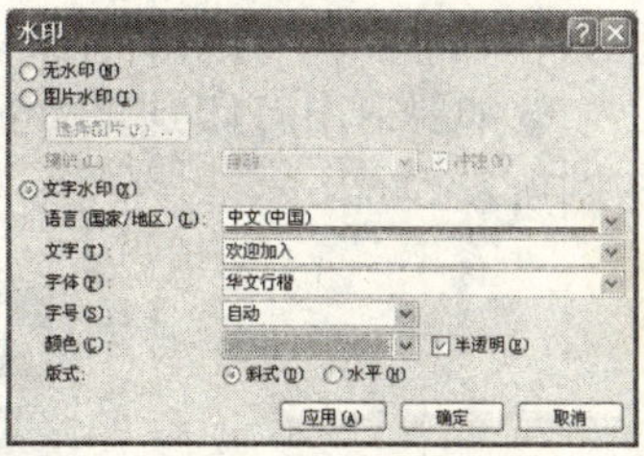

④返回到文档中，可以看到在文档页面中显示设置的文字水印效果，如下图所示。

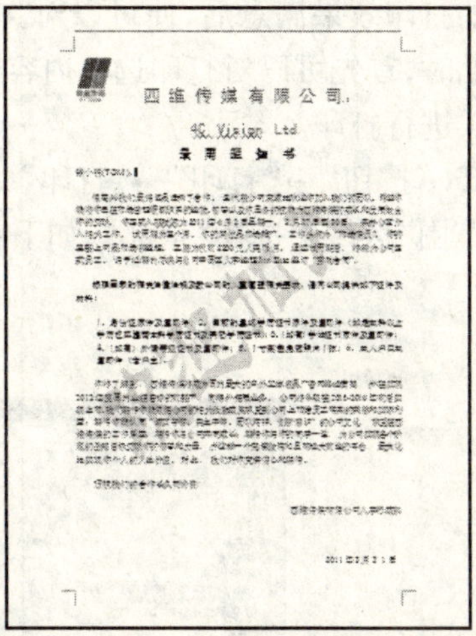

2. 打印预览

①完成文档页面效果的设置后，用户可以预览文档的打印效果。单击“Office 按钮”→“打印”→“打印预览”，切换到打印预览视图方式，可以查看文档的打印效果，如下图所示。

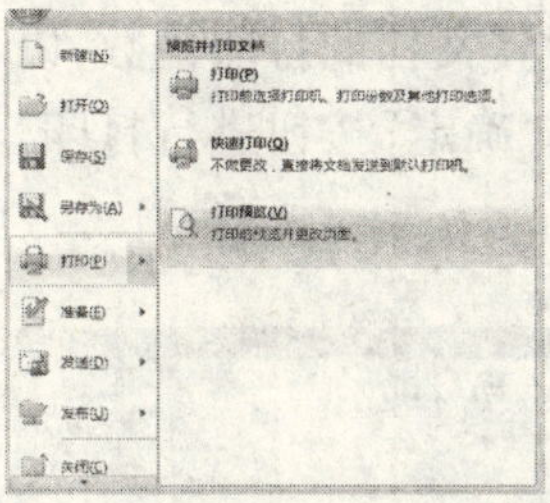

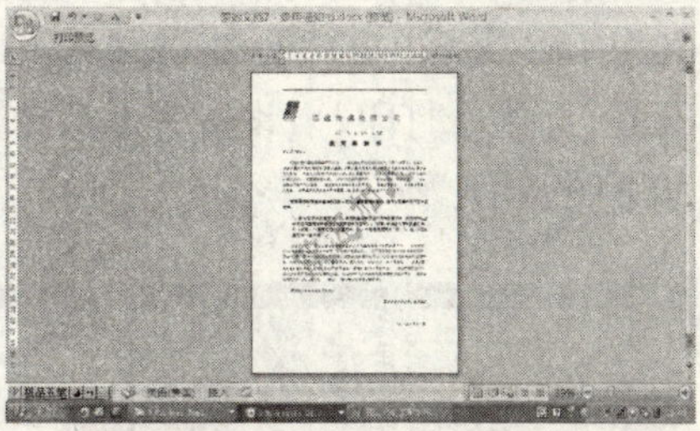

②在打印预览视图中，可通过页面“页面设置”组中的命令按钮对纸张大小、方向及页边距进行调整；还可以通过“显示比例”组中的选项按钮对显示比例、单双页显示进行设置，如下图所示。

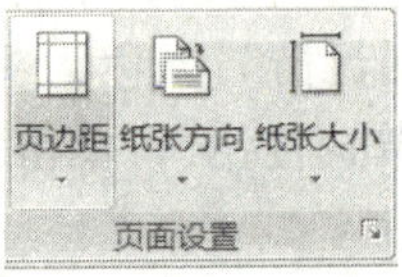

③如要退出打印预览，可单击“关闭打印预览”按钮，如下图所示。

3. 打印通知书

预览文档的打印效果满意后，便可以对文档进行打印操作。在打印文档时，首先可以对打印选项内容进行设置，使文档按指定的方式进行打印。

①单击“Office 按钮”→“打印”→“打印”，打开“打印”对话框，在“页面范围”区域中选择“全部”，如下图所示。

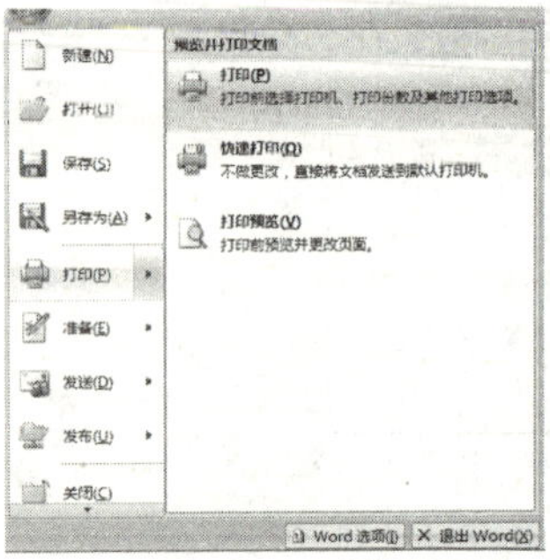

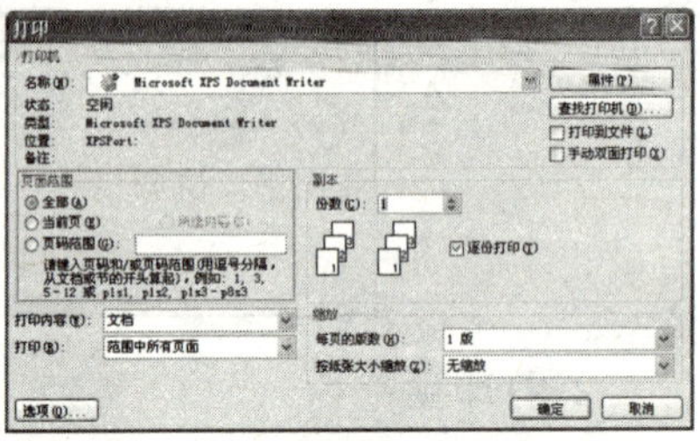

②单击“打印”下拉列表按钮，在下拉列表中选择“范围中所有页面”选项或者“奇数页、偶数页”，设置打印的范围；在“副本”区域中的“份数”文本框中设置文档的打印份数，以及是否“逐份打印”。设置完成后单击“确定”按钮进行打印，如下图所示。

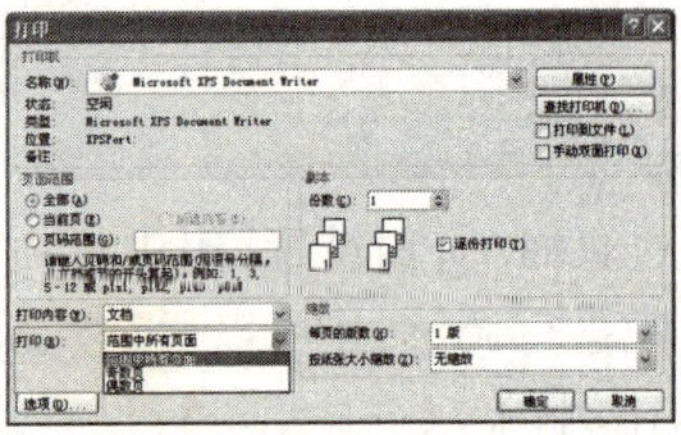

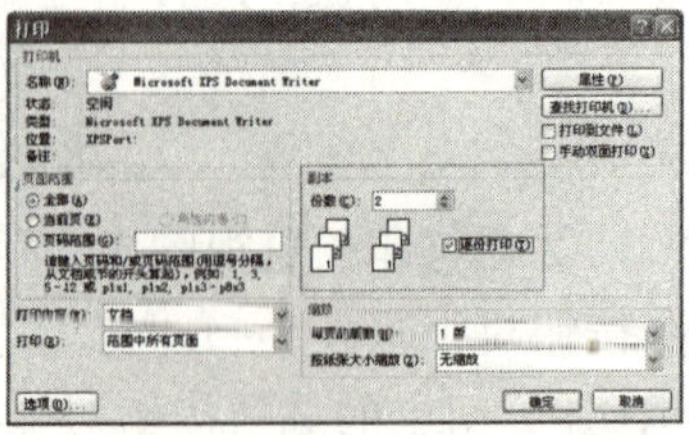

相关知识

常用快捷键：

Ctrl＋1：单倍行距；

Ctrl＋2：双倍行距；

Ctrl ＋ 5：1. 5 倍行距；

Ctrl＋0：在段前添加一行间距；

Ctrl ＋ E：段落居中；

Ctrl＋J：两端对齐；

Ctrl＋L：左对齐；

Ctrl＋R：右对齐；

Ctrl ＋ Shift ＋ D：分散对齐；

Ctrl＋M：左侧段落缩进；

Ctrl ＋ Shift ＋ M：取消左侧段落缩进；

Ctrl ＋ T：创建悬挂缩进；

Ctrl ＋ Shift ＋ T：减小悬挂缩进量；

Ctrl＋Q：取消段落格式；

Ctrl ＋ Shift ＋ S：应用样式；

Alt＋Ctrl＋K：启动“自动套用格式”；

Ctrl ＋ Shift ＋ N：应用“正文”样式；

Alt ＋ Ctrl ＋1：应用“标题 1”样式；

Alt ＋ Ctrl ＋2：应用“标题 2”样式；

Alt ＋ Ctrl ＋3：应用“标题 3”样式；

Ctrl ＋ Shift ＋ L：应用“列表”样式。

* 综合人力资源管理实例

制作招聘计划

招揽人才是企业重要的工作，根据企业发展状况，人事部门应及时做好招聘计划。这里仍以四维传媒人事部门近期的招聘计划为例，进一步巩固 Word 2007 的样式、项目符号及编号的应用和管理，以及为文档指定超级链接等知识的应用。

操作步骤

①打开素材“模块二\综合实例\招聘计划. docx”文件，选定文档标题，选定“样式”组中的“标题”。再选定“公司简介”，为其设置“标题 1”的样式，段前段后值各为 12 磅，如下图所示。

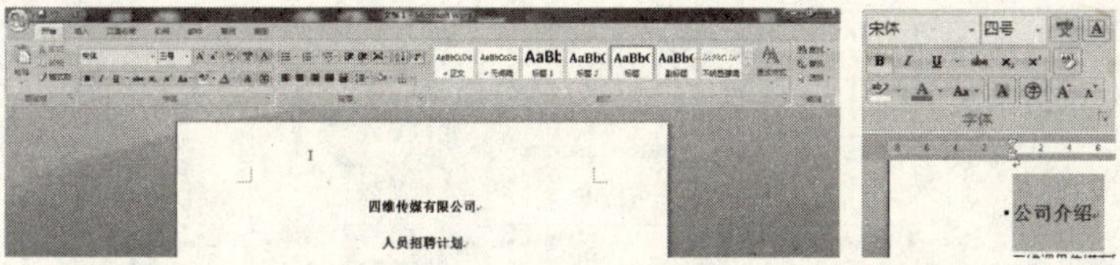

②选定每个招聘职位，将其样式设置为“小标题”，效果为宋体五号加粗，并为其添加项目编号“一、二、三……”；再选定所有“职位描述”和“职位要求”，为其添加“1. ,2. ,3. …”的项目编号；最后选定所有具体内容，为其他添加项目符号“●”，如下图所示。

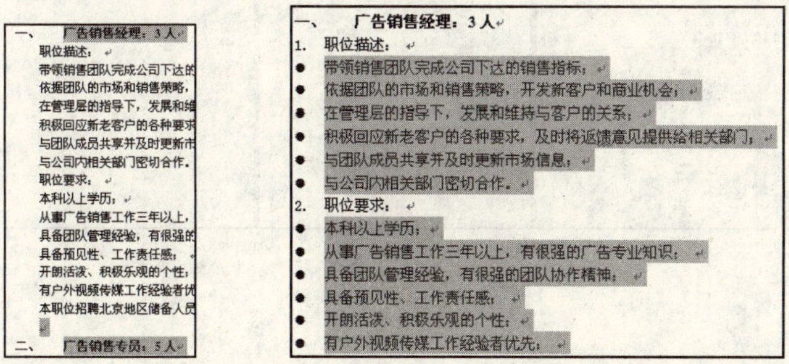

③选中电子邮件地址相关文本内容，切换到“插入”选项卡下，在“链接”组中单击“超链接”按钮，输入邮箱地址，屏幕设置为“单击此处可发送电子邮件！”，如下图所示。

相关知识

为文档设置自动保存，可以单击“Office”按钮，在弹出的菜单中单击“Word 选项”，在打开的对话框中切换到“保存”选项卡，选中“保存自动恢复信息时间间隔”复选框，或在其后的文本框中直接输入保存的时间间隔，单击“确定”按钮即可。

友情提示

在“打开”对话框中，选定需要打开的文档，单击“打开”按钮右侧的三角形按钮，在打开的列表中单击“以只读方式打开”选项即可。

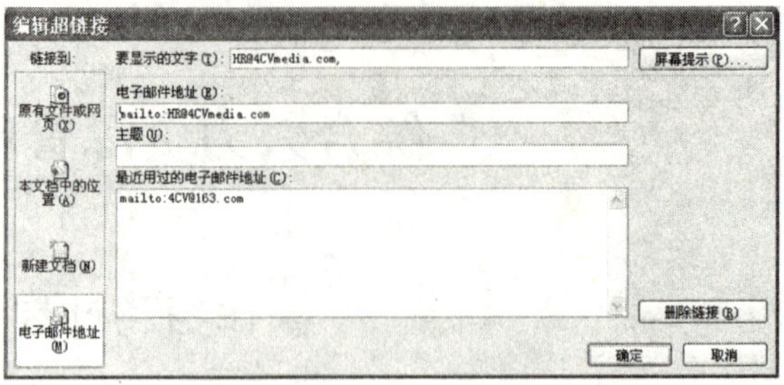

④设置完成后返回到文档中，将鼠标放置在电子邮件位置上方，此时显示屏幕提示内容，单击即可打开链接对象，如下图所示。

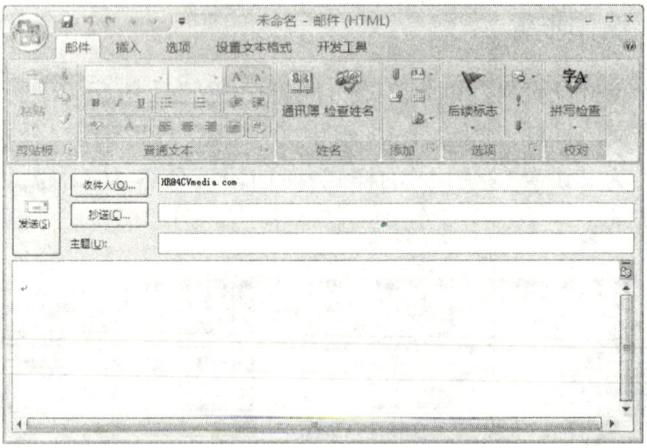

⑤设置完毕后，整个招聘计划效果如下图所示。

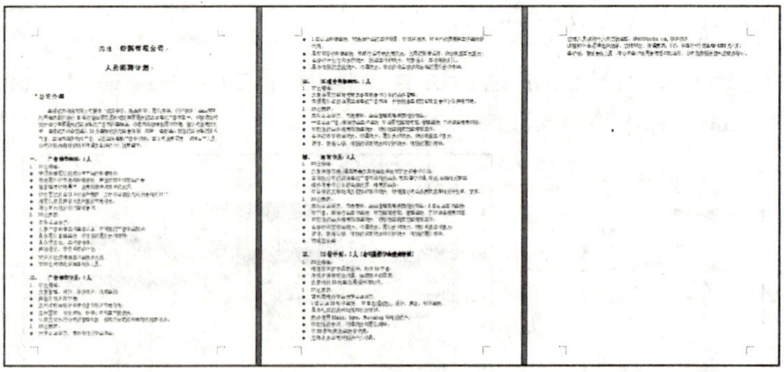

制作劳动合同书

企业每招进一个新员工,必须和员工签订劳动合同,以保障双方特别是劳动者的合法权益。这里以制作四维传媒的劳动合同,巩固在Word 2007中建立文档的纲目结构及对文档进行加密保护。

操作步骤

①打开素材"模块二\综合实例\劳动合同.docx"文件,切换到"大纲视图",对文档内容进行纲目结构地设置及调整,如下图所示。

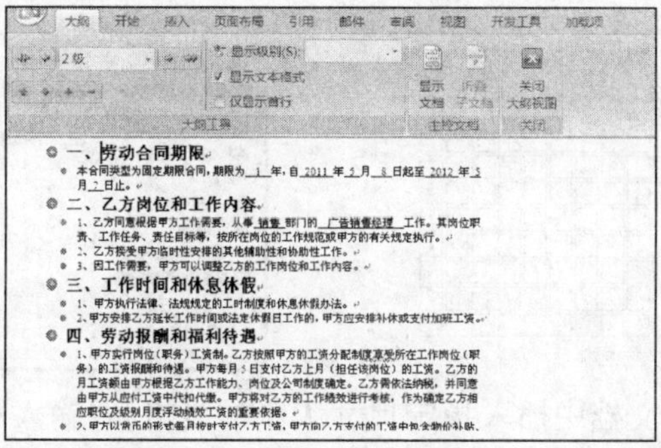

②将文档的正文部分选定,然后将字体颜色设置成白色,这样内容虽在,但有些人看不到。或者选定要隐藏的文字,单击"开始"→"字体"→"隐藏",四大项下的内容已经被隐藏,如下图所示。

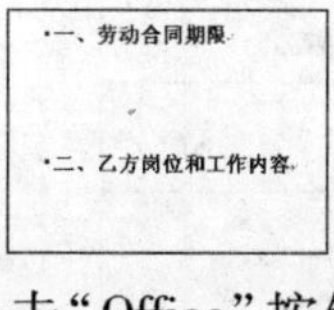

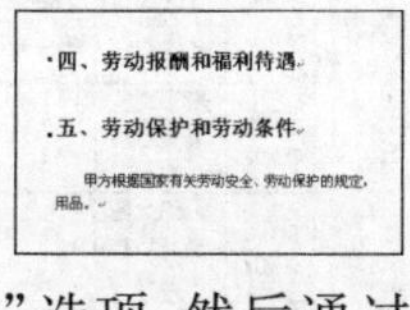

③单击"Office"按钮→"准备"选项,然后通过"加密文档"和"限制权限"对文档进行保护,如下图所示。

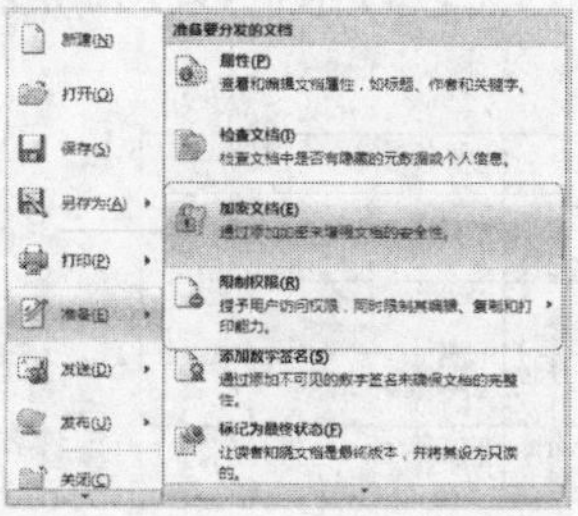

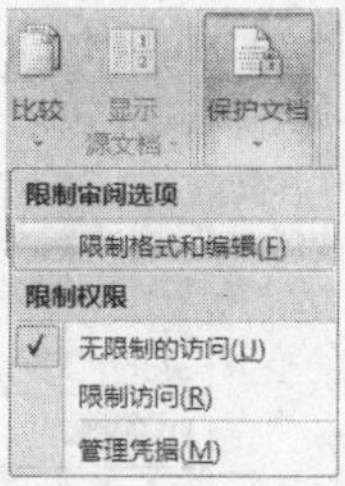

④也可通过"审阅"选项下的"保护"组打开列表,选择"限制格式和编辑"进行文档保护,如上左图所示。

⑤根据不同需要对文档可以实施多重保护,以达到较为有效的保护目的。如要取消保护,只需要按相应步骤进行一次逆操作即可。

友情提示

折叠大纲

对于有从属文本的大纲,用户可以将其折叠起来。折叠大纲的方法有两种:

- 把鼠标移动到大纲前面的加号标志上,当光标呈十字箭头形状时,双击鼠标,即可折叠大纲。
- 把光标插入点移动到需要折叠的大纲标题上,然后单击"大纲"功能区中的"减号"按钮。

展开大纲

展开大纲的操作法方法有两种:

- 把鼠标移动到已经折叠的大纲前面的加号标志上,当光标呈现十字箭头形状时,双击鼠标,即可展开折叠的大纲。
- 把光标插入点移动到需要展开的大纲标题上,然后单击"大纲"功能区上的"加号"按钮。

制作员工档案表

相关知识

在 Word 2007 中可以插入一个 Excel 电子表格，具体操作是：在“插入”选项卡下单击“表格”按钮，在展开的列表中单击“插入 Excel 电子表格”选项，即可在文档中插入一个 Excel 电子表格。该电子表格具有 Excel 的操作功能，用户可以在 Excel 操作窗口中对其进行设置。

企业建立员工档案非常必要，因为它是进行人力资源管理的基础。下面以四维传媒市场专员陈小亮的档案表为例，学习使用 Word 2007 创建一份完整的员工档案表，巩固对表格等相关知识点的综合运用。

操作步骤

①新建一个文档，单击“插入”→“表格”→“插入表格”，打开“插入表格”对话框，设置列数为“7”，行数为“8”，选择“根据窗口调整表格”单选按钮，单击“确定”按钮，如下图所示。

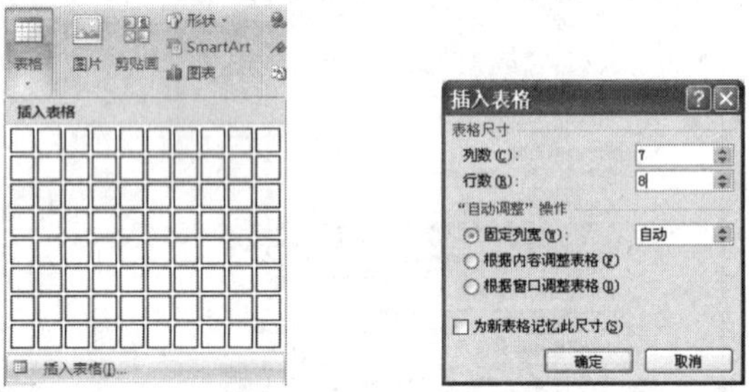

②在文档中插入指定尺寸大小的表格，并输入相关信息内容，如下图所示。

姓名	陈小明	性别	男	出生年月	1988-12-12	
婚否	否	民族	汉	身份证号	510311198812121351	照片
籍贯	四川绵阳	政治面貌	团员	职称		
最高学历	大学本科	主修专业	市场营销	毕业学校	重庆城市管理学院	
爱好	阅读	特殊技能		外语能力	英语四级	
户口所在地址	重庆江北区新溉大道726号					
目前居住地址	重庆江北区新溉大道726号					
联系方式	手机：13594073717	座机：67759928				

③根据需要，对表格行高列宽进行调整，并对相应单元格进行合并操作，如下图所示。

姓名	陈小明	性别	男	出生年月	1988-12-12	照片
婚否	否	民族	汉	身份证号	510311198812121351	
籍贯	四川绵阳	政治面貌	团员	职称		
最高学历	大学本科	主修专业	市场营销	毕业学校	重庆城市管理学院	
爱好	阅读	特殊技能		外语能力	英语四级	
户口所在地址	重庆江北区新溉大道 726 号					
目前居住地址	重庆江北区新溉大道 726 号					
联系方式	手机：13594073717　座机：67759928					

④选中整个表格，单击“布局”→“对齐方式”→“水平居中”，表格调整完毕后效果如下图所示。

姓名	陈小明	性别	男	出生年月	1988-12-12	照片
婚否	否	民族	汉	身份证号	510311198812121351	
籍贯	四川绵阳	政治面貌	团员	职称		
最高学历	大学本科	主修专业	市场营销	毕业学校	重庆城市管理学院	
爱好	阅读	特殊技能		外语能力	英语四级	
户口所在地址	重庆江北区新融大道 726 号					
目前居住地址	重庆江北区新融大道 726 号					
联系方式	手机：13594073717　座机：67759928					

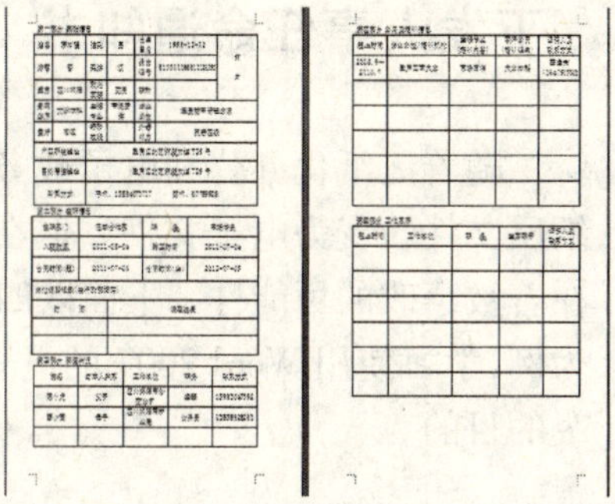

⑤用上述方法依次建立第 2 ~6 部分，并进行表格格式的调整。

⑥第 6 部分个人证件，需要将员工的各种证件拍照留底并插入到表格中。这时，将光标定位到要插入图片的单元格，插入图片，并将其设置为“嵌入式”，调整好大小和位置，如下图所示。

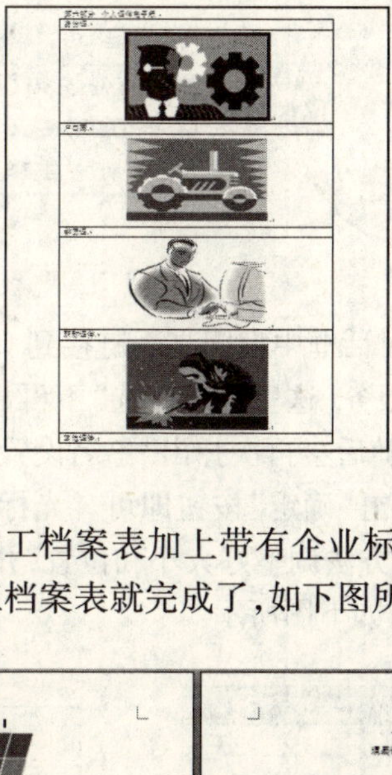

⑦最后，为员工档案表加上带有企业标识的封面及填表说明页，整个员工档案表就完成了，如下图所示。

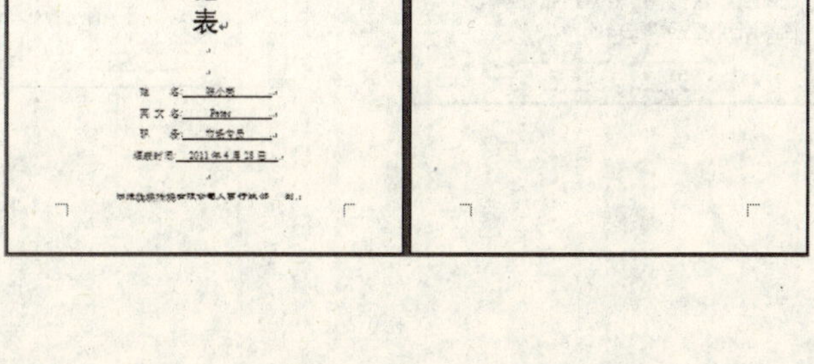

下发人事任命通知书

随着无纸化办公和电子政务的开展，各企事业单位已从纸质文件转变为电子文件。但在电子文档的传输过程中，存在着被窜改的可能性。下面以四维传媒制作人事任命通知书为例，学习使用 Word 2007 的电子图章功能，达到防止他人篡改的目的。

操作步骤

①首先将物理公章直接扫描，把图片保存为“单位公章. jpg”。打开素材“模块二\综合实例\任命通知. docx”文件，将光标定位至签章位置处（一般都是在文档的尾部），切换到“插入”选项卡，在“文本”组中单击“签名行”，选择“图章签名行”，如下图所示。

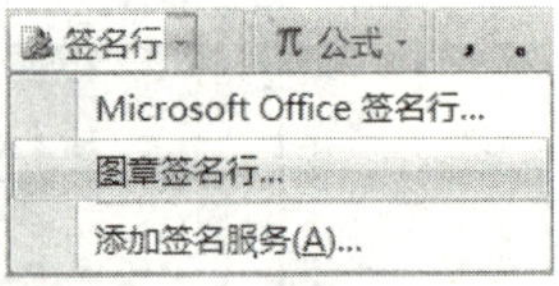

②在弹出的对话框中询问是否链接到 Office 网站使用第三方提供的签名服务（这里可以勾选“不再显示此消息”），单击“确定”按钮。随后会再次弹出“签名设置”对话框，如果只是要插入图章，单击“确定”按钮即可。光标处插入一个图文框，按照图片编辑方法调整好大小和位置，并将其版式设置为“衬于文字下方”，如下图所示。

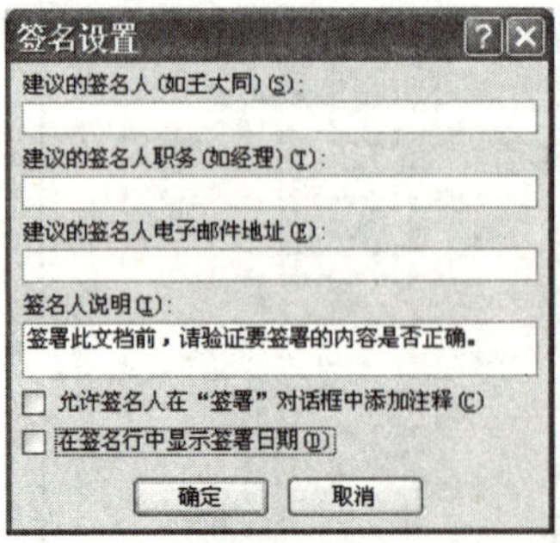

相关知识

电子图章：采用电子数字签名和图像处理技术，一般包含了加密算法，是无纸化办公和网络公文传输中重要的组成部分，广泛应用于要求高安全性和确认身份的场合，与传统的印章有着本质的区别。

友情提示

还可以使用 Photoshop CS 自己制作或利用 WinSealXP 快速生成公章图像。

相关知识

如果系统中未安装数字标志，在选择“图章签名行”时会弹出一个“获取数字标识”对话框，这里提供了两种方法：一是从微软的合作伙伴处获取数字标志（需要付费后才能使用）；二是创建自己的数字标志。如果选择后者，只能在本计算机上进行验证，价值不大。在随后弹出的对话框输入数字标志中需要包含的信息，确认后创建自己的数字证书。

友情提示

图章签名行不仅可以插入电子图章，也可以插入电子签名，只需要在“签名设置”环节输入签名人的相关信息即可。

③右击已插入的签名行，在快捷菜单中选择“签署”选项。进入“签名”窗口，单击“选择图像”链接，导入“单位公章.jpg”图片，如下图所示。

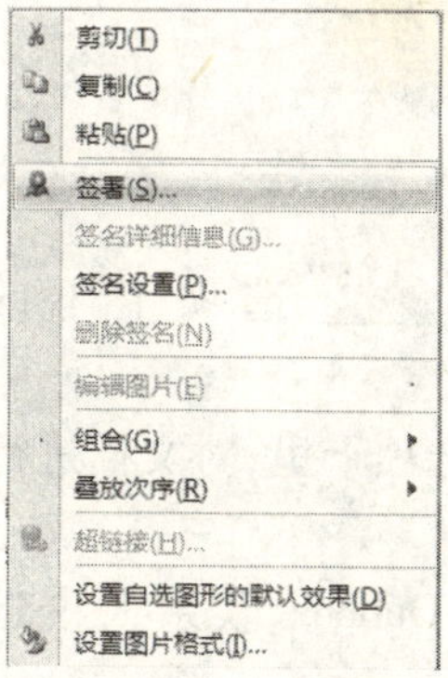

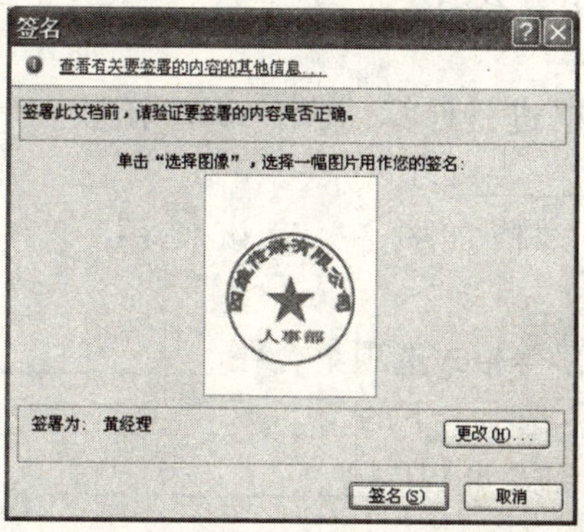

④单击“更改”按钮可以查看到这份数字标志的内容。如果没有错误，单击“确定”按钮返回上一个对话框，单击“签名”按钮，弹出“签名确认”对话框，单击“确定”按钮即完成签名，如下图所示。

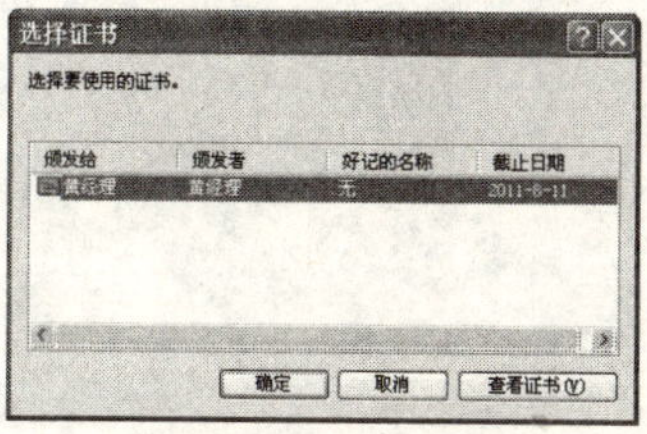

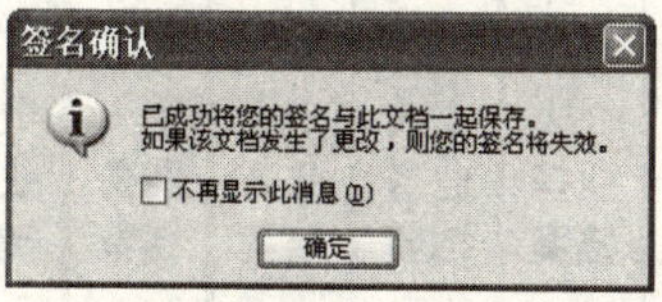

⑤文档指定位置即插入一个公章签名，如下图所示。至此文档内容就不能再作任何更改了。

友情提示

如果需要删除文档中的数字签名，只要单击“准备”→“查看签名”，在“任务”窗格中指出要删除的签名，单击右侧出现的箭头，然后单击“删除签名”按钮，再次确认后即可将数字签名永久删除。

学习评价

一、填空题

1. Word 2007 文档的显示方式有__________、__________、__________、__________等视图方式。

2. 在 Word 2007 中对表格进行计算，其中 Above 函数表示____________________，Left 函数表示____________________。

3. Word 2007 中要给文档加批注，应该使用______________选项卡下的______________命令。

4. Word 2007 将字体、段落等格式选项集合在______________选项卡里；对文档进行保护应该使用______________选项卡下的______________命令。

5. 邮件合并时选择联系人可以____________________、从 Outlook 联系人中选择、________________________。

二、上机练习题

1. 为了规范档案管理，学校需要将档案室的所有档案重新归档整理，如每位教师的业务档案的档案盒标签要求统一打印成如下图样子。请同学们运用所学知识快速完成 200 份标签的制作。

2. 为你的老师、同学、朋友或者父母制作一张贺卡，表达你的祝福。

3. 为你的日记设置保护，让它们成为你心底的小秘密吧。

4. 利用表格为你的班级制作一张座次表，效果如下图所示。

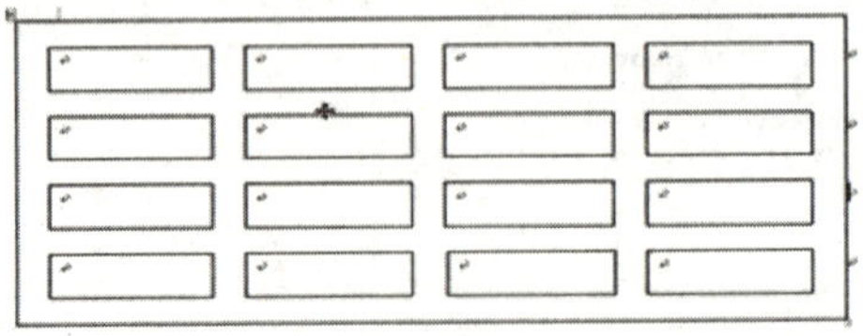

模块三 Mokuaisan

Excel 实例

在人力资源、行政、财务、营销、物流和生产中，Excel 的表格和数据整理、统计、分析有非常广泛的应用。本模块将以渝成企业为例，从产品年度销售统计、员工基本信息、资产负债等方面入手使你快速成为 Excel 2007 应用高手。

本模块应达到的目标：

- 认识 Excel 2007 工作界面
- 掌握 Excel 2007 数据分类汇总
- 掌握 Excel 2007 高级数据透视
- 运用 Excel 2007 制作高级数据图形
- 掌握 Excel 2007 文件数据保护的方法
- 掌握 Excel 2007 打印工资条的方法
- 了解 Excel 2007 在物流库存管理方面的应用

任务一　认识 Excel 2007 工作界面

任务概述

Excel 2007 是一个广泛使用的强大工具，可以帮助用户轻松地分析、共享、管理数据。本任务让你了解 Excel 2007 工作界面。

相关知识

当打开 Excel 2007 时，默认情况下会新建一个空白工作簿，该工作簿包含 3 个空白工作表。如何更改默认工作表数？其操作方法如下：

单击“Office”按钮，在下拉菜单中选择“Excel 选项”，在打开的“Excel 选项”对话框的“常用”选项组中，在“新建工作簿时”区域中，更改“包含的工作表数”即可，但这数值必须小于等于 255。

相关知识

在 Excel 2007 中如何显示和隐藏编辑栏？有两种方法：

- 在“视图”选项卡的“显示/隐藏”组中勾选或取消“编辑栏”复选框即可。
- 在“Excel 选项”对话框的“高级”选项组中，在“显示”区域中勾选或取消“显示编辑栏”复选框即可。

一、Excel 2007 的工作界面

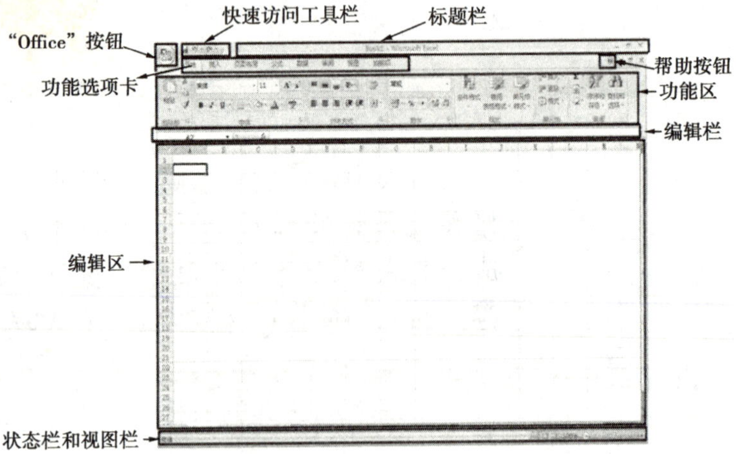

- 功能选项卡和功能区　二者是对应的关系，是构成功能区的主要内容。选择某个选项卡即可打开相应的功能区，在功能区中有许多工具组，为用户提供了常用的命令按钮或列表框。有的工具组右下角会有一个“对话框启动器”按钮，单击它将打开相关的对话框或任务窗格进行更详细的设置。
- 编辑栏　此栏输入数据或编辑公式。
- 编辑区　它是 Excel 中最重要的部分，由多个单元格组成，所有关于数据编辑的操作都将在该区域中完成。

二、Excel 2007 的组成部分

- 工作簿　它是用来保存并处理工作数据的文件，它的扩展名是.xlsx，一个工作簿就是一个文件。当用户新建一个工作簿后，在标题栏位置显示其默认状态下的名称为 Book1，之后以 Book2、Book3 作为名称，依此类推。

• 工作表 它是用来存储和处理数据的最主要文档，是工作簿文件的一部分，通常称其为电子表格。工作簿中的每一张表格就是一个工作表，一个工作簿默认情况下包含3个工作表，每个工作表的默认名为Sheet1、Sheet2、Sheet3。一个工作簿最多可包含255个工作表。Excel 2007支持每个工作表中最多有1 000 000行和16 000列。与Excel 2003相比，它的可用行增加了15倍，可用列增加了63倍。

• 单元格 工作表中行和列交叉的区域就构成单元格，是工作表的最小单位，也是Excel用于保存数据的最小单位。单元格中输入的数据，可以是数字、字符(串)、公式，也可以是图形等。

每一个单元格都有其固定的地址，由单元格所在的列号和行号组成，例如：A2表示该单元格位于A列2行。一个地址唯一地表示一个单元格。在表示单元格区域时，只需用该区域左上角的单元格地址和右下角的单元格地址来表示，中间用冒号分隔。例如表示A2～D8的单元格区域，可表示为A2:D8。由于一个工作簿文件可能会有多个工作表，为了区分不同工作表的单元格，要在地址前面增加工作表名称。例如：Sheet2！A1，则表示该单元格是“Sheet2”工作表中的“A1”单元格。注意：工作表名与单元格之间必须使用“！”号来分隔。

用户在调用单元格时，可以根据需要使用相对地址、绝对地址以及混合地址。例如：B5单元格的相对地址表示为“B5”；绝对地址表示为“$B $5”；混合地址为“$B5”或“B $5”。

活动单元格就是指正在使用的单元格，在其外有一个黑色的方框，并且在右下角有一个黑色小方块，称之为填充柄。

三、Microsoft Office Excel 2007的基本操作

1. 新建工作簿

新建工作簿是Excel 2007最基本的操作之一，有两种方法可创建工作簿：一是新建空白工作簿；二是根据模板新建工作簿。

(1)新建空白工作簿

Excel 2007启动后，将自动建立一个名为“Book1”的空白工作簿，如果用户还需要再建立一个空白工作簿，操作步骤如下：

①再次启动Excel 2007，单击“Office”→“新建”。

相关知识

在“Excel选项”对话框的“保存”选项组中，可以更改“自动恢复文件位置”的“默认文件位置”路径(注意：最好不要把文件放在C盘，以防止在系统瘫痪后文件丢失)。

想一想

怎样获得更多工作簿模板？

解决方法：可以从Microsoft Office Online下载它们。具体方法：在“新建工作簿”对话框中的“Microsoft Office Online”选项组下，先选择特定的模板类别，再选择要下载的模板，最后单击“下载”按钮。

友情提示

进行Excel 2007的操作时，如果有不熟悉的内容，可通过“F1”键快速获得相应的在线帮助。

②在“新建工作簿”对话框中，选择“空白文档和最近使用的文档”选项组，然后选择“空工作簿”选项，单击“创建”按钮，如下图所示。

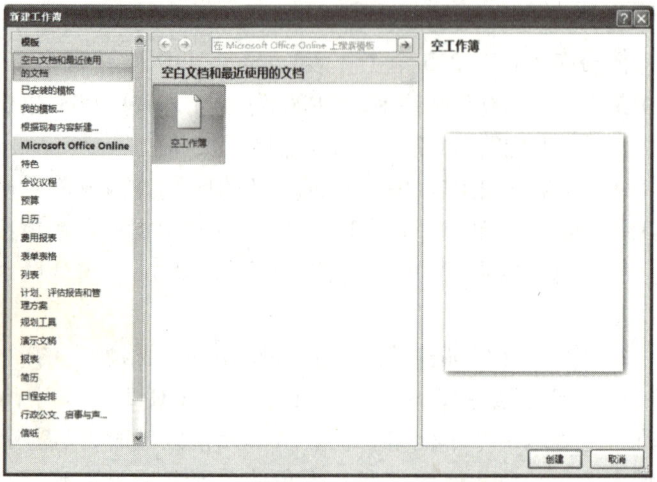

(2)根据模板新建工作簿

创建基于模板的工作簿，操作步骤如下：

①启动 Excel 2007，单击“Office”→“新建”。

②在“新建工作簿”对话框的“已安装的模板”列表框中选择需要的模板，如下图所示。

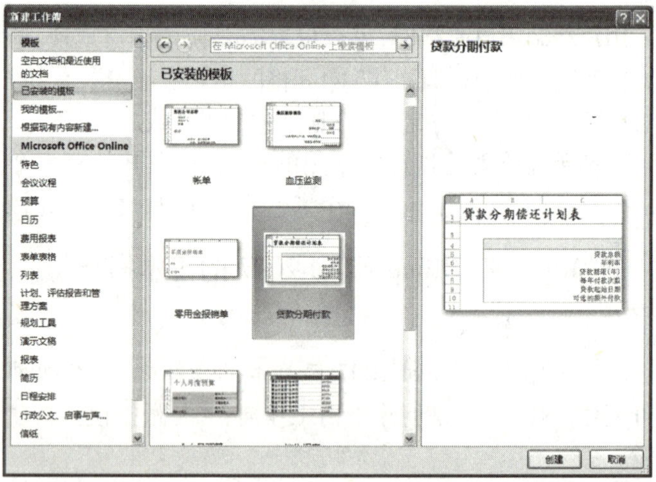

③单击“创建”按钮，即可创建与模板一样的工作簿。

2. 保存工作簿

当用户在编辑过程中或编辑结束后要对工作簿重新命名，并保存在指定的位置，操作步骤如下：

①将需要保存的工作簿作为当前工作簿，单击“Office”→“保存”，弹出“另存为”对话框。

相关知识

右击“Office”按钮，在弹出的快捷菜单中选择“自定义快速访问工具栏”命令，打开“Excel 选项”对话框，系统自动定位到“自定义”选项组中；选中需要添加的命令项，然后单击“添加”按钮，即可添加常用的操作按钮于快速访问工具栏中。

友情提示

Excel 2007“插入工作表”的快捷键是“Shift + F11”。

显示或隐藏功能区：按“Ctrl + F1”快捷键。

②在“保存位置”列表框中选择保存位置，在“文件名”框中输入要保存工作簿的名称，如下图所示。

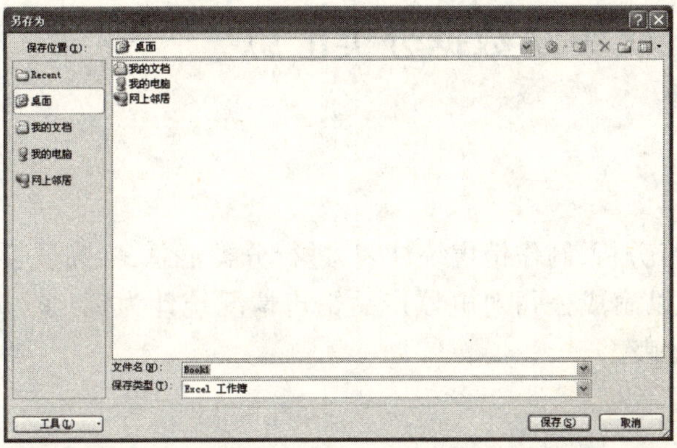

③单击“保存”按钮。

3. 打开工作簿

如果用户需要查看或修改已建立好的工作簿，就可采取以下方法将其打开：

①单击“Office”→“打开”命令，弹出“打开”对话框。

②在“查找范围”列表框中选择需要打开工作簿的位置，在“文件类型”列表框中选择需要打开工作簿的类型，然后在中间的列表框中选中需要打开的工作簿名，如下图所示。

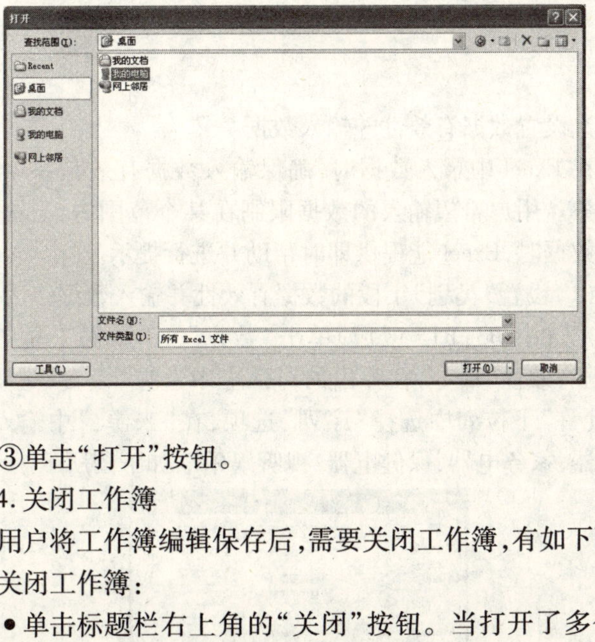

③单击“打开”按钮。

4. 关闭工作簿

用户将工作簿编辑保存后，需要关闭工作簿，有如下两种方法关闭工作簿：

• 单击标题栏右上角的“关闭”按钮。当打开了多个工作簿时，此方法只能关闭当前工作簿。

• 选中任务栏上需要关闭的工作簿，单击鼠标右键，在弹出的快捷菜单中选择“关闭”命令即可。

友情提示

当用户编辑或修改一个已经存在的工作簿，若想将其保存到其他的位置或以其他的文件名保存时，可单击“Office”→“另保存”。这个命令可以将文件按指定的文件名、格式和位置进行保存。当用户第一次保存文件时，单击“保存”命令将自动显示“另存为”对话框。

相关知识

如何让低版本的 Excel 顺利打开在 Excel 2007 中制作的文件？

方法一：

①打开“Excel 选项”对话框，选择“保存”选项组。

②从“将文件保存为此格式”下拉列表中选择“Excel 97-2003 工作簿”，单击“确定”按钮即可。

方法二：

将 Excel 2007 制作的文件“另存为”，在“另存为”对话框的“保存类型”下拉列表中选择“Excel 97-2003 工作簿”即可。

任务二　制作企业产品年度销售统计表
——Excel 2007 数据分类汇总

任务概述

企业需要定期对销售情况进行分析，制作销售统计表，进行分类汇总，为高层管理人员提供经营决策的依据。本任务以渝成公司对电器产品销售情况统计为例，学习利用 Excel 2007 制作企业年度销售统计表。

操作步骤

1. 数据的输入

新建一个工作簿，在 Sheet1 工作表中输入标题为“企业产品年度销售统计表”，表头分别为：“产品名称”“类别”“销售地区”“一季度（台）”“二季度（台）”“年度汇总（台）”，并输入如下图所示的产品名称。

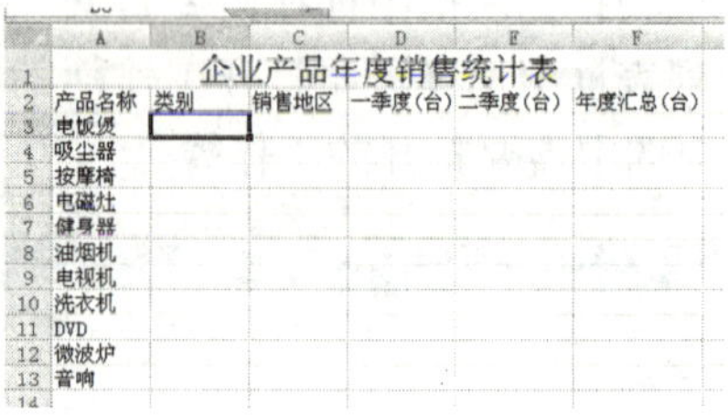

2. 设置数据有效性并输入数据

在 Excel 中录入数据时，确保输入数据有效是一项重要的任务。用户希望输入的数据限制在某个范围内，当输入了无效数据时，Excel 能提供即时帮助并进行提示。

（1）设置“类别”字段的数据有效性并输入数据

①选中 B3：B13 区域，单击“数据”→“数据工具”组→“数据有效性”命令，在弹出的对话框中选择“设置”选项卡，在“允许”下拉列中选择“序列”选项，在“来源：”中输入“厨房电器，家务电器，保健电器，视听娱乐”，如下图所示。

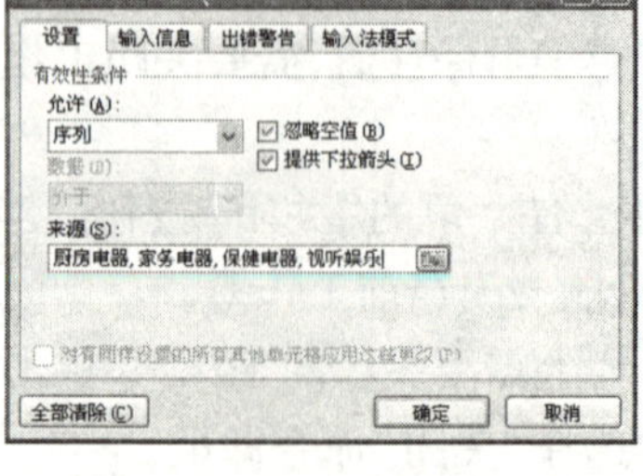

知识窗

产品销售统计表是指将销售数字资料，经过汇总整理后，得到的统计数据资料。

友情提示

如何实现在选定单元格区域中一次性输入相同的值？

方法：选定单元格区域，输入值，然后按“Ctrl + Enter”组合键。

如何快速将数字作为文本输入？

方法：在输入数字前加一个单引号（英文状态输入），可以强制地将数字作为文本输入。

友情提示

如何快速输入分数？

方法：选中单元格，输入“0”后按“空格键”，再输入分数即可。如输入 1/3 为：“0 1/3”，按“Enter”键即可。

②单击“确定”按钮，显示结果如下图所示。

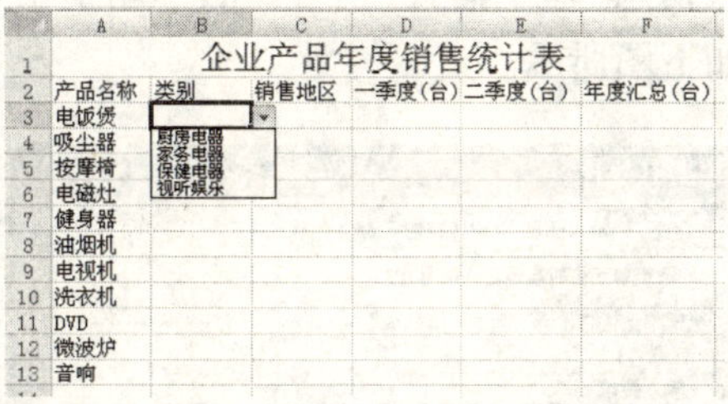

③选中B3:B13即“类别”字段的任何单元格，可从右侧的下拉按钮中选择相应的内容，并将其内容输入到相应的单元格内，效果如下图所示。

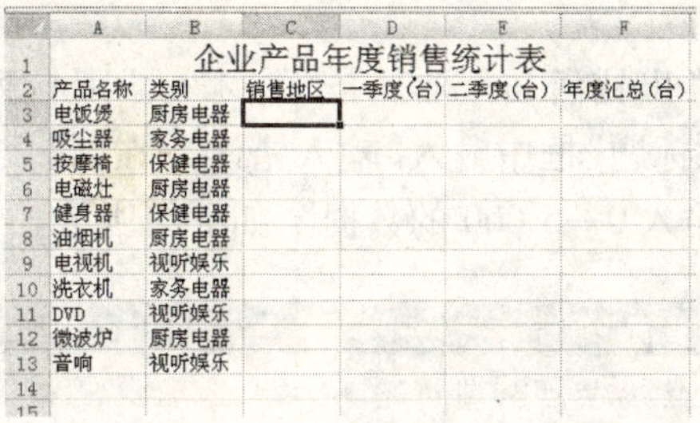

(2)设置“销售地区”字段的数据有效性并输入数据

设置“销售地区”字段的输入序列内容为：“华北，华南，华中，西北，西南，东北”，并填充“销售地区”的内容。

(3)设置“一、二季度(台)”数值型数据有效性并输入数据

①选中D3:E13区域，打开“数据有效性”对话框，在“设置”选项卡中，在“允许”下拉列表中选择“整数”，在“数据”下拉列表中选择“介于”，在“最小值”框输入“0”(输入数据的下限)，在“最大值”框输入“5 000”(输入数据的上限)，选中“忽略空值”复选框，如下图所示。

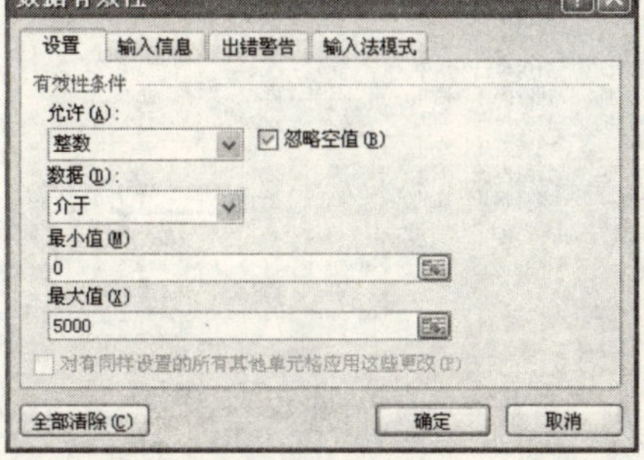

相关知识

在数据输入时，经常要往固定的表格中输入“X瓶”或“Y把”等物品单位，每次输入数值后还要再输入单位，实在麻烦。一种简单的方法是：首先选中需要输入数据的单元格区域，单击鼠标右键，选择“设置单元格格式”命令，在弹出的对话框中切换到“数字”选项卡，选中“分类”列表中的“自定义”项，然后在“类型”中输入“G/通用格式“瓶””或“G/通用格式“把””，最后单击“确定”按钮即可。

相关知识

定义的名称不能以阿拉伯数字开头，如“8ab”、“08－09 月销售量”之类的名称是不能用的。

名称的第一个字符必须是字母、下划线(_)或反斜杠(\)，其余字符可以是字母、数字、句点或下划线。

②选择“输入信息”选项卡，在“标题”框中输入“输入要求”，在“输入信息”框中输入“销售产品不能小于 0 台或大于 5 000 台”，如下图所示。

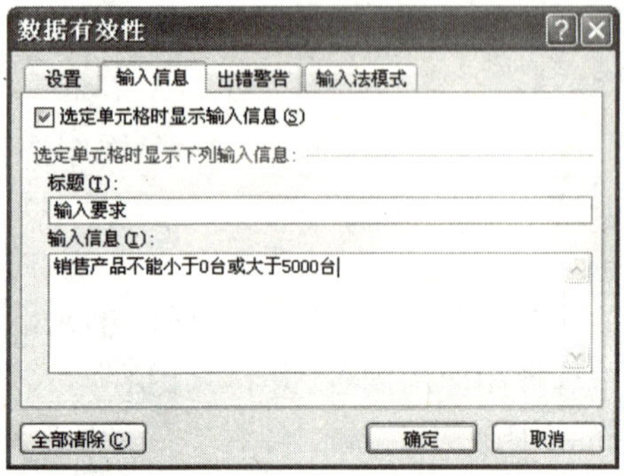

友情提示

默认情况下，定义的名称只限在当前工作簿中有效，名称使用绝对引用。

③选择“出错警告”选项卡，在“样式”下拉列表中选择“警告”，在“标题”框中输入“输入错误”，在“错误信息”文本框输入“请输入 0—5 000 的数据”，如下图所示。

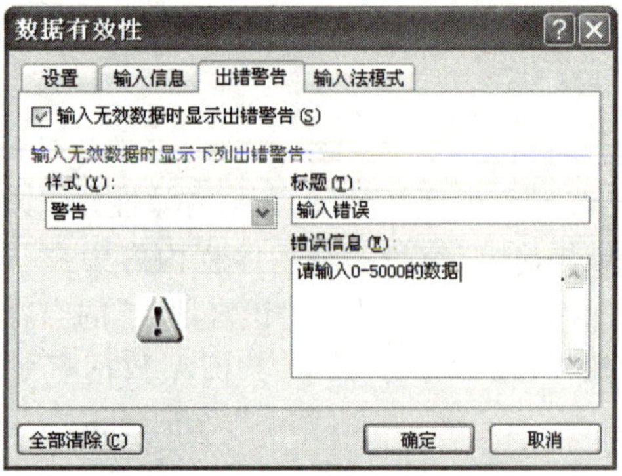

友情提示

在设置了数据有效性后，当鼠标选择设置数据有效性的单元格后，便会出现相应的提示文本。

④输入一、二季度的数据，如下图所示。

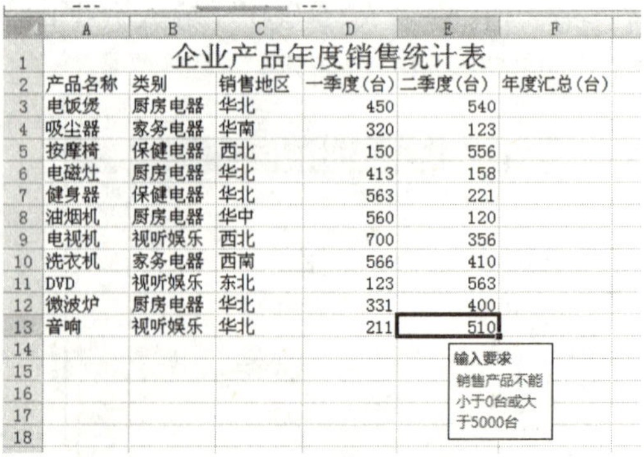

	A	B	C	D	E	F
1	企业产品年度销售统计表					
2	产品名称	类别	销售地区	一季度(台)	二季度(台)	年度汇总(台)
3	电饭煲	厨房电器	华北	450	540	
4	吸尘器	家务电器	华南	320	123	
5	按摩椅	保健电器	西北	150	556	
6	电磁灶	厨房电器	华北	413	158	
7	健身器	保健电器	华北	563	221	
8	油烟机	厨房电器	华中	560	120	
9	电视机	视听娱乐	西北	700	356	
10	洗衣机	家务电器	西南	566	410	
11	DVD	视听娱乐	东北	123	563	
12	微波炉	厨房电器	华北	331	400	
13	音响	视听娱乐	华北	211	510	

(4)在 Sheet2 工作表中输入三、四季度的数据

打开“素材\模块三\任务二\企业产品年度销售统计表. xlsx”文件,如下图所示,然后将其数据复制贴粘到Sheet 2工作表中。

	A	B	C	D	E
1	企业产品年度销售统计表				
2	产品名称	类别	销售地区	三季度(台)	四季度(台)
3	电饭煲	厨房电器	华北	125	500
4	吸尘器	家务电器	华南	156	355
5	按摩椅	保健电器	西北	325	470
6	电磁灶	厨房电器	华北	413	564
7	健身器	保健电器	华北	578	258
8	油烟机	厨房电器	华中	550	125
9	电视机	视听娱乐	西北	463	258
10	洗衣机	家务电器	西南	259	610
11	DVD	视听娱乐	东北	345	130
12	微波炉	厨房电器	华北	700	354
13	音响	视听娱乐	华北	650	259

(5)建立 Sheet 3 工作表并输入数据

将 Sheet 1 中除“年度汇总”之外的所有数据复制到 Sheet 3工作表中,并将 Sheet 2 工作表中三、四季度的数据复制贴粘到 Sheet 3 的一、二季度数据后。

3. 定义名称

工作表中可能有些区域的数据使用频率比较高,在这种情况下,通过定义名称将为用户带来方便。另外,如果想在几个常用位置来回查看内容,通过定义名称可以快速定位到指定位置。

①选中 Sheet 1 工作表的 A3:E13 区域,单击“公式”→“定义名称”组→“定义名称”,弹出“新建名称”对话框,在“名称”框中输入“上半年”,单击“确定”按钮,如下图所示。

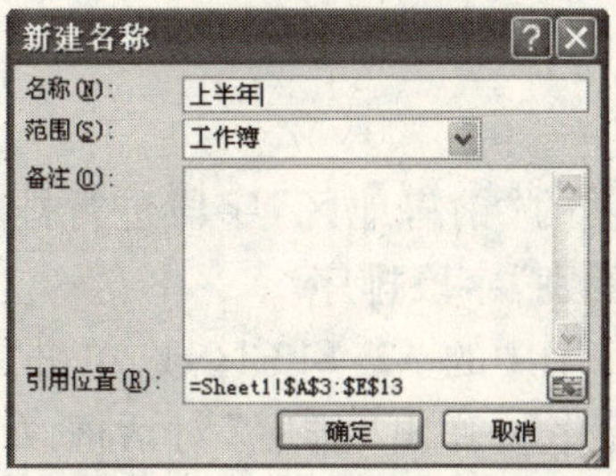

②用同样的方法将 Sheet 2 工作表的 A3:E13 区域的名称定义为“下半年”。

4. 合并计算

在 Excel 中,若要汇总和报告多个单独工作表的结果,可以将每个单独工作表中的数据合并计算到一个主工作表中。

相关知识

在 Excel 中进行数据查询时,人们一般采用排序或运用条件格式的方法。排序是重排数据清单,将符合条件的数据靠在一起。条件格式是将满足条件的记录以特殊格式显示。这两种查询方法的缺点是不想查询的数据也将显示出来,从而影响查询的效果。有没有一种更为方便的查询方法呢?有,那就是筛选。筛选只显示符合条件的数据,而将不符合条件的数据隐藏起来。

友情提示

需要删除、更改或编辑定义的名称:单击“公式”→“定义的名称”组→“名称管理器”即可。

Microsoft Excel 2007 提供了按位置、分类和公式进行合并计算的 3 种方法。下面以求企业年度的销售量为例，介绍合并计算的方法。

①选中 Sheet 1 中的 F3：F13 区域，选择“数据”→“数据工具”组→“合并计算”，弹出“合并计算”对话框，如下图所示。在“函数”下拉列表中选择“求和”，在“引用位置”的单元格区域选择“Sheet 1！ $D $3：$D $13”，单击“添加”按钮。并在此对话框中用同样的方法选择以下 3 个区域“Sheet 1！ $E $3：$E $13”“Sheet 2！ $D $3：$D $13”和“Sheet 2！ $E $3：$E $13”，勾选“首行”和“最左列”复选框。

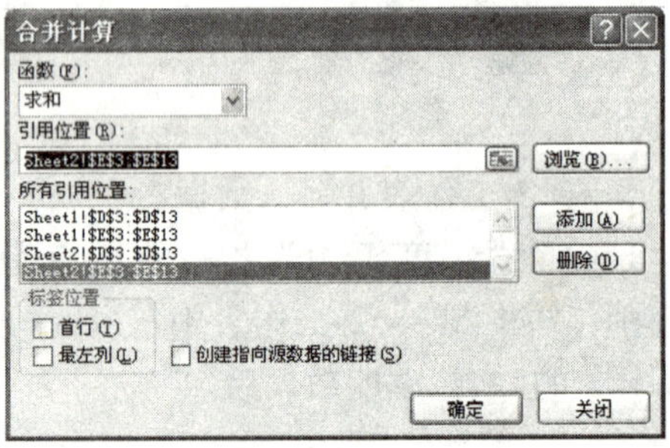

②单击“确定”按钮后即求出“年度汇总”的值，如下图所示。

	A	B	C	D	E	F
1	企业产品年度销售统计表					
2	产品名称	类别	销售地区	一季度(台)	二季度(台)	年度汇总(台)
3	电饭煲	厨房电器	华北	460	540	1615
4	吸尘器	家务电器	华南	320	123	954
5	按摩椅	保健电器	西北	150	556	1501
6	电磁灶	厨房电器	华北	413	158	1548
7	健身器	保健电器	华北	563	221	1620
8	油烟机	厨房电器	华中	560	120	1355
9	电视机	视听娱乐	西北	700	356	1777
10	洗衣机	家务电器	西南	566	410	1845
11	DVD	视听娱乐	东北	123	563	1161
12	微波炉	厨房电器	华北	331	400	1785
13	音响	视听娱乐	华北	211	510	1630

5. 排序与高级筛选

(1)数据排序

对一、二季度的“销售地区”字段进行排序，如果销售地区相同则按照“类别”字段排序。

①选中 Sheet 1 中的 A2：F13 区域，单击“数据”→“排序与筛选”组→“排序”，弹出“排序”对话框，如下图所示。在“主要关键字”下拉列表中选择“销售地区”，单击“添加条件”按钮，在“次要关键字”下拉列表框中选择“类别”。

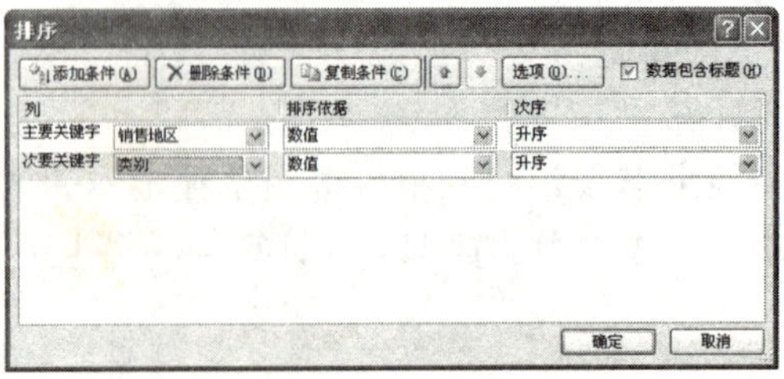

相关知识

合并计算是指通过合并计算的方法来汇总一个或多个数据源区域中的数据。Excel 2007 提供了 3 种合并计算数据的方法，一是通过位置，即当数据源区域有相同位置的数据汇总；二是通过分类，当数据源区域没有相同的布局时，则采用分类方式进行汇总；三是通过公式，当数据源区域没有可依赖的一致位置或分类时，采用公式进行汇总。

友情提示

如何对合并计算后的值自动更新？

方法：选中“合并计算”对话框中的“创建至源数据的链接”复选框，源数据表中的数据一旦发生了变化，汇总表中的数据也会随之改变。还应注意的是，当源区域和目标区域在同一张工作表时，是不能够建立链接的。

友情提示

如果不想在原表格中进行筛选，想把筛选的结果复制到其他位置，可以在“高级筛选”对话框中进行设置。先选择“将筛选结果复制到其他位置”选项，然后设置好复制数据的区域，单击“确定”按钮即可将符合条件的数据复制到指定的新区域。这样，原数据表的数据不会因筛选而发生改变。

②单击“确定”按钮，排序后的结果如下图所示。

	A	B	C	D	E	F
1	企业产品年度销售统计表					
2	产品名称	类别	销售地区	一季度(台)	二季度(台)	年度汇总(台)
3	DVD	视听娱乐	东北	123	563	1161
4	健身器	保健电器	华北	563	221	1620
5	电饭煲	厨房电器	华北	450	540	1615
6	电磁灶	厨房电器	华北	413	158	1548
7	微波炉	厨房电器	华北	331	400	1785
8	音响	视听娱乐	华北	211	510	1630
9	吸尘器	家务电器	华南	320	123	954
10	油烟机	厨房电器	华中	560	120	1355
11	按摩椅	保健电器	西北	150	556	1501
12	电视机	视听娱乐	西北	700	356	1777
13	洗衣机	家务电器	西南	566	410	1845

(2)筛选数据

除了排序外，更为方便的查询方法是筛选。筛选出符合条件的数据，将不符合条件的数据隐藏起来。数据筛选分自动筛选和高级筛选两种。执行“自动筛选”命令就能将符合条件的数据显示出来。高级筛选是将筛选的条件输入到表格中的一个空白区域中，快速地将满足多重条件的信息筛选并显示出来。

具体步骤如下：

①在 Sheet 2 工作表的 C16 开始的单元格输入，如下图所示的数据。

14				
15				
16		类别	销售地区	
17		厨房电器	华北	

②选中 Sheet 2 工作表的 A2：E13 区域，单击“数据”→“排序与筛选”组→“高级”，弹出“高级筛选”对话框，如下图所示。在“方式”框中选择“将筛选结果复制到其他位置”，在“列表区域”框中选择“Sheet 2！$A $2：$E $13”，在“条件区域”框中选择“Sheet 2！$C $16：$D $17”，在“复制到”框中选择“Sheet 2！$G $2”。

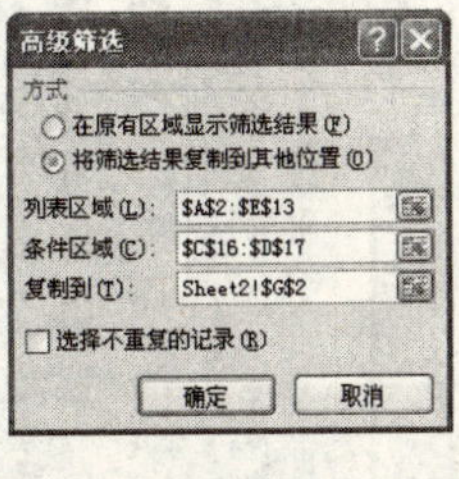

③单击“确定”按钮，筛选结果如下图所示。

	A	B	C	D	E	F	G	H	I	J	K	L
1	企业产品年度销售统计表											
2	产品名称	类别	销售地区	三季度(台)	四季度(台)		产品名称	类别	销售地区	三季度(台	四季度(台)	
3	电饭煲	厨房电器	华北	125	500		电饭煲	厨房电器	华北	125	500	
4	吸尘器	家务电器	华南	156	355		电磁灶	厨房电器	华北	413	564	
5	按摩椅	保健电器	西北	325	470		微波炉	厨房电器	华北	700	354	
6	电磁灶	厨房电器	华北	413	564							
7	健身器	保健电器	华北	578	258							
8	油烟机	厨房电器	华中	550	125							
9	电视机	视听娱乐	西北	463	258							
10	洗衣机	家务电器	西南	259	610							
11	DVD	视听娱乐	东北	345	130							
12	微波炉	厨房电器	华北	700	354							
13	音响	视听娱乐	华北	650	259							
14												
15												
16			类别	销售地区								
17			厨房电器	华北								

友情提示

在 Excel 2007 中，文本是按照其拼音的首字母进行排序，日期和时间是按照先后顺序进行排序。

相关知识

排序、高级筛选、分类汇总的区别。

- 排序：通过比较某个或某几个关键字进行从高到低或从低到高的排列。
- 筛选：根据定义条件查找特定的记录。
- 分类汇总：把所有记录根据要求条件进行汇总。

友情提示

当 Excel 工作表中有重复记录时，可以利用“高级筛选”功能删除重复记录。

具体操作如下：

①选中 Excel 工作表中的所有记录。

②单击“数据”→“排序和筛选”组→“高级筛选”，在弹出的对话框中选择“将筛选结果复制到其他位置”，然后在“复制到”框中输入单元格引用，选中“选择不重复的记录”复选框。

③单击“确定”按钮即可。

试一试

为了突出显示单元格，如图中“三、四季度”里大于 500 台的单元格，可填充颜色，具体操作步骤如下：

①选中数据区域 J3:K5，单击“开始”→“样式”组→“条件格式”，在下拉列表中选择“突出显示单元格规则”→“大于”，在弹出的“大于”对话框的值单元格输入 500，在“设置为”下拉列表中选择“浅红填充色深红色文本”，如下图所示。

②单击“确定”按钮，效果如下图所示。

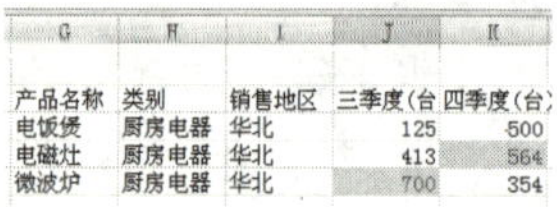

产品名称	类别	销售地区	三季度(台	四季度(台)
电饭煲	厨房电器	华北	125	500
电磁灶	厨房电器	华北	413	564
微波炉	厨房电器	华北	700	354

想一想

在什么情况下需要使用“高级筛选”？

相关知识

若需显示分类汇总和总计的汇总，单击行编号旁边的分级显示符号 1 2 3。使用 + 和 - 可以显示或隐藏单个分类汇总的明细行。

友情提示

在“分类汇总”对话框中，若勾选“每组数据分页”复选框，分类汇总的结果将分页显示。

(3)嵌套分类汇总

嵌套分类汇总是将更小分组的分类汇总插入到现有分类汇总组中。注意，插入嵌套分类汇总之前，要确保按分类字段进行排序。具体步骤如下：

①选择 Sheet 3 工作表中的 A2:G13 区域，将“销售地区”和“类别”字段按升序排序。

②单击“数据”→“分级显示”组→“分类汇总”，弹出“分类汇总”对话框。在“分类字段”下拉列表中选择“销售地区”，在“汇总方式”下拉列表中选择“求和”，在“选定汇总项”下拉列表中选择一季度至四季度的 4 个复选框。单击“确定”按钮后的数据显示效果如下图所示。

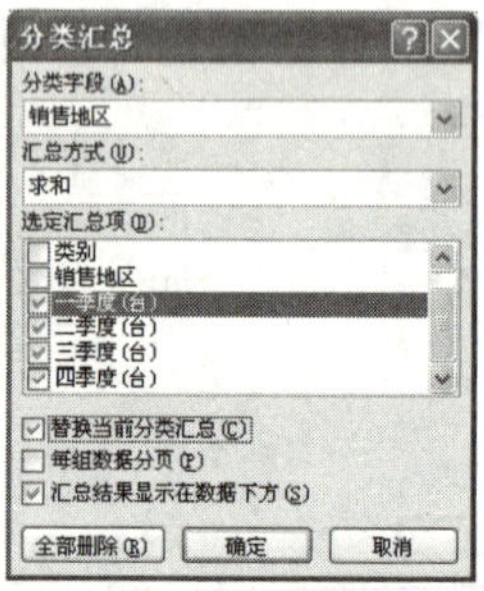

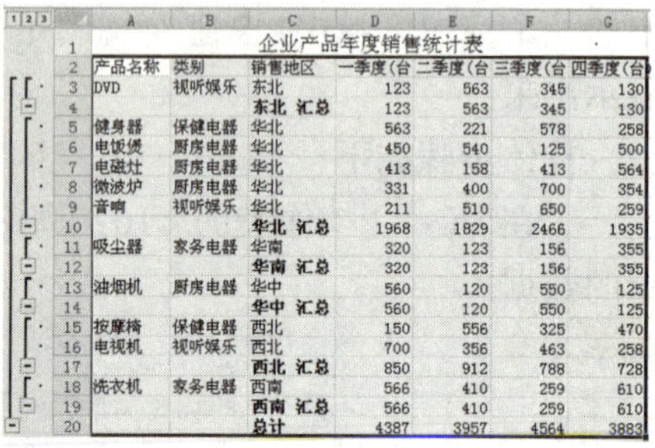

企业产品年度销售统计表

产品名称	类别	销售地区	一季度(台	二季度(台	三季度(台	四季度(台)
DVD	视听娱乐	东北	123	563	345	130
		东北 汇总	123	563	345	130
健身器	保健电器	华北	563	221	578	258
电饭煲	厨房电器	华北	450	540	125	500
电磁灶	厨房电器	华北	413	158	413	564
微波炉	厨房电器	华北	331	400	700	354
音响	视听娱乐	华北	211	510	650	259
		华北 汇总	1968	1829	2466	1935
吸尘器	家务电器	华南	320	123	156	355
		华南 汇总	320	123	156	355
油烟机	厨房电器	华中	560	120	550	125
		华中 汇总	560	120	550	125
按摩椅	保健电器	西北	150	556	325	470
电视机	视听娱乐	西北	700	356	463	258
		西北 汇总	850	912	788	728
洗衣机	家务电器	西南	566	410	259	610
		西南 汇总	566	410	259	610
		总计	4387	3957	4564	3883

③继续单击“数据”→“分级显示”组→“分类汇总”，在“分类汇总”对话框中的设置如下左图所示。单击“确定”按钮后的数据显示效果如下右图所示。

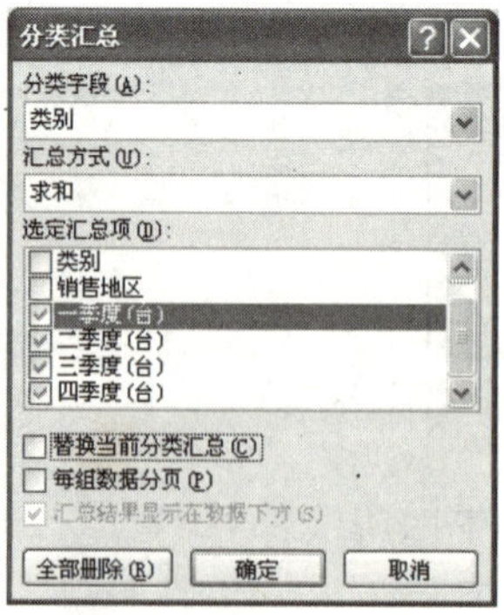

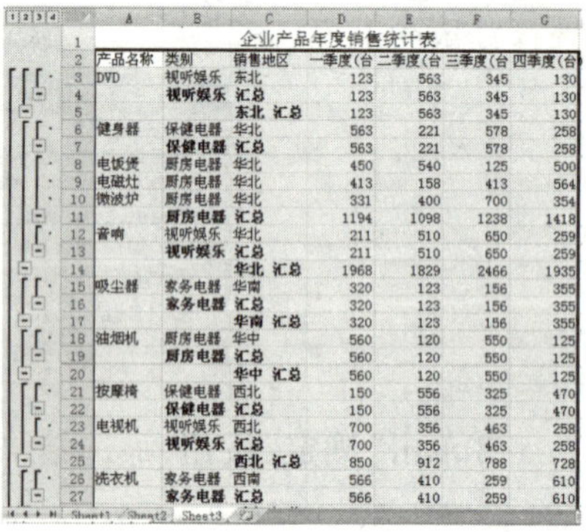

企业产品年度销售统计表

产品名称	类别	销售地区	一季度(台	二季度(台	三季度(台	四季度(台)
DVD	视听娱乐	东北	123	563	345	130
	视听娱乐	汇总	123	563	345	130
		东北 汇总	123	563	345	130
健身器	保健电器	华北	563	221	578	258
	保健电器	汇总	563	221	578	258
电饭煲	厨房电器	华北	450	540	125	500
电磁灶	厨房电器	华北	413	158	413	564
微波炉	厨房电器	华北	331	400	700	354
	厨房电器	汇总	1194	1098	1238	1418
音响	视听娱乐	华北	211	510	650	259
	视听娱乐	汇总	211	510	650	259
		华北 汇总	1968	1829	2466	1935
吸尘器	家务电器	华南	320	123	156	355
	家务电器	汇总	320	123	156	355
		华南 汇总	320	123	156	355
油烟机	厨房电器	华中	560	120	550	125
	厨房电器	汇总	560	120	550	125
		华中 汇总	560	120	550	125
按摩椅	保健电器	西北	150	556	325	470
	保健电器	汇总	150	556	325	470
电视机	视听娱乐	西北	700	356	463	258
	视听娱乐	汇总	700	356	463	258
		西北 汇总	850	912	788	728
洗衣机	家务电器	西南	566	410	259	610
	家务电器	汇总	566	410	259	610

任务三　制作企业各项月度收入表
——Excel 2007 高级数据透视

任务概述

为了查看企业的各个项目的经营情况，需要对本年度的各项收入进行一次比较。本任务通过使用 Excel 2007 先建立企业各项月度收入表，再根据需要创建企业季度报表，最后通过数据透视图分析企业季度各项收入的情况及变化趋势。

1. 创建月度数据透视表

①打开“素材\模块三\任务三\企业各项月度收入表.xlsx”文件，单击“插入”→“表”组→“数据透视表”下拉按钮，在下拉列表中选择“数据透视表”命令。在“创建数据透视表”对话框中选择“选择一个表或区域”选项，在“表/区域”中指定数据表起始位置的单元格区域为“$A $2: $E $14”，如下图所示。

企业各项月度收入表

月度	整机收入	零配件收入	维修收入	其它收入
1	¥45,000.00	¥65,852.00	¥10,000.00	¥6,800.00
2	¥18,000.00	¥44,862.00	¥7,800.00	¥78,000.00
3	¥50,500.00	¥15,800.00	¥9,000.00	¥90,000.00
4	¥68,220.00	¥148,522.00	¥10,200.00	¥45,000.00
5	¥25,800.00	¥45,633.00	¥4,500.00	¥6,500.00
6	¥70,000.00	¥12,522.00	¥7,400.00	¥10,200.00
7	¥120,000.00	¥45,000.00	¥13,000.00	¥20,300.00
8	¥29,800.00	¥65,000.00	¥56,000.00	¥78,800.00
9	¥65,000.00	¥45,000.00	¥8,000.00	¥9,000.00
10	¥48,000.00	¥113,300.00	¥11,000.00	¥7,500.00
11	¥360,000.00	¥48,500.00	¥8,990.00	¥8,800.00
12	¥458,000.00	¥69,800.00	¥45,700.00	¥9,500.00

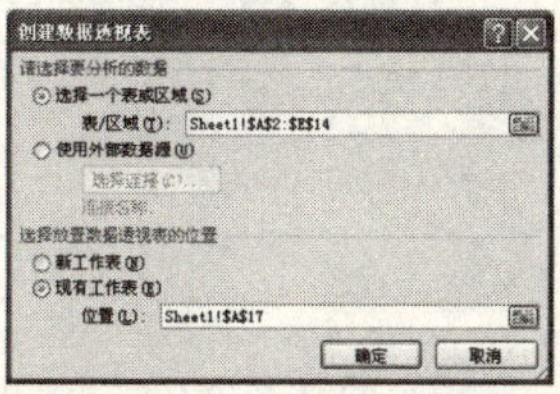

②单击“确定”按钮，弹出如下左图所示的“数据透视表字段列表”窗格。在“选择要添加到报表的字段”列表中勾选需要显示在报表中的字段，并拖移至范围选项中。

③单击当前工作表中的任何单元格，“数据透视表字段列表”窗格自动关闭，在选择放置数据透视表的单元格中将出现刚建立的数据透视表，如下右图所示。

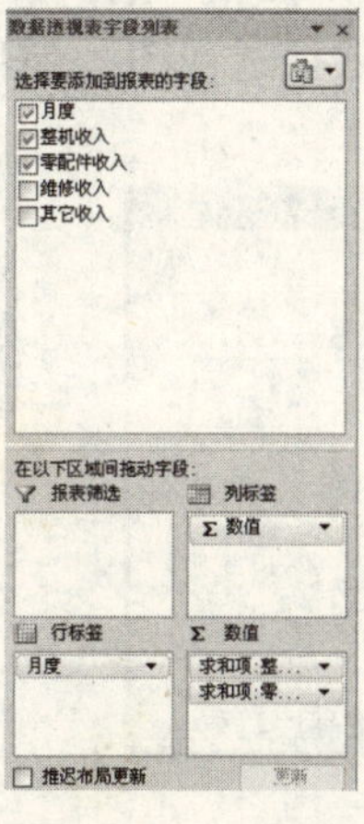

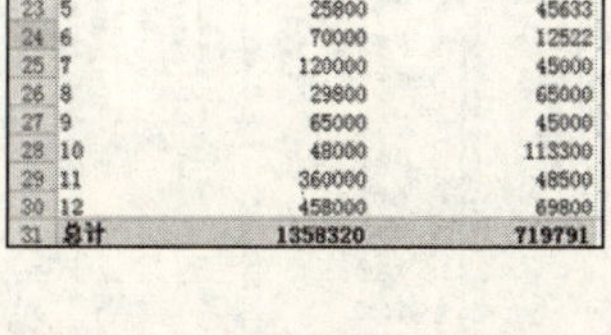

行标签	值 求和项:整机收入	求和项:零配件收入
1	45000	65852
2	18000	44862
3	50500	15800
4	68220	148522
5	25800	45633
6	70000	12522
7	120000	45000
8	29800	65000
9	65000	45000
10	48000	113300
11	360000	48500
12	458000	69800
总计	1358320	719791

知识窗

月度收入表是反映公司每个月收入、支出及结余资金情况表。

相关知识

进行分类汇总时，默认的汇总方式是“求和”，通过更改汇总方式可以得到不同的结果，并且汇总结果在原数据表中。而数据透视表主要针对的是数据分析，能按要求分析汇总统计数据。另外，结果可按要求放在新的位置，调用原始数据也非常方便。

试一试

将左图中的字段名称“求和项：整机收入”更改为“整机收入的平均值”。

友情提示

插入数据透视表后，选择“数据透视表工具”→“选项”→“操作”组→“清除”，在弹出菜单中选择“全部清除”命令，可将数据透视表中的数据全部删除。

友情提示

当数据源发生变化，需要更新数据透视表时，单击“数据透视表”→“选项”→“数据”组→“刷新数据”即可。

相关知识

数据透视表最有用的特性就是项目组合能力，使用该功能可以把原本分散的数据组合为一个新的数据段进行分析。

数据透视图以图形形式表示数据透视表中的数据，能更加直观、形象地查看、比较数据，显示其相关联系和趋势。

2. 创建季度数据透视表

①按创建数据透视表的方法，建立各项求和的数据透视表，如下图所示。

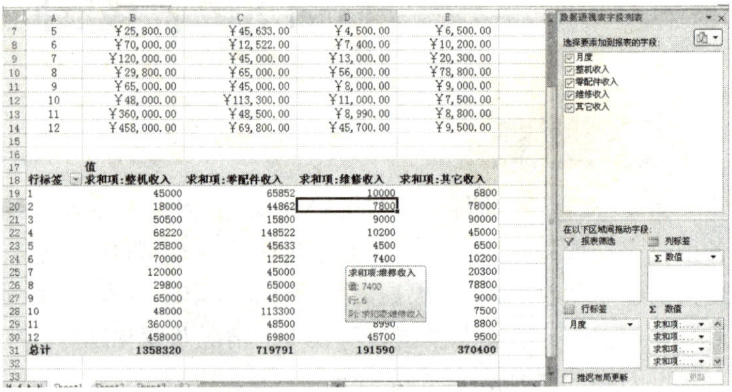

②双击“行标签”，将其更名为“月度”。

③选中“月度”字段中任何一个单元格，单击“数据透视表工具”→“选项”→“分组”组→“将所选内容分组”（或右击数据透视表中“月度”字段对应的任何单元格，在弹出的快捷菜单中选择“组合”命令），弹出“组合”对话框，将步长设为3（一个季度为3个月），如下图所示。

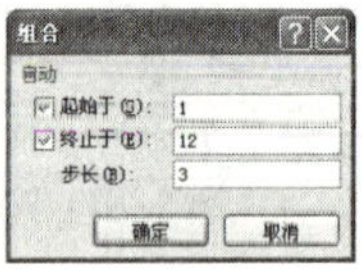

④单击“确定”按钮后的效果如下图所示。

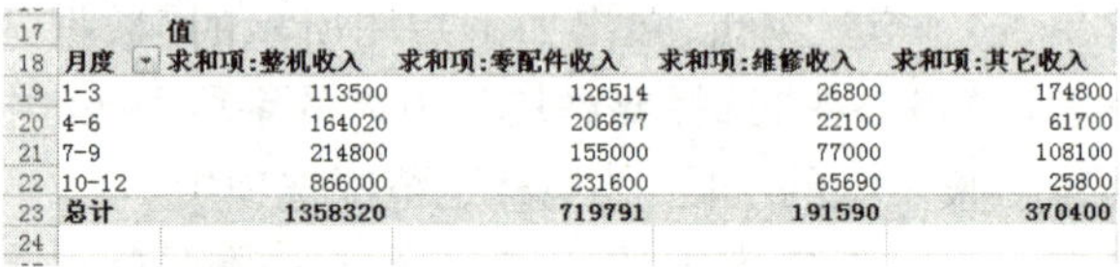

	月度	求和项:整机收入	求和项:零配件收入	求和项:维修收入	求和项:其它收入
17		值			
18	月度	求和项:整机收入	求和项:零配件收入	求和项:维修收入	求和项:其它收入
19	1-3	113500	126514	26800	174800
20	4-6	164020	206677	22100	61700
21	7-9	214800	155000	77000	108100
22	10-12	866000	231600	65690	25800
23	总计	1358320	719791	191590	370400
24					

3. 创建数据透视图

①选中数据透视表中的任何一个单元格，单击“数据透视表工具”→“选项”→“工具”组→“数据透视图”，弹出“插入图表”对话框，如下图所示。

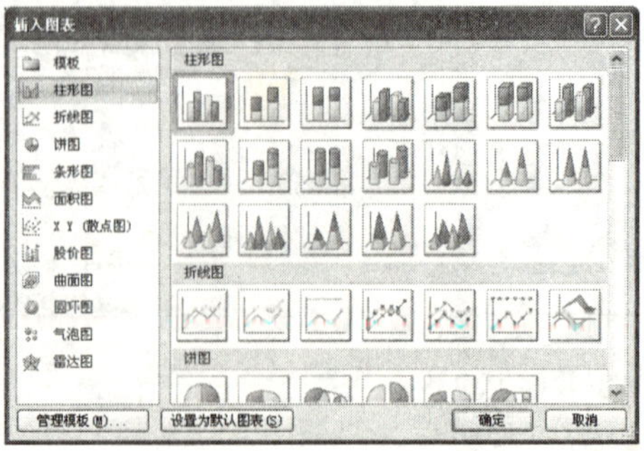

②选择“簇状”柱形图，单击“确定”按钮，效果如下左图所示。

③修饰图表。单击“数据透视图工具”→“设计”→“图表样式”组→“样式 26”，将绘图区填充为灰色底纹，效果如下右图所示。

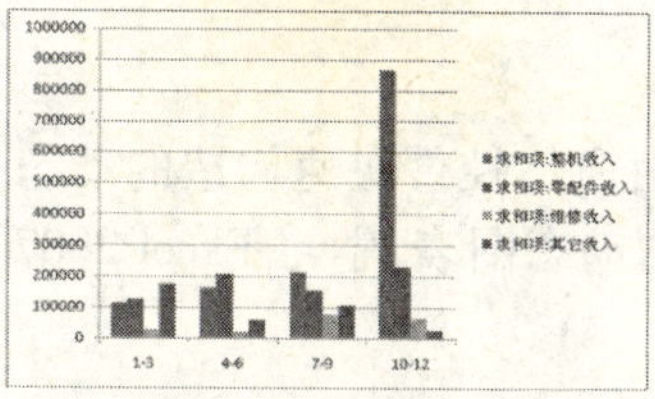

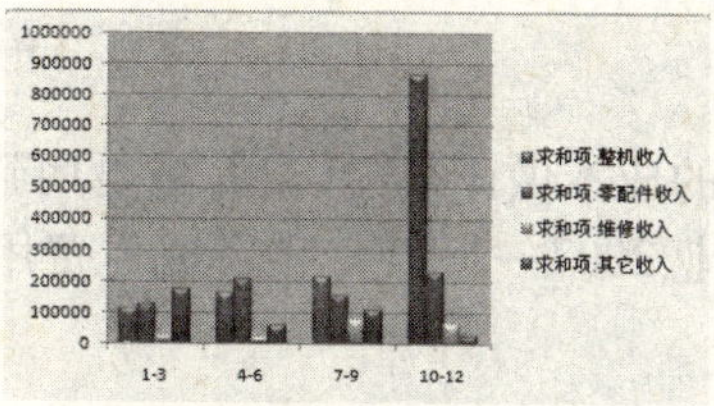

4. 为整机收入添加线性趋势线

①选择数据透视图中需要添加趋势线的“整机收入”数据系列。

②单击右键，在弹出的快捷菜单中选择“添加趋势线”命令，如下图所示。或单击“数据透视图工具”→“布局”→“分析”组→“趋势线”，在弹出菜单中选择“线性趋势线”命令即可。

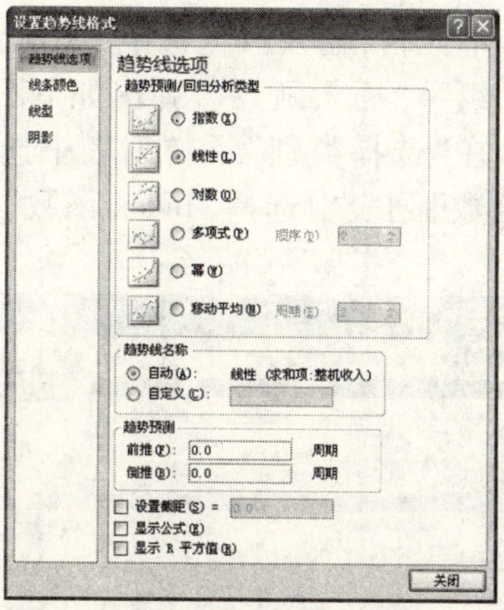

③单击“关闭”按钮，最终效果如下图所示。

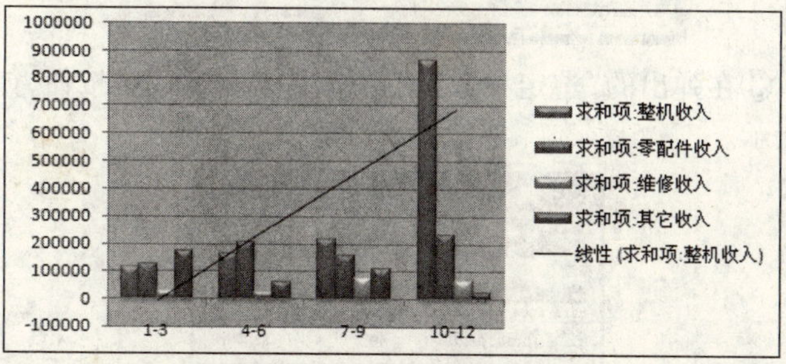

相关知识

用来创建数据透视表的信息必须以数据形式存在，在工作表中必须以列表的形式存在。一般来说，在数据库表格上的字段可以包含下列类型：

- 数据 它包含需要总结的数值或数据。
- 类别 描述数据，即字段名称。

相关知识

趋势线用图形方式显示数据的预测趋势并可用于预测分析，也称回归分析。

友情提示

选择趋势线后，按“Del”键可快速删除趋势线。

相关知识

Excel 2007 新增加了许多文件格式，其中的常用文件格式有：

- .xlsx 基于 XML 文件格式的 Excel 2007 工作簿缺省格式。
- .xlsm 基于 XML 且启用宏的 Excel 2007 工作簿。
- .xltx Excel 2007 模板格式。
- .xltm Excel 2007 宏模板。
- .xlam Excel 2007 宏加载项。
- .xlsb Excel 2007 为大的或复杂的工作簿新引入的非 XML 二进制文件格，允许优化执行和向后兼容。

任务四　制作企业近三年生产成本费用表
——高级数据图形

任务概述

公司领导对企业几年来的成本做详细了解时,需要用到由窗体控件快速构造的动态图表。本任务通过展示某企业 2007—2009 年生产成本费用的动态图表,学习 Excel 2007 的高级数据图形功能。

任务实施

知识窗

成本费用是企业为生产产品而发生的各种耗费。

1. 数据准备

①打开“素材\模块三\任务四\企业近三年生产成本费用表. xlsx”文件,如下图所示。

	A	B	C	D	E	F
1	企业近三年生产成本费用表					
2	年度	原材料	辅助材料	制造费用	人工费	其它费用
3	2007年	￥1,200,000	￥1,000,000	￥6,580,000	￥54,000,000	￥410,000
4	2008年	￥5,500,000	￥2,000,000	￥1,400,000	￥6,500,000	￥250,000
5	2009年	￥4,500,000	￥380,000	￥2,100,000	￥24,000,000	￥320,000
6						

知识窗

控件是添加在窗体上的一些图形对象,具有显示或输入数据、执行特定操作、方便阅读等功能。

在 Excel 2007 中,控件大致可分为两大类:一类是表单控件;一类是 ActiveX 控件。表单控件常常与宏结合使用,而 ActiveX 控件多与 VBA 和 Web 脚本一起工作。

②选中 A8 单元格,输入:1。选中 B8 单元格,单击“公式”→“函数库”组→“插入函数”,弹出如下图所示的“插入函数”对话框。在“选择类别”下拉列表中选择“查询与引用”,在“选择函数”列表中选择“Index 函数”,单击“确定”按钮。

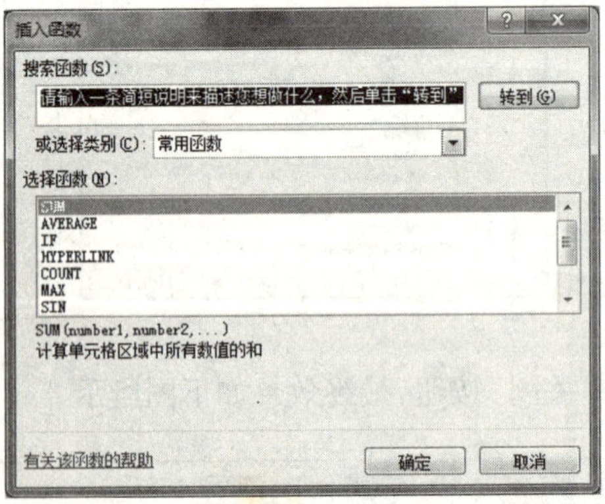

③在弹出的“选定参数”对话框中单击“确定”按钮,如下图所示。

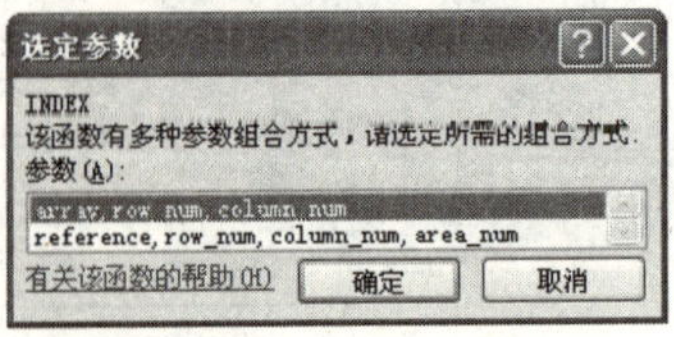

④弹出“函数参数”对话框，如下图所示。在Array后的单元格区域输入：B3：B5，Row_num后的单元格区域输入绝对地址：$A $8。

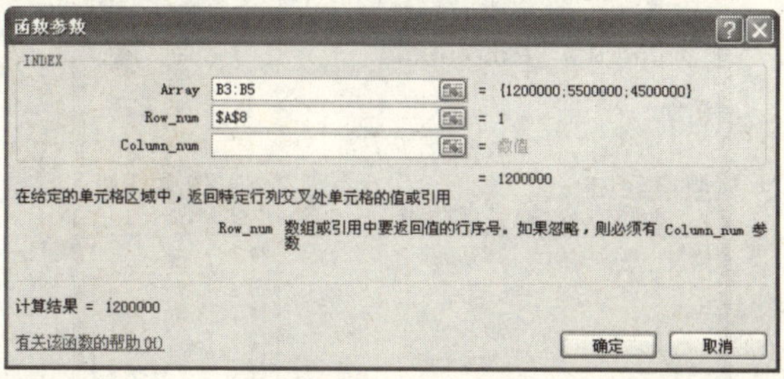

⑤单击“确定”按钮，得到的B8单元格的数值与B3单元格相同。此时，利用填充柄填充C8：F8的值，如下图所示。

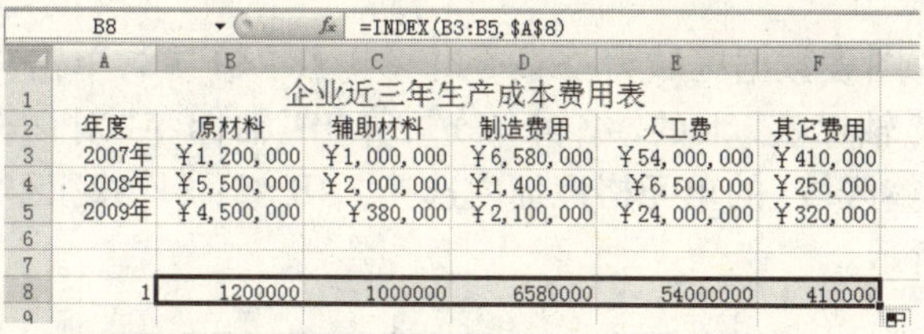

B8 =INDEX(B3:B5, A8)

	A	B	C	D	E	F
1	企业近三年生产成本费用表					
2	年度	原材料	辅助材料	制造费用	人工费	其它费用
3	2007年	￥1,200,000	￥1,000,000	￥6,580,000	￥54,000,000	￥410,000
4	2008年	￥5,500,000	￥2,000,000	￥1,400,000	￥6,500,000	￥250,000
5	2009年	￥4,500,000	￥380,000	￥2,100,000	￥24,000,000	￥320,000
6						
7						
8	1	1200000	1000000	6580000	54000000	410000

2.制作图表

①选中B8：F8区域，单击“插入”→“图表”组→“饼图”，在下拉列表中选择“二维饼图”命令，得到图表如下图所示。

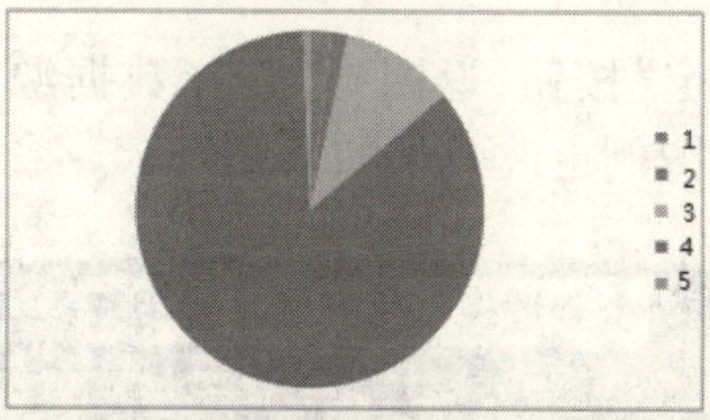

②选中图表区域，单击“图表工具”→“设计”→“图表布局”组→“图表布局2”，在“图表样式”组中选择“图表样式42”。

③选中图表标题，将其更改为“企业近三年生产成本费用表”。单击“图表工具”→“格式”→“艺术字样式”组→“填充文本2”，选择“形状样式”组中的4行6列的“细微效果→强调颜色5”选项，设置标题样式如下图所示。

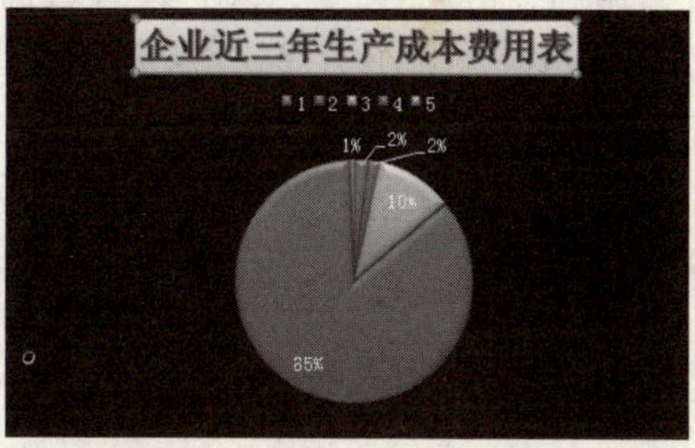

友情提示

在Excel 2007中，如何快速选取特定区域？

使用“F5”键可以快速选取特定区域。例如，要选取B5：C1000，最简便的方法是：按“F5”键，出现“定位”对话框，在“引用”栏内输入需选取的区域B5：C1000。

相关知识

只知道需要使用的函数的名字，不知道它的参数格式的操作方法：在编辑栏中输入一个等号，其后接函数名，然后按“Ctrl + A”快捷键，Excel 将自动进入此函数的“函数参数”对话框。

④选中图例区，单击“图表工具”→“设计”→“数据”组→“选择数据”，弹出“选择数据源”对话框，如下图所示。

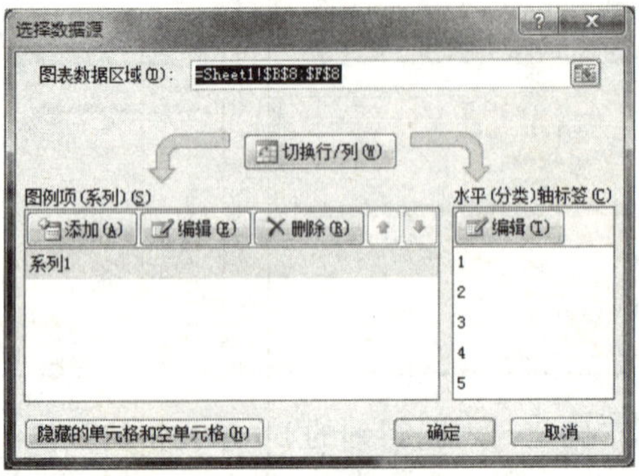

⑤图表数据区域为：Sheet 1！ $B $8：$F $8，单击“水平(分类)轴标签”下的“编辑(T)”，弹出“轴标签”对话框，在“轴标签区域”的单元格地址内选择“ $B $2：$F $2”区域，如下图所示。

⑥单击“确定”按钮，返回到“选择数据源”对话框，再单击“确定”按钮，图例更改效果如下图所示。

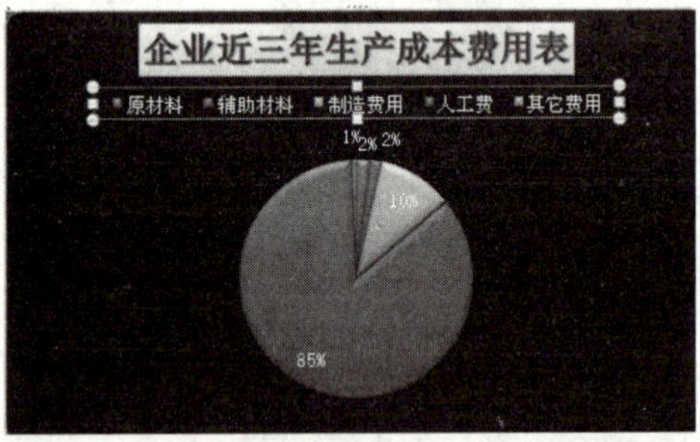

⑦选择图表数据区域，单击鼠标右键，在弹出的快捷菜单中选择“设置数据标签格式”命令，弹出“设置数据标签格式”对话框，勾选 “百分比” “显示引导线”复选框，如下图所示。

相关知识

Excel 2007 的“窗体”和“控件”工具栏在哪里？

在“Excel 选项”对话框中选择“常用”选项组，勾选“在功能区显示‘开发工具’选项卡(D)”复选框，单击“确定”按钮退出，然后可在“开发工具”选项卡下的“控件”组中插入表单控件。

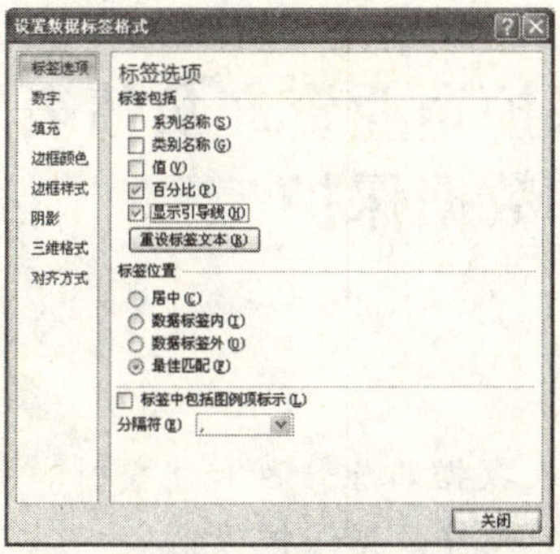

⑧单击“关闭”按钮后,数据标签格式设置效果如下图所示。

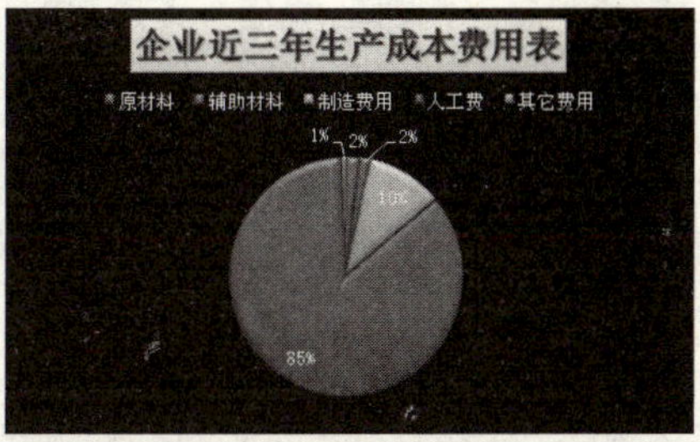

3. 在图表中加入组合框按钮

①单击“开发工具”→“控件”组→“插入”,在弹出的表单控件中选择“组合框”控件,在图表区域画出一组合框对象,如下图所示。

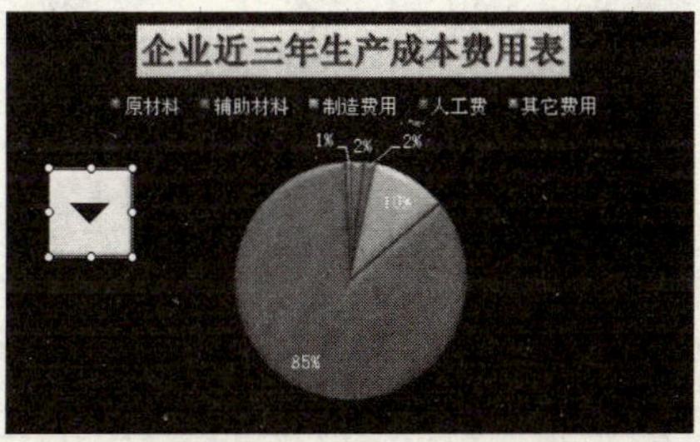

②右击“组合框”对象,在弹出的快捷菜单中选择“设置控件格式”命令,弹出“设置控件格式”对话框,如下左图所示。选择“控制”选项卡,将“数据源区域”的单元格地址设为:$A $3:$A $5,“单元格链接”为:$A $8,其他为默认值。

③单击“确定”按钮后,调整“组合框”对象的大小、宽度,最终效果图如下图所示。

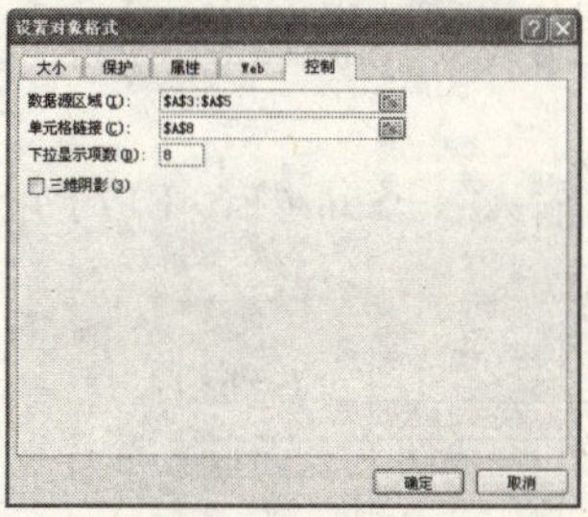

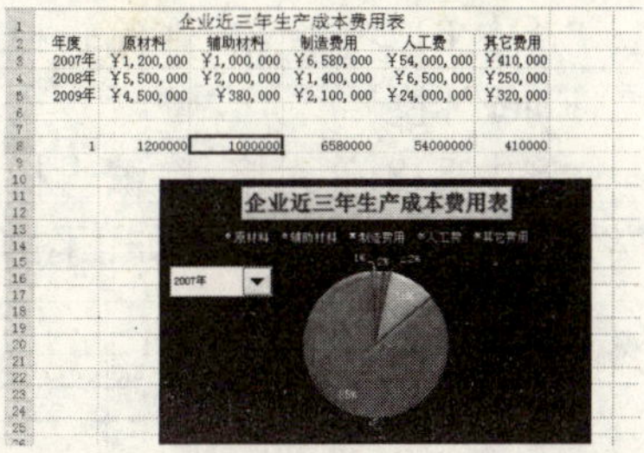

相关知识

如何将 Word 内容以图片格式插入到 Excel 表格中?

操作步骤如下:

①在 Word 中选中要复制的内容,然后单击“开始”→“剪贴板”组→“复制”。

②进入 Excel,单击“开始”→“剪贴板”组→“粘贴”,在弹出菜单中选择“以图片格式”→“粘贴为图片”命令,即可将刚才复制的内容以图片形式插入到 Excel 表格中。

在该图片上双击,还可进行文字修改。

利用这种方法也可以把“记事本”等其他程序中的内容以图片格式粘贴到 Excel 中。

试一试

分别显示出 2007 年、2008 年、2009 年的生产成本费用的比例情况。

任务五　制作与保护企业资产负债表
——文件数据保护

任务概述

在实际工作中，常常希望保持重要工作表数据的原始性和完整性。本任务以制作与保护企业资产负债表为例，讲述 Excel 2007 的文件数据保护功能。

相关知识

资产负债表是反映企业某一特定时期（如月末、季末、年末）财务状况的会计报表。

资产负债表一般有表首、正表两部分。其中，表首概括地说明报表名称、编制单位、编制日期、报表编号、货币名称、计量单位等；正表是资产负债表的主体，显示了用以说明企业财务状况的各个项目。资产负债表正表的格式一般有两种：报告式资产负债表和账户式资产负债表。

任务实施

1. 制作资产负债表

(1)打开文件

打开“素材\模块三\任务五\企业资产负债表. xlsx”文件，如下图所示。

资产负债表					
				会企01表	
编制单位：		年　月　日			单位：元
资　产	期末余额	年初余额	负债和所有者权益	期末余额	年初余额
流动资产：			流动负债：		
货币资金	1406000		短期借款	300000	
交易性金融资产	15000		交易性金融负债	0	
应收票据	246000		应付票据	180000	
应收账款	299100		应付账款	745900	
预付款项	110000		预收款项	0	
应收利息	0		应付职工薪酬	110000	
应收股利	0		应交税费	36400	
其他应收款	5000		应付利息	1000	
存货	2560200		应付股利	0	
一年内到期的非流动资产	0		其他应付款	48000	
其他流动资产	100000		一年内到期的非流动负债	1000000	
流动资产合计			其他流动负债	0	
非流动资产：			流动负债合计		
可供出售金融资产	0		非流动负债：		
持有至到期投资	0		长期借款	600000	
长期应收款	0		应付债券	0	
长期股权投资	250000		长期应付款	0	
投资性房地产	0		专项应付款	0	
固定资产	1080000		预计负债	0	
在建工程	1500000		递延所得税负债	0	
工程物资	0		其他非流动负债	0	
固定资产清理	0		非流动负债合计		
生产性生物资产	0		负债合计		
油气资产	0		所有者权益（或股东权益）：		
无形资产	400000		实收资本（或股本）	5000000	
开发支出	0		资本公积	0	
商誉	0		减：库存股	0	
长期待摊费用	0		盈余公积	100000	
递延所得税资产	0		未分配利润	50000	
其他非流动资产	200000		所有者权益（或股东权益）合计		
非流动资产合计					
资产总计			负债和所有者权益（或股东权益）总计		
单位负责人：			会计机构负责人：		

(2)计算各项的值

选中 B17 单元格，在编辑栏中输入：= Sum(B6:B16)并按“Enter”键。

选中 E18 单元格，在编辑栏中输入：= Sum(E6:E17)并按“Enter”键。计算结果如下图所示。

16	其他流动资产	100000		一年内到期的非流动负债	1000000
17	流动资产合计	4741300		其他流动负债	0
18	非流动资产：			流动负债合计	2421300
19	可供出售金融资产	0		非流动负债：	

选中 B36 单元格，在编辑栏中输入：= Sum(B19:B35)并按“Enter”键。

选中 B37 单元格，在编辑栏中输入：= B17 + B36 并按“Enter”键。

选中 E27 单元格，在编辑栏中输入：= Sum(E20:E26)并按“Enter”键。

选中 E28 单元格，在编辑栏中输入：= E18 + E27 并按“Enter”键。

选中 E35 单元格，在编辑栏中输入：= Sum(E30:E34)并按“Enter”键。

选中 E37 单元格，在编辑栏中输入：= E28 + E35 并按“Enter”键。

计算结果如下图所示。

27	固定资产清理	0		非流动负债合计	600000
28	生产性生物资产	0		负债合计	3021300
29	油气资产	0		所有者权益（或股东权益）：	
30	无形资产	400000		实收资本（或股本）	5000000
31	开发支出	0		资本公积	0
32	商誉	0		减：库存股	0
33	长期待摊费用	0		盈余公积	100000
34	递延所得税资产	0		未分配利润	50000
35	其他非流动资产	200000		所有者权益（或股东权益）合计	5150000
36	非流动资产合计	3430000			
37	资产总计	8171300		负债和所有者权益（或股东权益）总计	8171300

2. 对文件数据进行保护

用户仔细操作可以保证输入数据的准确，但数据被其他用户查阅时，很难避免错误地操作而导致数据丢失，或者是无意中修改了数据。因此，需要使用保护功能来确保工作表的准确与安全。

(1)保护工作表

①将资产负债表作为当前工作表，单击“审阅”→“更改”组→“保护工作表”，弹出“保护工作表”对话框，如下左图所示。勾选“保护工作表及锁定的单元格内容”复选框，在“取消工作表保护时使用的密码”框中输入密码，并在“允许此工作表的所有用户进行”的列表中选定所要保护的对象。

②单击“确定”按钮，打开“确认密码”对话框，在“重新输入密码”框中再次输入密码进行确认，如下右图所示。

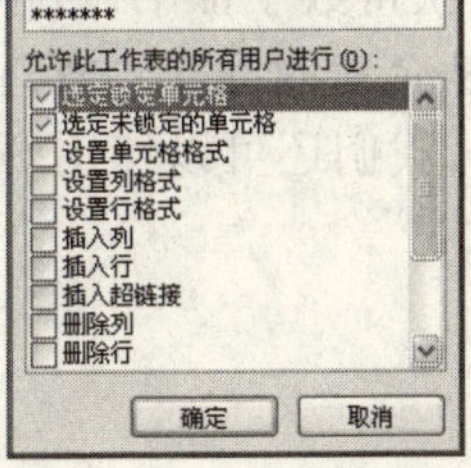

相关知识

关于资产负债表的几点说明：

年初余额就是上年的“期末余额”，这里省略。在实际应用中，把上年的资产负债表的“期末余额”填在这张表的年初余额栏即可。

固定资产：表中直接填写进行折旧后的值。

2008 年的资产负债表，报表上的编制日期应为 2010 年 12 月 31 日。

知识窗

对资产负债表的表首的几点说明：

编制日期是指资产负债表报告期间的最后截止日。如 1 月份的资产负债表，其编制日期为 1 月 31 日；第一季度的资产负债表，其编制日期为 3 月 31 日；2010 年年度资产负债表，其编制日期为 2010 年 12 月 31 日。需要说明的是，编制日期不是编制的工作日期，如 2010 年度的资产负债表，其编制的工作时间可能已到了 2011 年 3 月份，但报表上的编制日期仍为 2010 年 12 月 31 日。

金额单位是指报表的编报货币单位。按规定，我国的编报货币必须是人民币，编制时金额单位以人民币的“元”为单位。

③单击"确定"按钮，如果密码输入不正确，会弹出如下图所示的对话框，让其重新输入并确认。

④单击"确定"按钮，如果密码输入正确，关闭对话框，返回到工作表。此时如果进行以上设置的被保护的相关操作，就会弹出如下图所示的对话框。

(2)保护工作簿

①单击"Office"→"另存为"→"Excel 工作簿"，打开"另存为"对话框。单击"工具"按钮，在弹出菜单中选择"常规选项"命令，弹出"常规选项"对话框，如下图所示。"打开权限密码"是希望用户必须输入密码方可查看工作簿，"修改权限密码"是希望用户必须输入密码方可保存对工作簿的更改。

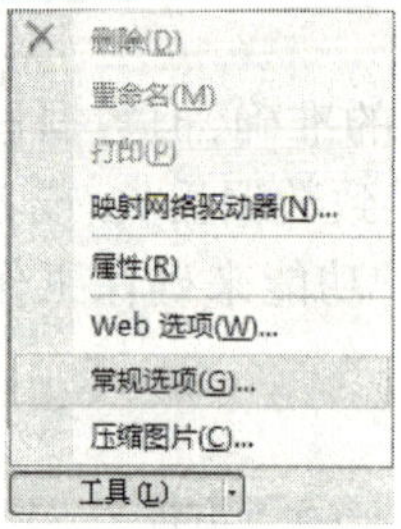

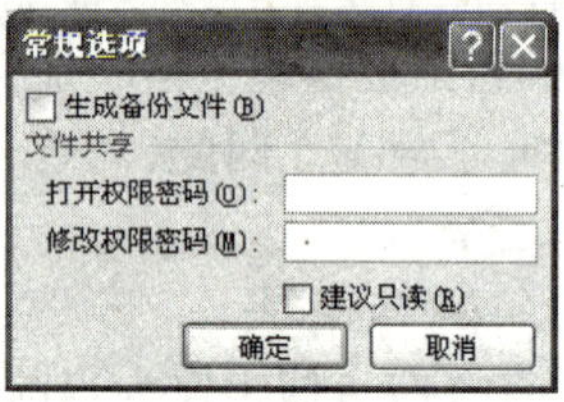

②如果不希望内容被无意间修改，请勾选"建议只读"复选框，然后单击"确定"按钮，在"确认密码"对话框中再次输入相同密码即可。

③在重新输入密码进行确认后，单击"确定"按钮，然后单击"保存"按钮。如果出现提示，请单击"是"按钮以替换已有的工作簿。这样为工作簿进行了加密保护。

(3)使用数字签名保护工作表

为文档添加数字签名的前提是获得数字证书，数字证书可以从商业认证机构获得，也可以从企业内部安全管理人员或信息技术专业人员处获得。另外，我们还可以使用 Selfcert 工具创建自己的数字证书。

知识窗

在 Excel 2007 中，如何将数值型数据按小数点对齐？

选择需要按小数点对齐数据区域，单击右键，在弹出的快捷菜单中选择"设置单元格格式"命令，弹出"设置单元格格式"对话框。选择"数字"选项卡，在"分类"中选择"自定义"选项，在"类型"中按如下格式进行输入：#.??? 或 0.000（表示小数点后保留 3 位小数）。注意区别#.???与 0.000 设置后的效果不同。

相关知识

如何保护工作簿的结构和窗口？

在 Excel 2007 中，可以锁定工作簿的结构，以禁止其他用户添加或删除工作表，或显示隐藏的工作表。同时还可禁止用户更改工作表窗口的大小或位置。工作簿结构和窗口保护可应用于整个工作簿。

方法：单击"审阅"→"更改"组→"保护工作簿"，在弹出菜单中选择"保护结构和窗口"命令即可进行相应的保护功能。

①单击“开始”→“所有程序”→“Microsoft Office”→“Microsoft Office 工具”→“VBA 项目的数字证书”，打开“创建数字证书”对话框，提示用户为证书输入姓名，如“资产负债表数字证书”，如下图所示。

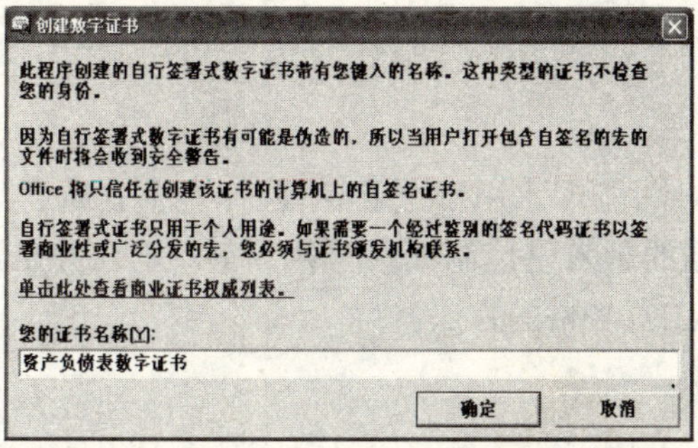

②单击“确定”按钮，出现“SelfCert 成功”提示框，如下图所示。单击“确定”按钮后，数字签名创建完成。

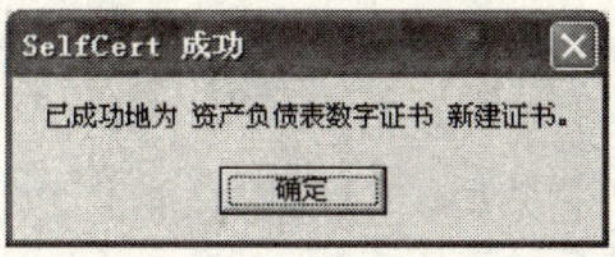

③打开“资产负债表. xlsx”文件，单击“Office 按钮”→“准备”→“添加数字签名”。

④在弹出的提示框中单击“确定”按钮，打开“签名”对话框，可以看到刚才创建的“资产负债表数字证书”，如下左图所示。在“签署此文档的目的”文本框中输入签名的目的，如“保护工作表”。

⑤单击“签名”按钮后，弹出“签名确认”对话框，如下右图所示。单击“确定”按钮，为工作簿签署的“资产负债表数字证书”的工作结束。

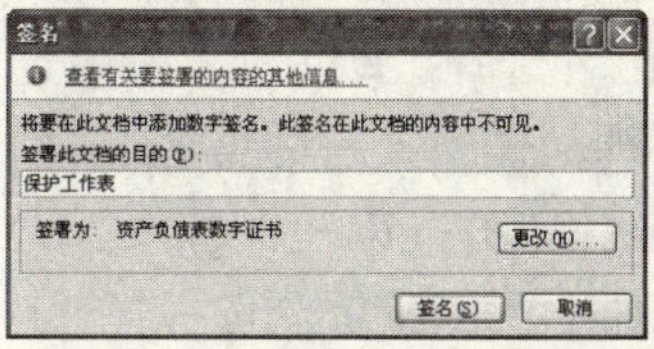

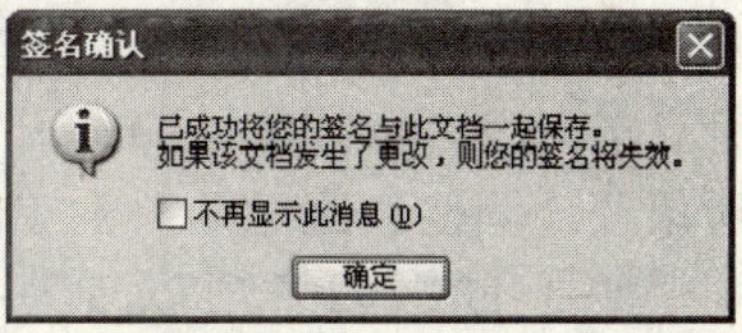

在此工作表工作区的右边将显示数字签名，在状态栏上即可看到数字签名的标志 。有了数字签名，既可以防止他人修改文档，也大大提高了文档的安全性。

相关知识

Selfcert 工具是Office 2007 提供的一种创建用户自己的数字证书的方法，使用该工具可以非常方便地产生数字证书，从而达到对文档进行数字签名保护的目的。

任务六 创建企业员工工资条——语音校对功能

任务概述

随着科技的不断发展,“语音”校对功能广泛用于企业管理,一些企业通过“语音”校对方法来创建工资表,并通过减少数据的录入量控制文档错误几率。本任务是让学生掌握用 Excel 2007 的语言校对功能创建工资表格的方法。

友情提示

在 Excel 制作的员工工资表中,所有员工的补贴增加 100 元。除了用公式进行计算外,更简单的批量修改方法是使用“选择性粘贴”功能。

操作方法:

①在某个空白单元格中输入“100”,选定此单元格,使用“复制”命令。

②选取修改的单元格区域(即“补贴”的数据区域),单击“开始”→“剪贴板”组→“选择性粘贴”,在弹出的菜单中选择“选择性粘贴”按钮,在弹出的对话框的“运算”栏中选中“加”运算,单击“确定”按钮。

任务实施

1. 创建工作簿

打开“素材\模块三\任务六\企业员工工资表. xlsx”文件,如下图所示。

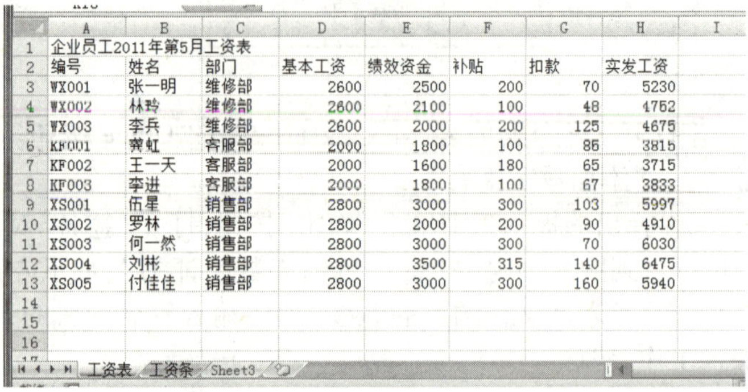

	A	B	C	D	E	F	G	H
1	企业员工2011年第5月工资表							
2	编号	姓名	部门	基本工资	绩效资金	补贴	扣款	实发工资
3	WX001	张一明	维修部	2600	2500	200	70	5230
4	WX002	林玲	维修部	2600	2100	100	48	4752
5	WX003	李兵	维修部	2600	2000	200	125	4675
6	KF001	龚虹	客服部	2000	1800	100	85	3815
7	KF002	王一天	客服部	2000	1600	180	65	3715
8	KF003	李进	客服部	2000	1800	100	67	3833
9	XS001	伍星	销售部	2800	3000	300	103	5997
10	XS002	罗林	销售部	2800	2000	200	90	4910
11	XS003	何一然	销售部	2800	3000	300	70	6030
12	XS004	刘彬	销售部	2800	3500	315	140	6475
13	XS005	付佳佳	销售部	2800	3000	300	160	5940

2. 设置语音效果

①打开“控制面板”窗口,双击“语音”图标,打开“语音属性”对话框,如下左图所示。在“语音选择”下拉列表框中选择“Microsoft Simplified Chinese”(即简体中文),并可通过“预听语音”,调整语音速度,然后单击“确定”按钮。

②打开“Excel 选项”对话框,如下右图所示。选择“自定义”选项组,在“在下列位置选择命令”下拉列表中选择“不在功能区中的命令”,在下面的列表框中选择“按 Enter 开始朗读单元格”,单击“添加”按钮,然后单击“确定”按钮。

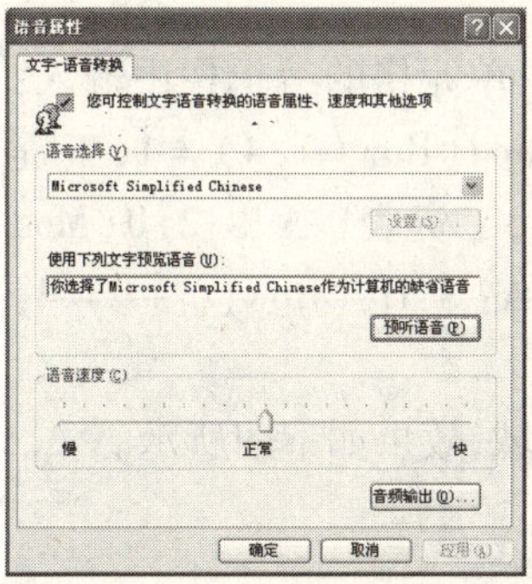

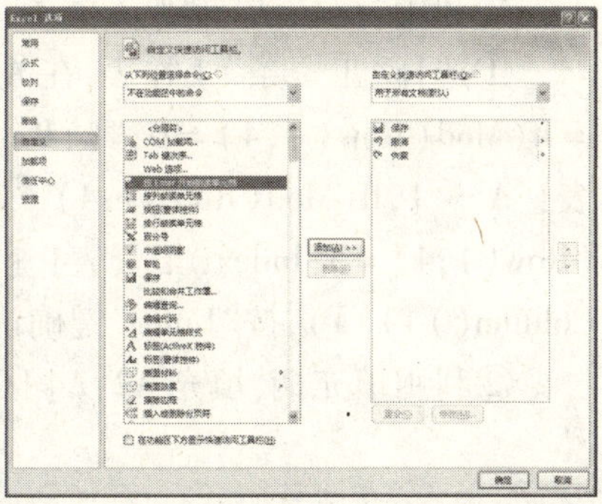

③在 Excel 文件的快速访问栏上单击刚添加的“按 Enter 开始朗读单元格”按钮，即可在任何一个单元格中输入内容。按“Enter”键或方向键后，可以根据听到的所输入内容的语音来判断输入的内容是否正确，输入结束后单击该按钮即可结束语音朗读功能。

3. 通过“条件格式”设置单元格

①选择添加底纹的区域，在编辑栏的“名称框”中输入：A2:H13，然后按“Enter”键即可得到整个工资表的数据区域。

②单击“开始”→“样式”组→“条件格式”，在弹出菜单中选择“新建规则”命令，弹出“新建格式规则”对话框，如下图所示。在“选择规则类型”中选择“使用公式确定要设置格式的单元格”，并在“编辑规则说明”中输入公式：= Mod(Row(),2) =1，单击“格式”按钮，设置底纹颜色为淡蓝色。

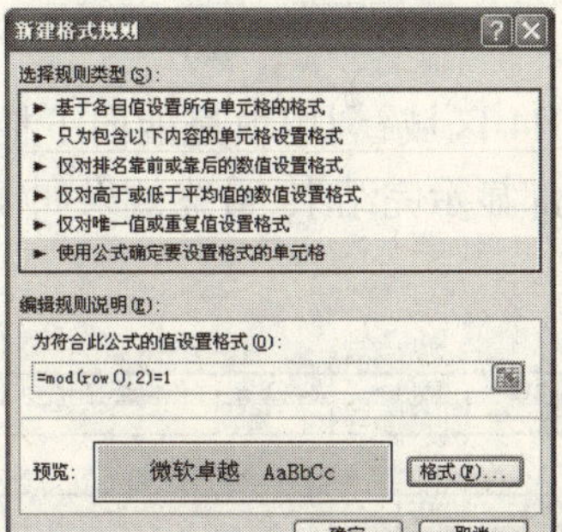

③单击“确定”按钮，效果如下图所示，可使繁冗的数据更加清晰。

1	企业员工2011年第5月工资表							
2	编号	姓名	部门	基本工资	绩效资金	补贴	扣款	实发工资
3	WX001	张一明	维修部	2600	2500	200	70	5230
4	WX002	林玲	维修部	2600	2100	100	48	4752
5	WX003	李兵	维修部	2600	2000	200	125	4675
6	KF001	龚虹	客服部	2000	1800	100	85	3815
7	KF002	王一天	客服部	2000	1600	180	65	3715
8	KF003	李进	客服部	2000	1800	100	67	3833
9	XS001	伍星	销售部	2800	3000	300	103	5997
10	XS002	罗林	销售部	2800	2000	200	90	4910

友情提示

如果在“语音属性”对话框中没有“Microsoft Simplified Chinese”选项，可在网上搜索并下载。

相关知识

如何快速输入大写中文数字？

①将光标移至需要输入大写数字的单元格中，输入相应的小写数字，如“3518”。

②右击，在弹出的快捷菜单中选择“设置单元格格式”命令，在弹出的对话框中选择“数字”选项卡，在“分类”列表中选择“特殊”，然后从“类型”列表中选择“中文大写数字”选项。

③单击“确定”按钮，即可将输入的“3518”就自动变成“叁仟伍佰壹拾捌”。

友情提示

在列间隔添加颜色，只需将“编辑规则说明”公式中的“Row”改为“Column”即可。

4. 利用“函数法”制作工资条

①选择“工资条”工作表，在 A1 单元格的编辑栏中输入：=If(Mod(Row(),4)=0,"",If(Mod(Row(),4)=1,工资表！A $ 1,If(Mod(Row(),4)=2,工资表！A $ 2,If(Mod(Row(),4)=3,Index(工资表！$ A：$ H,(Row()+9)/4,Column())))))，按“Enter”键确认。

②利用填充柄，填充 A2:A4 区域，效果如下图所示。

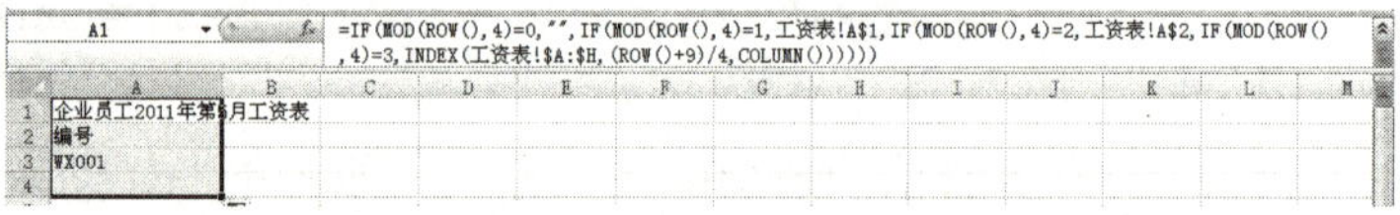

③选中 A2:A3 区域，向右填充至 H3 单元格，效果如下图所示。

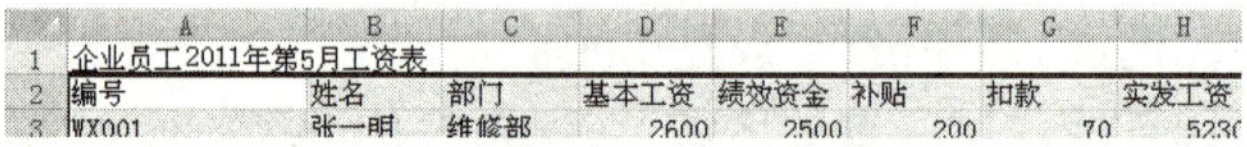

	A	B	C	D	E	F	G	H
1	企业员工2011年第5月工资表							
2	编号	姓名	部门	基本工资	绩效资金	补贴	扣款	实发工资
3	WX001	张一明	维修部	2600	2500	200	70	5230

④设置第一张工资条的格式：将标题合并居中，标题和表头添加灰色底纹，并将 A2:H3 区域设置外部粗线、内部细线的边框线，效果如下图所示。

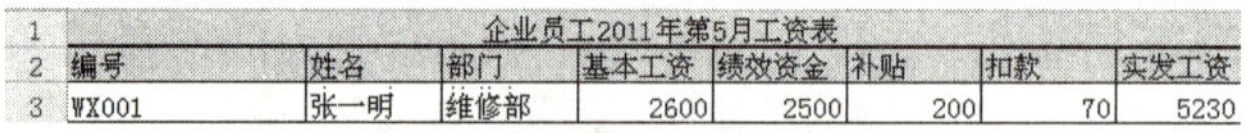

1	企业员工2011年第5月工资表							
2	编号	姓名	部门	基本工资	绩效资金	补贴	扣款	实发工资
3	WX001	张一明	维修部	2600	2500	200	70	5230

⑤选中 A1:H4 区域，利用填充柄向下拖动，直到工资表中的数据信息全部显示完结束，最终效果如下图所示。

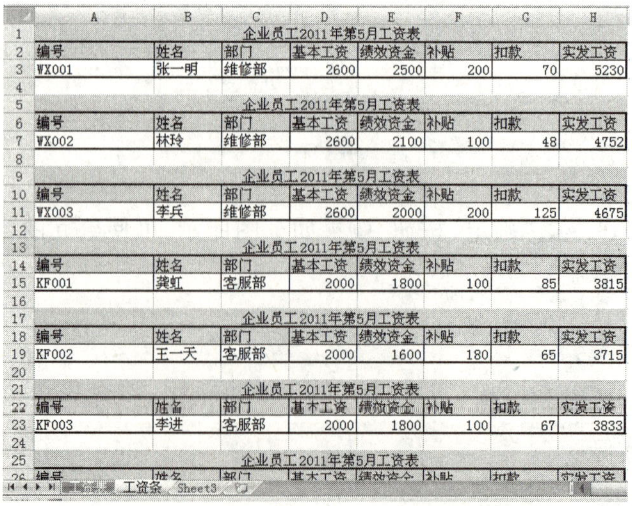

	A	B	C	D	E	F	G	H
1	企业员工2011年第5月工资表							
2	编号	姓名	部门	基本工资	绩效资金	补贴	扣款	实发工资
3	WX001	张一明	维修部	2600	2500	200	70	5230
4								
5	企业员工2011年第5月工资表							
6	编号	姓名	部门	基本工资	绩效资金	补贴	扣款	实发工资
7	WX002	林玲	维修部	2600	2100	100	48	4752
8								
9	企业员工2011年第5月工资表							
10	编号	姓名	部门	基本工资	绩效资金	补贴	扣款	实发工资
11	WX003	李兵	维修部	2600	2000	200	125	4675
12								
13	企业员工2011年第5月工资表							
14	编号	姓名	部门	基本工资	绩效资金	补贴	扣款	实发工资
15	KF001	龚虹	客服部	2000	1800	100	85	3815
16								
17	企业员工2011年第5月工资表							
18	编号	姓名	部门	基本工资	绩效资金	补贴	扣款	实发工资
19	KF002	王一天	客服部	2000	1600	180	65	3715
20								
21	企业员工2011年第5月工资表							
22	编号	姓名	部门	基本工资	绩效资金	补贴	扣款	实发工资
23	KF003	李进	客服部	2000	1800	100	67	3833
24								
25	企业员工2011年第5月工资表							
26	编号	姓名	部门	基本工资	绩效资金	补贴	扣款	实发工资

知识窗

当工作表大于一页时，如何使每一页均包含标题和表头？

单击“页面布局”→“页面设置”组→“打印标题”，在弹出的“页面设置”对话框中，选择“工作表”选项卡，在“打印标题→顶端标题行”框中选取工作表的标题和表头即可。

相关知识

如何批量处理多个 Excel 工作表？

首先按住“Ctrl”键或“Shift”键不放，单击选中多个工作表，然后可以像设置单独一张工作表一样进行设置。

想一想

如果对工资表中的数据进行了修改，那么工资条的数据也会发生改变吗？

* 物流和库存管理实例

制作企业资产与损益表

任务实施

1. 打开文件

打开素材\模块三\运用实例\物流和库存管理实例\企业资产与损益表. xlsx 文件,如下图所示。

	A	B	C
1	损 益 表		
2			会企02表
3	编制单位:	×× 年	单位:元
4	项　目	本期金额	上期金额(略)
5	一、营业收入	1250000	
6	减:营业成本	780000	
7	营业税金及附加	2150	
8	销售费用	2000	
9	管理费用	157300	
10	财务费用	41500	
11	资产减值损失	30800	
12	加:公允价值变动收益(损失以“-”号填列)	0	
13	投资收益(损失以“-”号填列)	31200	
14	其中:对联营企业和合营企业的投资收益	0	
15	二、营业利润(亏损以“-”号填列)		
16	加:营业外收入	50000	
17	减:营业外支出	19500	
18	其中:非流动资产处置损失	300	
19	三、利润总额(亏损总额以“-”号填列)		
20	减:所得税费用	50651.5	
21	四、净利润(亏损以“-”号填列)		
22	五、每股收益	(略)	
23	(一)基本每股收益		
24	(二)稀释每股收益		

2. 计算各项的值

①选中 B15 单元格,在编辑栏中输入:= B5 - B6 - B7 - B8 - B9 - B10 - B11 + B12 + B13,按“Enter”键确认。

②选中 B19 单元格,在编辑栏中输入:= B15 + B16 - B17,按“Enter”键确认。

③选中 B21 单元格,在编辑栏中输入:= B19 - B20,按“Enter”键确认。

计算结果如下图所示。

15	二、营业利润(亏损以“-”号填列)	267450
16	加:营业外收入	50000
17	减:营业外支出	19500
18	其中:非流动资产处置损失	300
19	三、利润总额(亏损总额以“-”号填列)	297950
20	减:所得税费用	50651.5
21	四、净利润(亏损以“-”号填列)	247298.5
22	五、每股收益	(略)

知识窗

损益表又称为利润表,是反映企业在一定时期的经营成果及其分配情况的会计报表,是企业在这段时期经营情况的财务记录。此表包含销售收入、销售成本、经营费用及税收状况,报表显示企业实现的利润或形成的亏损状况。

友情提示

如果要在单元格中显示公式,方法是:单击“公式”→“公式审核”组→“显示公式”。

企业产品进货、出货、库存管理表

对于企业而言，仓库的进出仓管理、资料管理、入账登记等是繁琐而重要的工作。下面介绍利用 Excel 2007 实现有关进/出货存业务自动统计的一种基本思路和基本做法，重点是函数和条件格式的运用。

任务实施

1. 建立“产品资料登记表”

打开“素材\模块三\实用实例\物流和库存管理实例\出货存管理表. xlsx”文件，将 Sheet 1 重命名为“产品资料登记表”，如下图所示。

货号	名称	型号	产地	进价(元)	批价(元)	零售(元)	电话
DSJ001	电视机	DSJ-1	深圳	4800	5280	5760	0755-82439768
DSJ002	电视机	DSJ-2	深圳	6500	7150	7800	0755-24592888
DBX001	冰箱	DBX-1	上海	4000	4400	4800	021-65451122
XYJ001	洗衣机	XYJ-1	重庆	8000	8800	9600	023-65221188
DBX002	冰箱	DBX-2	重庆	6410	7051	7692	023-63552525
DBX003	冰箱	DBX-3	重庆	4200	4620	5040	023-67110000
XYJ002	洗衣机	XYJ-2	上海	7400	8140	8880	021-58585858
XYJ003	洗衣机	XYJ-3	上海	6800	7480	8160	021-65789566

2. 制作产品进货表

(1) 制作表格

将 Sheet 2 工作表重命名为“进货表”，建立表格的相关信息，如下图所示。

企业产品进/出货存管理表——产品进货

2011年3月份

货号	名称	型号	产地	进价(元)	数量(台)	金额(元)	日期

合计(元)：

(2) 利用“产品资料登记表”计算相应单元格的值

①选中 G3 单元格，输入日期：2011 年 3 月份，然后合并 G3:H3 区域。

②选中 B5 单元格，在编辑栏中输入：=IF($A5 = "" , "" , VLOOKUP($A5 , 产品资料登记表! $A: $H , 2 , FALSE))，按“Enter”键确认，拖动填充柄至 B14 单元格。

相关知识

在 Excel 中，如何快速地复制单元格区域的格式呢？

操作方法：选择含有所需源格式的单元格，单击“开始”→“剪贴板”组→“格式刷”，此时鼠标变成了刷子形状，然后单击需要设置格式的单元格区域即可复制格式。

③选中 C5 单元格,在编辑栏中输入: = IF($A5 = "","", VLOOKUP($A5,产品资料登记表! $A: $H,3,FALSE)),按“Enter”键确认,拖动填充柄至 C14。

④选中 D5 单元格,在编辑栏中输入: = IF($A5 = "","", VLOOKUP($A5,产品资料登记表! $A: $H,4,FALSE)),按“Enter”键确认,拖动填充柄至 D14。

⑤选中 E5 单元格,在编辑栏中输入: = IF($A5 = "","", VLOOKUP($A5,产品资料登记表! $A: $H,5,FALSE)),按“Enter”键确认,拖动填充柄至 E14。

⑥选中 G5 单元格,在编辑栏中输入: = IF(F5 = 0,0, E5 * F5),按“Enter”键确认,拖动填充柄至 G14。

⑦在 A5 单元格中输入任意的“货号”,即可得到“名称”“型号”“产地”“进价”相对应的值。然后录入进货的“数量”“5”,即可得到“金额”的值,效果如下图所示。

企业产品进/出货存管理表——产品进货

2011年3月份

货号	名称	型号	产地	进价(元)	数量(台)	金额(元)	日期
DSJ001	电视机	DSJ-1	深圳	4800	20	96000	2011-3-12

⑧选中 F16 单元格,在编辑栏中输入: = Sum(G5:G14),按“Enter”键确认。合并 F16:H16 区域,产品进货表最终效果如下图所示。

企业产品进/出货存管理表——产品进货

2011年3月份

货号	名称	型号	产地	进价(元)	数量(台)	金额(元)	日期
DSJ001	电视机	DSJ-1	深圳	4800	20	96000	2011-3-12
DSJ002	电视机	DSJ-2	深圳	6500	10	65000	2011-3-12
DBX002	冰箱	DBX-2	重庆	6410	50	320500	2011-3-12
DSJ001	电视机	DSJ-1	深圳	4800	10	48000	2011-3-12
XYJ001	洗衣机	XYJ-1	重庆	8000	11	88000	2011-3-16
DSJ001	电视机	DSJ-1	深圳	4800	20	96000	2011-3-16
DSJ002	电视机	DSJ-2	深圳	6500	50	325000	2011-3-18
						0	
						0	
						0	
			合计(元):		￥1,038,500		

3. 制作产品出货表

(1)建立出货表

将 Sheet 3 工作表重命名为“出货表”,建立表格的相关信息,如下图所示。

相关知识

在 Excel 中,如何让文本框与工作表网格线重合呢?

首先单击“插入”→“文本”组→“文本框”(选择横排、垂直文本框都可以),然后按住“Alt”键,用鼠标绘制一个文本框,就能保证文本框的边界与工作表格线重合。

企业产品进/出货存管理表——产品出货

2011年3月份

货号	名称	型号	数量(台)	单价(元)	浮动价(元)	金额(元)	日期
			合计(元):				

(2)利用“产品资料登记表”得出相应单元格的值

①选中 G3 单元格,输入:2011 年 3 月份,然后合并 G3:H3区域。

②选中 B5 单元格,在编辑栏中输入: = IF($A5 = "","", VLOOKUP($A5,产品资料登记表! $A: $H,2,FALSE)),按“Enter”键确认,拖动填充柄至 B14。

③选中 C5 单元格,在编辑栏中输入: = IF($A5 = "","", VLOOKUP($A5,产品资料登记表! $A: $H,3,FALSE)),按“Enter”键确认,拖动填充柄至 C14。

④选中 E5 单元格,在编辑栏中输入: = IF($A5 = "","", IF($D5 < 10,VLOOKUP($A5,产品资料登记表! $A: $H,7, FALSE),VLOOKUP($A5,产品资料登记表! $A: $H,6, FALSE))),按“Enter”键确认,拖动填充柄至 E14。

⑤选中 G5 单元格,在编辑栏中输入: = IF($A5 = "","", (E5 + F5) * D5),按“Enter”键确认,拖动填充柄至 G14。

⑥在 A5 单元格中输入任意的“货号”,即可得到“名称”“型号”“单价”相对应的值;输入“数量”“浮动价”(指在单价的基础上增加或减少的价格),即可得到金额的值,效果如下图所示。

企业产品进/出货存管理表——产品出货

2011年3月份

货号	名称	型号	数量(台)	单价(元)	浮动价(元)	金额(元)	日期
XYJ001	洗衣机	XYJ-1	5	9600	500	50500	2008-3-12

选中 F17 单元格,在编辑栏中输入: = Sum(G5:G14)后按“Enter”键,合并 F17:G17 区域。产品进货表最终效果如下图所示。

相关知识

删除 Excel 工作表中的空行,一般方法是将空行一一找出然后删除。这种方法十分繁琐,可以利用自动筛选功能来实现批量删除空行的操作。

具体步骤如下:

①先在表头前插入一空行。

②选择表中所有的行,单击“数据”→“排序和筛选”组→“筛选”,在每一列的顶部,从下拉列表框中选择“空白”选项。

③在所有数据都被选中的情况下,单击“开始”→“单元格”组→“删除”,单击下拉列表中“删除工作表行”命令,所有的空行将被删去。

注意:插入的一个空行是为了避免删除表头的数据。

友情提示

在一个单元格中输入多行数据时,要强制换行的快捷键为“Alt + Enter”。

企业产品进/出货存管理表——产品出货

2011年3月份

货号	名称	型号	数量(台)	单价(元)	浮动价(元)	金额(元)	日期
XYJ001	洗衣机	XYJ-1	5	9600	500	50500	2008-3-12
XYJ002	洗衣机	XYJ-2	25	8140	-500	191000	2008-3-12
DSJ001	电视机	DSJ-1	50	5280	-499	239050	2008-3-12
DBX002	冰箱	DBX-2	15	7051	0	105765	2008-3-12
DSJ001	电视机	DSJ-1	10	5280		52800	2008-3-16
DSJ001	电视机	DSJ-1	5	5760		28800	2008-3-16
			合计(元):		¥667,915		

4. 制作库存表

(1)建立库存表

将 Sheet 4 工作表重命名为“库存表”,建立表格的相关信息,如下图所示。

企业产品库存数量表

2011年3月份

货　号	名　称	型　号	上月库存量	本月入库数量	本月出库数量	本月库存量

(2)利用产品资料登记表、进货表和出货表计算“本月入库数量”“本月出库数量”和“本月库存量”单元格的值

①选中 F3 单元格,输入:2011 年 3 月份,合并 F3:G3 区域。

②选中 B5 单元格,在编辑栏中输入:=IF($A5 ="","", VLOOKUP($A5,产品资料登记表! $A: $H,2,FALSE)),按“Enter”键确认,拖动填充柄至 B16。

③选中 C5 单元格,在编辑栏中输入:=IF($A5 ="","", VLOOKUP($A5,产品资料登记表! $A: $H,3,FALSE)),按“Enter”键确认,拖动填充柄至 C16。

④选中 E5 单元格,在编辑栏中输入:=SUM(IF((进货表! $A $5: $A $14 =库存表! $A5) *(进货表! $C $5: $C $14 =库存表! $C5),进货表! $F $5: $F $14)),按“Ctrl + Shift + Enter”组合键确认,拖动填充柄至 E16。

⑤选中 F5 单元格,在编辑栏中输入:=SUM(IF((出货表! $A $5: $A $14 =库存表! $A5) *(出货表! $C $5: $C $14 =库存表! $C5),出货表! $D $5: $D $14)),按“Ctrl + Shift + Enter”组合键确认,拖动填充柄至 G16。

⑥选中 G5 单元格,在编辑栏中输入:= D5 + E5 - F5,按“Enter”键确认,拖动填充柄至 G16。

相关知识

在工作中,经常会在工作簿保存前更改字体和字号。可采用以下方法将标准字体和字号更改为你所希望的类型:在“Excel 选项”对话框中,选择“常用”选项组,在“新建工作簿时”区域中可以更改字体和字号。

注意:要使更改后的字体、字号生效,必须先退出 Excel,然后重新启动程序。

友情提示

在左图中,上月库存量指上个月结束时期的库存量。

相关知识

有一些文本文件或软件的数据导入 Excel 后,是以文本形式存在的(数据默认是右对齐,而文本是左对齐),可用如下办法将文本型数据为数值型数据。

首先在空白的单元格中输入数字 1 并选中,执行"复制"命令,然后再选中所要转换的文本区范围,选择"选择性粘贴"中的"乘"即可。

相关知识

设置分页符的方法:单击"页面布局"→"页面设置"组→"分隔符",在下拉列表中选择"插入分页符"命令。

友情提示

在 Excel 2007 中,要进入打印预览视图可直接按"Ctrl + F2"快捷键。

⑦在 A5 单元格中输入"货号",即可得到"名称""型号""本月入库数量""本月出库数量"和"本月库存量"相对应的值,效果如下图所示。

企业产品库存数量表

2011年3月份

货 号	名 称	型 号	上月库存量	本月入库数量	本月出库数量	本月库存量
DSJ001	电视机	DSJ-1	80	50	65	65

(3)设置库存表报警(字符突出显示)

①选中 A5:A16 区域。

②单击"开始"→"样式"组→"条件格式",在下拉列表中选择"新建规则"命令,弹出"新建格式规则"对话框,如下图所示。在"选择规则类型"列表中选择"仅对唯一值或重复值设置格式",在"全部设置格式"下拉列表中选择"重复",单击"格式"按钮,打开"设置单元格格式"对话框,设置字体颜色为红色。

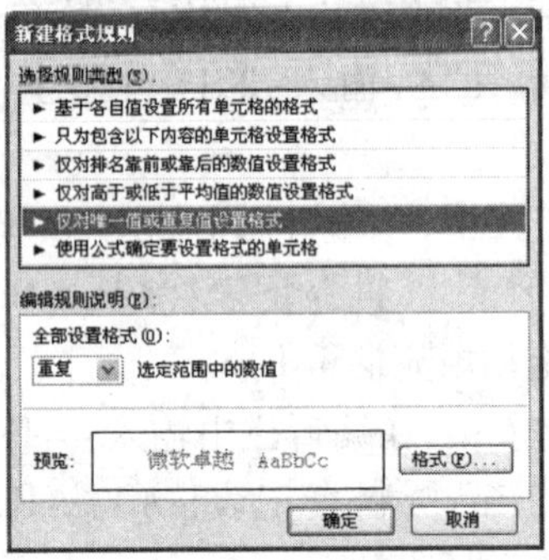

③最终效果如下图所示,此时需要重新输入产品货号。

企业产品库存数量表

2011年3月份

货 号	名 称	型 号	上月库存量	本月入库数量	本月出库数量	本月库存量
DSJ001	电视机	DSJ-1	80	50	65	65
XYJ001	洗衣机	XYJ-1	0	11	5	6
DSJ002	电视机	DSJ-2	10	60	0	70
DBX002	冰箱	DBX-2	0	50	15	35
DSJ001	电视机	DSJ-1	0	50	65	-15
			0	0	0	0
			0	0	0	0
			0	0	0	0

企业折旧金额

在企业的经济决策中,资产折旧是一个重要的项目。下面利用 Excel 2007 函数中特有的资产折旧函数计算折旧金额。

任务实例

1. 打开企业折旧金额表

打开“素材\模块三\运用实例\物流和库存管理实例\企业折旧金额. xlsx”文件,如下图所示。

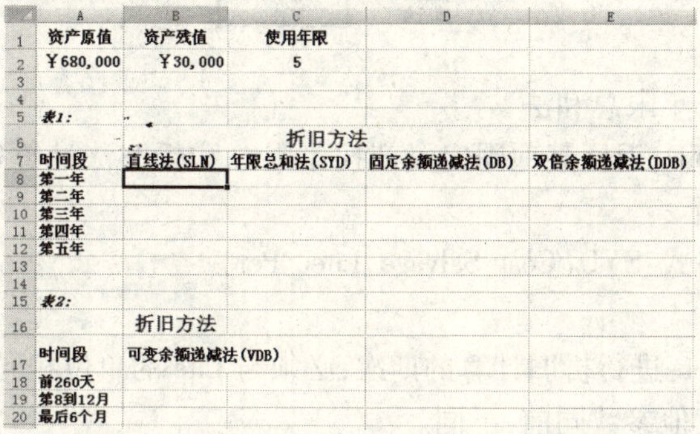

	A	B	C	D	E
1	资产原值	资产残值	使用年限		
2	￥680,000	￥30,000	5		
3					
4					
5	表1:				
6			折旧方法		
7	时间段	直线法(SLN)	年限总和法(SYD)	固定余额递减法(DB)	双倍余额递减法(DDB)
8	第一年				
9	第二年				
10	第三年				
11	第四年				
12	第五年				
13					
14					
15	表2:				
16		折旧方法			
17	时间段	可变余额递减法(VDB)			
18	前260天				
19	第8到12月				
20	最后6个月				

2. 计算资产折旧值

下面主要介绍几种常用财务类函数计算资产折旧值。

• 直线法

SIN:返回固定资产的每期线性折旧费。

格式:SIN(Cost,Salvage,Life)

其中:

Cost:资产原值;

Salvage:固定资产使用年限终了时的估计残值(也称资产残值);

Life:固定资产进行折旧计算的周期总数(也称为资产的使用年限)。

操作步骤如下:

①选中 B8 单元格,单击“公式”→“函数库”组→“插入函数”,弹出“插入函数”对话框。在“选择类别”下拉列表中选择“财务”,在“函数”列表框中选择“SIN”,单击“确定”按钮。

②弹出“函数参数”对话框,值如下图所示。

知识窗

只有当固定资产各期的负荷程度相同,各期应分摊相同的折旧费时,采用直线法计算折旧才是合理的。一旦选定折旧方法后,则不能轻易更改。目前大部分企业采用“直线法”。

相关知识

如果知道 SIN 函数的用法,可直接选中 B8 单元格,在编辑栏中输入“ = SIN(A $2,B $2,C $2)”,然后按“Enter”键确认即可。

知识窗

年限总和法所计算的折旧费随着使用年限的增加而逐渐递减，这样可以保持固定资产使用成本的均衡性和防止固定资产因无损耗而遭受的损失。

友情提示

在 Excel 中，如何让行、列的内容互换？

操作步骤如下：

①选中需要互换的内容，单击"开始"→"剪贴板"组→"复制"。

②选择需要粘贴的单元格，单击"开始"→"剪贴板"组→"粘贴"，在下拉列表中选择"转置"命令即可。

提示：可在"选择性粘贴"对话框中勾选"转置"复选框。

友情提示

按"Ctrl + PageUp"快捷键快速切换到前一张工作表；按"Ctrl + PageDown"组合键切换到后一张工作表。

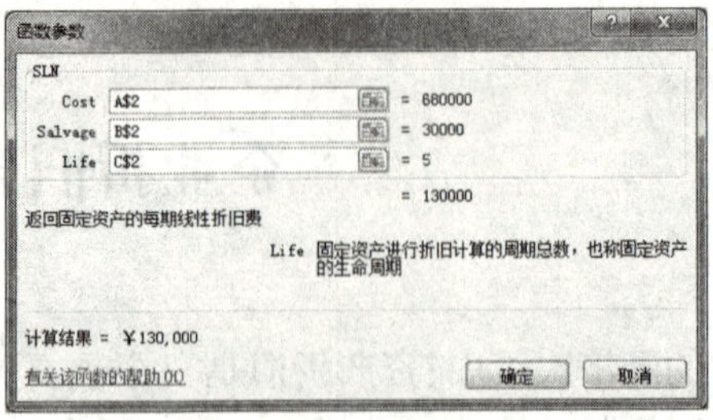

③单击"确定"按钮，得到第一年的折旧金额，利用填充柄填充 B9:B12 区域的值，得到各年的折旧金额，如下图所示。

5	表1:	
6		
7	时间段	直线法(SLN)
8	第一年	￥130,000
9	第二年	￥130,000
10	第三年	￥130,000
11	第四年	￥130,000
12	第五年	￥130,000

• 年限总和法

SYD：返回某项固定资产按年限总和折旧法计算每期折旧金额。

格式：SYD(Cost,Salvage,Life, Per)

其中：

Per：进行折旧计算的期次，必须与 Life 的单位相同。

其他参数同前，下同。

操作步骤如下：

①选中 C8 单元格。

②单击"公式"→"函数库"组→"插入函数"，弹出"插入函数"对话框。在"选择类别"下拉列表中选择"财务"，然后在"函数"列表中选择"SYD"。单击"确定"按钮，弹出"函数参数"对话框，每个参数的设置值如下：

Cost 后的单元格地址区域为：A $2；

Salvage 后的单元格地址区域为：B $2；

Life 后的单元格地址区域为：C $2；

Period 后的单元格输入数字：1。

③单击"确定"按钮后，得出第一年的折旧金额，如下图所示。

5	表1:		
6			折旧方法
7	时间段	直线法(SLN)	年限总和法(SYD)
8	第一年	￥130,000	￥216,667
9	第二年	￥130,000	
10	第三年	￥130,000	
11	第四年	￥130,000	
12	第五年	￥130,000	

④选中 C8 单元格,按“Ctrl + C”快捷键复制。选中 C9 单元格,单击鼠标右键,在弹出的快捷菜单中选择“选择性粘贴”命令,弹出“选择性粘贴”对话框,选择“公式”,单击“确定”按钮,如下图所示。

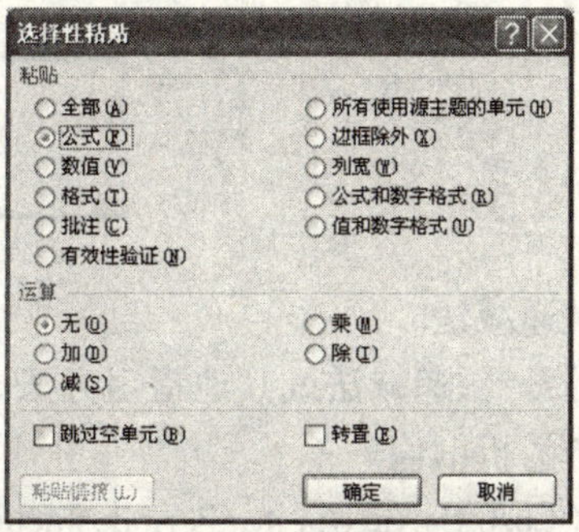

⑤在 C9 单元格对应的编辑栏中的公式,将 Per 的值改为“2”,如下左图所示,按“Enter”键得到第二年的折旧值。

⑥重复④、⑤两步操作,分别将公式中 Per 的值改为 3、4、5,得到 C10:C12 单元格中的数值,计算出第 3 ~ 5 年的折旧金额,如下右图所示。

6			折旧方法
7	时间段	直线法(SLN)	年限总和法(SYD)
8	第一年	¥130,000	¥216,667
9	第二年	¥130,000	=SYD(A$2,B$2,C$2,2
10	第三年	¥130,000	
11	第四年	¥130,000	
12	第五年	¥130,000	

5	表1:		
6			折旧方法
7	时间段	直线法(SLN)	年限总和法(SYD)
8	第一年	¥130,000	¥216,667
9	第二年	¥130,000	¥173,333
10	第三年	¥130,000	¥130,000
11	第四年	¥130,000	¥86,667
12	第五年	¥130,000	¥43,333

- 固定余额递减法

DB:用固定余额递减法返回指定期间内某项固定资产的折旧值。

格式:DB(Cost,Salvage,Life,Period,Month)

其中:

Month:每一年的月份数,默认为 12。

操作步骤如下:

①选中 D8 单元格。

②单击“公式”“函数库”组→“插入函数”,弹出“插入函数”对话框,选择“DB”函数。单击“确定”按钮,弹出“函数参数”对话框,每个参数的设置值如下:

Cost 后的单元格地址区域为:A $2;

Salvage 后的单元格地址区域为:B $2;

Life 后的单元格地址区域为:C $2;

Period 后的单元格输入:Row(A1);

Month 后的文本单元格输入默认值:12。

相关知识

Excel 2007 的功能区中增强了工具提示功能。当将鼠标指向功能区中某按钮上时,在弹出的悬浮窗口中不仅显示该命令的名称,还将提示其详细的功能或使用描述。

如果想要取消智能提示,可在“Excel 选项”对话框的“常用”选项组,在“使用 Excel 时采用的首选项”区域中的“屏幕提示样式”下拉列表中选择:“不在屏幕提示中显示功能说明”或“不显示屏幕提示”即可。

知识窗

固定余额递减法又称为定率递减法,是指用一个固定的折旧率乘以各年年初固定资产账面净值(即折余价值)。固定余额递减法是计算各年折旧额的一种方法。

③单击“确定”按钮后，得出第一年的折旧金额。利用填充柄填充 D9:D12 区域的值，得到其他年份的折旧金额，如下图所示。

5	表1:			
6		折旧方法		
7	时间段	直线法(SLN)	年限总和法(SYD)	固定余额递减法(DB)
8	第一年	¥130,000	¥216,667	¥315,520
9	第二年	¥130,000	¥173,333	¥169,119
10	第三年	¥130,000	¥130,000	¥90,648
11	第四年	¥130,000	¥86,667	¥48,587
12	第五年	¥130,000	¥43,333	¥26,043

知识窗

双倍余额递减法，是用直线法折旧率的2倍作为固定的折旧率乘以逐年递减的固定资产期初净值，得出各年应提折旧额的方法。

双倍余额递减法是一种加速折旧法，是假设固定资产的服务潜力在前期消耗较大，在后期消耗较少。为此，在使用前期多提折旧，后期少提折旧，从而加速折旧。

知识窗

一般情况下，最后两年转为直线法。在残值率较高或没有残值的情况下，不会将最后两年的折旧计算转为直线法。通用的判断标准为：当某一年按直线法计算的折旧额大于等于按双倍余额递减法计算的折旧额时，从这一年开始采用直线法。

• 双倍余额递减法

DDB：用双倍余额递减法或其他指定方法，返回指定期间内某项固定资产的折旧值。

格式：DDB(Cost,Salvage,Life,Period,Factor)

其中：

Factor：余额递减速率，若省略，则采用默认值2(双倍余额递减)。

操作步骤如下：

①选中 E8 单元格。

②单击“公式”→“函数库”组→“插入函数”，弹出“插入函数”对话框，选择“DDB”函数。单击“确定”按钮，弹出“函数参数”对话框，每个参数的设置值如下：

Cost 后的单元格地址区域为：A $2；

Salvage 后的单元格地址区域为：B $2；

Life 后的单元格地址区域为：C $2；

Period 后的文本单元格输入：Row(A1)；

Factor 后的文本单元格输入默认值：2。

③单击“确定”按钮后，得出第一年的折旧金额。利用填充柄，填充 A9:A10 区域，得出前3年每年的折旧金额，如下图所示。

5	表1:				
6			折旧方法		
7	时间段	直线法(SLN)	年限总和法(SYD)	固定余额递减法(DB)	双倍余额递减法(DDB)
8	第一年	¥130,000	¥216,667	¥315,520	¥272,000
9	第二年	¥130,000	¥173,333	¥169,119	¥163,200
10	第三年	¥130,000	¥130,000	¥90,648	¥97,920
11	第四年	¥130,000	¥86,667	¥48,587	
12	第五年	¥130,000	¥43,333	¥26,043	

④用直线法计算第4、5年的折旧金额。

选中 E11 单元格，插入函数“SLN”，函数参数设置如下：

Cost 后的文本单元格区域为：A $2 - E $8 - E $9 - E $10(表示固定资产减去1、2、3年折旧值后的余额)；

Salvage 后的单元格地址区域为：B $2；

Life 后的单元格地址区域为：C $2 - 3（也可为数字“2”，表示剩下的两年）。

⑤单击“确定”按钮后，得出第 4 年的折旧金额。再用填充柄显示出第 5 年的折旧金额，如下图所示。

5	*表1：*				
6		折旧方法			
7	时间段	直线法（SLN）	年限总和法（SYD）	固定余额递减法（DB）	双倍余额递减法（DDB）
8	第一年	￥130,000	￥216,667	￥315,520	￥272,000
9	第二年	￥130,000	￥173,333	￥169,119	￥163,200
10	第三年	￥130,000	￥130,000	￥90,648	￥97,920
11	第四年	￥130,000	￥86,667	￥48,587	￥58,440
12	第五年	￥130,000	￥43,333	￥26,043	￥58,440

• 可变余额递减法

VDB：返回某项固定资产用余额递减法或其他指定方法计算的特定及部分时期的折旧金额。

格式：VDB（Cost，Salvage，Life，Start_period，End_period，Factor，No_switch）

其中：

Start_period：进行折旧计算的开始期次，必须与 Life 的单位相同。

End_period：进行折旧计算的结束期次，必须与 Life、Start_period 的单位相同（包括年、月、天）。

Factor：余额递减速率。如果被省略，则假设为 2（双倍余额递减法）。如果不想使用双倍余额递减法，可改变参数 Factor 的值。

No_switch：逻辑值，指定当折旧额超出用余额递减法计算的水平时，是否转换成直线折旧法。

操作步骤如下：

①选中 B18 单元格。

②单击“公式”→“函数库”组→“插入函数”，弹出“插入函数”对话框，选择“VDB”函数。单击“确定”按钮，弹出“函数参数”对话框，每个参数的设置值如下：

Cost 后的单元格地址区域为：A $2；

Salvage 后的单元格地址区域为：B $2；

Life 后的单元格地址区域为：C $2 * 365（转换为相同单位“天”）；

Start_period：1（指的是从第 1 天开始计算）；

End_period：260（指的是第 260 天结束）；

Factor 后的文本单元格输入：2（也可不输入，默认为 2）；

知识窗

可变余额递减法是指以不同倍率的余额递减速率，计算一个时期内折旧额的方法。双倍余额递减法是其中的一个特例。

想一想

观察下图的“总计”行，为什么固定余额递减法5年的折旧总金额与其他折旧方法计算的折旧总金额不相等？

友情提示

按“Ctrl +9”快捷键，可隐藏选中单元格或区域所在的行。

按“Ctrl +0”快捷键，可隐藏选中单元格或区域所在的列。

友情提示

单击“视图”→“工作簿视图”组→“全屏显示”，可以让屏幕上的工作空间变大。

单击“确定”按钮，计算结果如下图所示。

5	表1:				
6			折旧方法		
7	时间段	直线法(SLN)	年限总和法(SYD)	固定余额递减法(DB)	双倍余额递减法(DDB)
8	第一年	￥130,000	￥216,667	￥315,520	￥272,000
9	第二年	￥130,000	￥173,333	￥169,119	￥163,200
10	第三年	￥130,000	￥130,000	￥90,648	￥97,920
11	第四年	￥130,000	￥86,667	￥48,587	￥58,440
12	第五年	￥130,000	￥43,333	￥26,043	￥58,440
13	总 计	￥650,000	￥650,000	￥649,916	￥650,000

③选中B19单元格，插入函数“VDB”，在弹出的“函数参数”对话框中每个参数的设置值如下：

Cost 后的单元格地址区域为：A $2；

Salvage 后的单元格地址区域为：B $2；

Life 后的单元格地址区域为：C $2 * 12（转换为相同单位“月”）

Start_period：8（指从第8月开始计算）；

End_period ：12（指第12月结束）；

Factor 后的文本单元格输入：2

单击“确定”按钮，计算结果如下图所示。

④选中B20单元格，插入函数“VDB”，在弹出的“函数参数”对话框中每个参数的设置值如下：

Cost 后的单元格地址区域为：A $2；

Salvage 后的单元格地址区域为：B $2；

Life 后的单元格地址区域为：C $2 * 12（转换为相同单位“月”）；

Start_period：C $2 * 12 -6；

End_period：C $2 * 12；

Factor 后的文本单元格输入：0；

单击“确定”按钮，计算结果如下图所示。

15	表2:	
16		折旧方法
17	时间段	可变余额递减法(VDB)
18	前260天	￥167,929.97
19	第8到12月	￥65,748.92
20	最后6个月	￥65,000.00

企业借用表

在库房管理工作中,每天都有设备借出和归还,工作量大,也易出现遗漏。下面学习利用 Excel 2007 建立一个“企业借用表”,通过设置闹钟自动提醒哪些设备到期应归还了。从中你可体会到 Excel 2007 在物流管理方面的强大功能。

任务实施

1. 打开企业借用表

打开“素材\模块三\运用实例\物流和库存管理实例\企业借用表. xlsx”文件,其字段信息如下图所示。

企业设备借用表

	设备编号	借用设备名称	型号规格	单　价	借用人签名	借用人电话	借出人签名	借用日期	归还日期	实际归还日期	提示栏	距离归还日期还差几天	备注
3	A001	数控车床	YH-112	￥50,000	李兵	0755-82439768	王明	2007-1-1	2008-1-1	2011-1-1			
4	A002	数控车床	YH-11	￥12,000	李兵	0755-82439768	王明	2007-1-2	2008-1-2	2011-1-1			
5	A003	数控车床	AW-01	￥25,000	王一伍	021-65451122	王明	2009-1-1	2009-6-1	2011-6-2			
6	A004	数控车床	AW-02	￥30,000	李兵	0755-82439768	王明	2009-1-2	2009-5-25	2011-5-25			
7	A005	数控车床	CC-01	￥14,000	李兵	0755-82439768	王明	2009-1-3	2009-5-26	2011-5-26			
8	A006	数控车床	CC-02	￥20,000	左林	023-67110088	王明	2009-3-1	2009-6-2				
9	A007	数控车床	CC-03	￥21,000	左林	023-67110088	王明	2009-4-1	2009-6-5				
10	A008	数控车床	CC-04	￥10,000	李兵	0755-82439768	王明	2009-4-1	2009-6-4				
11	A009	数控车床	CC-04	￥10,000	曹明	0755-24592888	王明	2009-5-2	2009-6-7				
12	A010	数控车床	CC-04	￥10,000	曹明	0755-24592888	王明	2009-5-15	2010-2-1				
13	A011	数控车床	YH-11	￥12,000	曹明	0755-24592888	王明	2009-5-15	2010-5-10				

2. 设置闹钟提示

在距离归还日期的前一周可设置闹钟提醒,以提醒借方对借用设备的归还时间,操作如下:

①选中 K3 单元格,在编辑栏中输入: = If(J3 >0,"",If(I3 - Today() <=7,"电话提醒","")),按“Enter”键确认,拖动填充柄至 K22。

②选中 K 列,单击“开始”→“样式”组→“条件格式”,在下拉列表中选择“新建规则”命令,弹出“新建格式规则”对话框,如下图所示。在列表中选择“使用公式确定要设置格式的单元格”,并在“编辑规则说明”框中输入公式: = (Today() - I3) <=7,单击“格式”按钮,将字体颜色设置为红色。

相关知识

在一个 Excel 工作表中,通常会包含多种类型的数据,如文本、数值、公式等。有时我们需要从中选取某种类型的数据,如何快速准确地选中呢? 可以使用“定位条件”命令实现,具体操作步骤如下:

①单击“开始”→“查找和选择”,在下拉列表中选择“定位条件”命令,弹出“定位条件”对话框。

②选择“常量”单选项,选中需要的类型数据复选框,然后单击“确定”按钮即可。

友情提示

若要记录每个借用人所在的单位,即可对该借用人的单元格添加批注。

方法:单击“审阅”→“批注”组→“新建批注”。

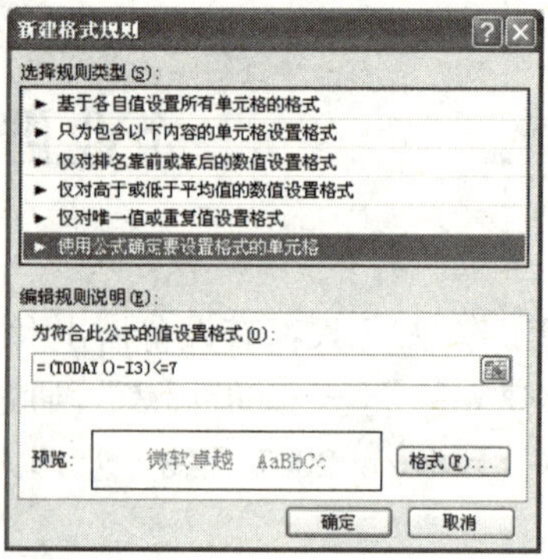

③选中 L3 单元格，在编辑栏中输入：=If(And(I3－Today()<=7,I3－Today()>0),"还有"&I3－TODAY()&"天到期","")，按“Enter”键确认。拖动填充柄至 L22，最终效果如下图所示。

1	企业设备借用表											
2	设备编号	借用设备名称	型号规格	单 价	借用人签名	借用人电话	借出人签名	借用日期	归还日期	实际归还日期	提示栏	距离归还日期还差几天	备注
3	A001	数控车床	YH-112	¥50,000	李兵	0755-82439768	王明	2007-1-1	2008-1-1	2011-1-1			
4	A002	数控车床	YH-11	¥12,000	李兵	0755-82439768	王明	2007-1-2	2008-1-2	2011-1-1			
5	A003	数控车床	AW-01	¥25,000	王一伍	021-65451122	王明	2009-1-1	2009-6-1	2011-6-2			
6	A004	数控车床	AW-02	¥30,000	李兵	0755-82439768	王明	2009-1-2	2009-5-25	2011-5-25			
7	A005	数控车床	CC-01	¥14,000	李兵	0755-82439768	王明	2009-1-3	2009-5-26	2011-5-26			
8	A006	数控车床	CC-02	¥20,000	左林	023-67110088	王明	2009-3-1	2009-6-2		电话提醒		
9	A007	数控车床	CC-03	¥21,000	左林	023-67110088	王明	2009-4-1	2009-6-5		电话提醒	还有2天到期	
10	A008	数控车床	CC-04	¥10,000	李兵	0755-82439768	王明	2009-4-1	2009-6-4		电话提醒	还有1天到期	
11	A009	数控车床	CC-04	¥10,000	曹明	0755-24592888	王明	2009-5-2	2009-6-7		电话提醒	还有4天到期	
12	A010	数控车床	CC-04	¥10,000	曹明	0755-24592888	王明	2009-5-15	2010-2-1				
13	A011	数控车床	YH-11	¥12,000	曹明	0755-24592888	王明	2009-5-15	2010-5-10				
14											电话提醒		
15											电话提醒		
16											电话提醒		
17											电话提醒		
18											电话提醒		
19											电话提醒		
20											电话提醒		
21											电话提醒		
22											电话提醒		

相关知识

输入姓名时，为了让“姓名”字段格式整齐，一般在两个字的姓名中按空格，这方法较繁琐。有一种简便的方法可以达到这一效果：姓名输入后，选中该列，单击“开始”→“对齐方式”组→“对话框启动器”，弹出“设置单元格格式”对话框。选择“对齐”选项卡，将“文本对齐方式”的“水平对齐”“垂直对齐”都选择为“分散对齐”，然后将列宽调整到最合适的宽度即可。

相关知识

数据行数、列数特别多时，希望无论将 Excel 电子表格滚动到哪里都能看到列标题。

方法：单击“视图”→“窗口”组→“冻结窗格”，在弹出的下拉列表中选择“冻结首行”或“冻结首列”。

学习评价

一、填空题

1. Excel 主窗口由________、________、________、________、________、________、________、________组成。

2. 在 Excel 2007 中，其视图方式分为普通视图和________视图。

3. Excel 2007 可使用________组合键关闭工作簿。

4. Excel 最常用的数据管理功能包括排序、筛选和________。在进行分类汇总前必须对分类字段进行________。

5. 数据筛选的方法有________和________两种。

6. 数据透视表是一种__________式报表。在数据透视表字段列表框中，显示了报表筛选、行标签、__________、__________ 4 个范围选项。

7. 在 Excel 2007 中，单击“审阅”选项卡中的__________按钮，在弹出的__________对话框中进行设置，可以对工作表进行保护。

8. 设置了“语音属性”后，单击“Office”按钮，再选择__________按钮，在弹出的对话框中进行相关设置。

二、单选题

1. Excel 2007 文件扩展名为(　　)。

A. . xlsx　　B. . xlt　　C. . xls　　D. . xlp

2. 在下面的选项中，错误的是(　　)。

A. Excel 2007 不具有数据库管理能力

B. Excel 2007 具有报表编辑、图表处理、连接及合并等能力

C. 在 Excel 2007 中可以利用宏观功能简化操作

D. Excel 2007 具有强大的数据分析功能

3. 在 Excel 数据表中，按某一字段内容进行归类，并对每一类做出统计的操作是(　　)。

A. 排序　　B. 分类汇总　　C. 筛选　　D. 记录处理

4. 取消分类汇总的操作方法是(　　)。

A. 在分类汇总对话框中单击“全部删除”按钮　　B. 执行“编辑/删除”命令

C. 按“Del”键　　D. 以上都不可以

5. 在分类汇总时，下列不属于汇总方式的运算是(　　)。

A. 计数　　B. 平均值　　C. 等比　　D. 最小值

6. 在 Excel 2007 中，数据筛选是指(　　)。

A. 将不感兴趣的记录暂时隐藏起来，只显示满足条件的记录

B. 将不满足条件的记录删除

C. 将满足条件的记录保存到另一个文件中

D. 将满足条件的记录保存到另一个工作表中

7. 在 Excel 2007 中，高级筛选的条件区域在(　　)。

A. 数据表区域的左面　　B. 数据表区域的下面

C. 数据表区域的后面　　D. 以上均可

8. 隐藏数据透视表的快捷键是(　　)。

A. Ctrl + 减号　　B. Ctrl + 加号　　C. Shift + 加号　　D. Shift + 减号

三、上机练习题

1. 上机练习 1

①创建下表所示的数据表。

企业第一季度电器销售情况表

月份	销售时间	电器名称	销售数量	单价	金额/元
1月	2号	电视机	5	2 000	10 000
1月	2号	洗衣机	2	1 800	3 600
1月	5号	冰箱	8	2 200	17 600
1月	10号	洗衣机	15	1 800	27 000
1月	13号	洗衣机	7	1 800	12 600
1月	20号	冰箱	5	2 200	11 000
1月	20号	电视机	16	2 000	32 000
2月	1号	电视机	3	2 000	6 000
2月	5号	冰箱	5	2 200	11 000
2月	17号	电视机	20	2 000	40 000
2月	20号	冰箱	11	2 200	24 200
2月	20号	电视机	10	2 000	20 000
2月	26号	冰箱	14	2 200	30 800
2月	26号	洗衣机	9	1 800	16 200
3月	1号	电视机	15	2 000	30 000
3月	1号	洗衣机	20	1 800	36 000
3月	3号	冰箱	8	2 200	17 600
3月	4号	洗衣机	20	1 800	36 000
3月	4号	洗衣机	18	1 800	32 400
3月	18号	冰箱	5	2 200	11 000
3月	21号	电视机	6	2 000	12 000
3月	21号	洗衣机	17	1 800	30 600

②计算金额。

③利用条件格式，将数据表隔行着色。

④创建嵌套分类汇总，以月份和电器名称为分类字段，以金额为汇总项进行求和分类汇总，如下图所示。

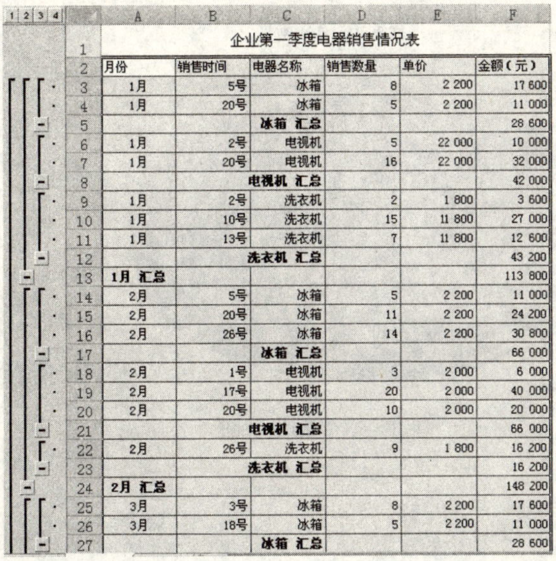

企业第一季度电器销售情况表

月份	销售时间	电器名称	销售数量	单价	金额(元)
1月	5号	冰箱	8	2 200	17 600
1月	20号	冰箱	5	2 200	11 000
		冰箱 汇总			28 600
1月	2号	电视机	5	22 000	10 000
1月	20号	电视机	16	22 000	32 000
		电视机 汇总			42 000
1月	2号	洗衣机	2	1 800	3 600
1月	10号	洗衣机	15	11 800	27 000
1月	13号	洗衣机	7	11 800	12 600
		洗衣机 汇总			43 200
1月 汇总					113 800
2月	5号	冰箱	5	2 200	11 000
2月	20号	冰箱	11	2 200	24 200
2月	26号	冰箱	14	2 200	30 800
		冰箱 汇总			66 000
2月	1号	电视机	3	2 000	6 000
2月	17号	电视机	20	2 000	40 000
2月	20号	电视机	10	2 000	20 000
		电视机 汇总			66 000
2月	26号	洗衣机	9	1 800	16 200
		洗衣机 汇总			16 200
2月 汇总					148 200
3月	3号	冰箱	8	2 200	17 600
3月	18号	冰箱	5	2 200	11 000
		冰箱 汇总			28 600

⑤用数字签名对文档进行保护。

2. 上机练习 2

①创建下表所示的数据表。

企业服装销售情况表

产品名称	品牌	销售数量	单价/元	销售额/元
女士上衣	恋衣	450	200	90 000
女士大衣	恋衣	400	800	320 000
连衣裙	恋衣	600	500	300 000
短裙	恋衣	120	300	36 000
女士上衣	衣库	600	200	120 000
女士大衣	衣库	400	800	320 000
连衣裙	衣库	100	500	50 000
短裙	衣库	98	300	29 400

②以“产品名称”和“品牌”作为行标签,以“销售数量”和“销售额”作为求和项,建立数据透视表。

③将数据透视表移动至 Sheet 2 的 A1 单元格。

④显示数据透视表的经典布局,从而设置数据透视表的格式。

⑤为数据透视表建立一个如下图所示的数据透视图。

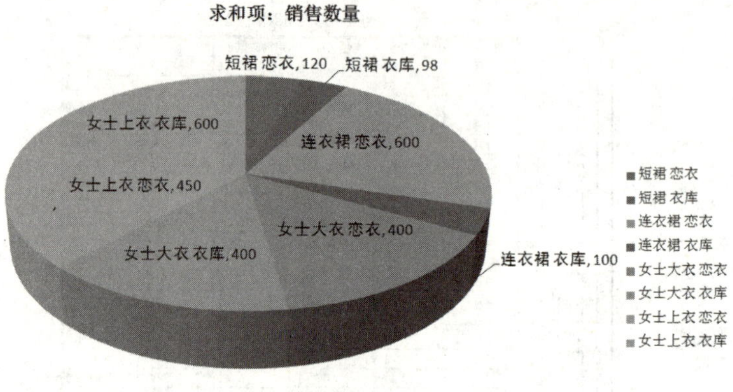

数据透视图

3. 上机练习 3

①创建下表所示的数据表。

企业上半年汽车销售业绩表

	销售团队及数量		
销售时间	第一小组	第二小组	第三小组
一月	1 000	4 855	7 522
二月	666	4 566	1 000
三月	783	1 886	2 000
四月	1 265	6 900	6 520
五月	3 000	4 500	4 000
六月	4 568	9 852	2 000

②根据相关数据建立柱形图，插入 3 个单选按钮控件，让其与图有对应关系，如下图所示。

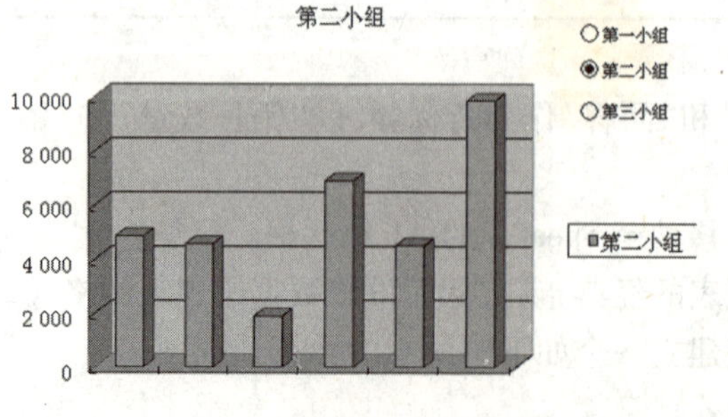

柱形图

模块四 Mokuaisi

Access 数据库管理实例

Access 2007 是 Office 2007 软件的组件之一,是常用的关系型数据库管理系统,通过它可以实现高效的数据管理。本模块将通过对云骏数码有限公司数据表的建立以及一些具体实例的学习,从而达到熟练使用 Access 2007 进行数据管理的目的。

本模块应达到的目标:

- 会在 Access 2007 中创建数据库和表
- 会在 Access 2007 中设置主键和索引
- 会在 Access 2007 中建立表间关系
- 会在 Access 2007 中创建查询
- 会在 Access 2007 中创建窗体
- 会在 Access 2007 中创建报表

任务一　了解 Access 2007 工作界面

任务概述

本任务从启动 Access 2007 系统入手，认识其窗口界面及 Access 2007 数据库中的各类对象。

任务实施

1. 认识 Access 2007 工作界面

启动 Access 2007，其工作界面如下图所示。

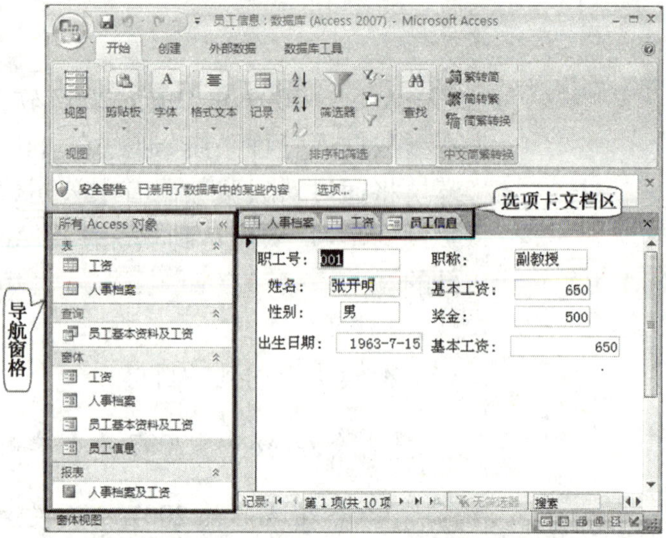

● 导航窗格　在 Access 2007 中打开或创建新数据库时，导航窗格中将显示数据库中各对象的名称，双击某个对象便可在其右侧的选项卡文档区中显示该对象的内容。

● 选项卡文档区　在 Access 2007 中打开数据库文件时，双击导航窗格中的某个对象，会在选项卡文档区中出现该对象窗口的选项卡。单击相应选项卡，打开相应对象窗口。在某个选项卡名称栏上单击鼠标右键，在弹出的快捷菜单中选择相应命令可对该对象进行保存、关闭和视图切换等操作；单击选项卡右侧的关闭按钮可以关闭当前选项卡。

2. 认识 Access 2007 中的对象

数据库是存储在计算机中，可以共享的信息文件，建立和管理数据库文件都是用专门的软件来实现，这类软件称为数据库管理系统，简称 DBMS。Access 2007 就是一种数据库

相关知识

Access 是微软公司 Office 的重要组件之一。Access 以其强大的功能，具有与 Word、Excel 和 PowerPoint 等相同的操作界面和使用环境，吸引着众多的用户，是当今流行的数据库软件之一。

Access 数据库属于关系型数据库，使用 Microsoft Access 不需要进行复杂的编程，利用所提供的向导、一些图形化的界面及工具就能够完成数据库管理系统的设计与实现。

当然，人们也可以在 Access 数据库管理系统环境下编写相应的应用程序，Access 2007 具有良好的支持二次开发的特性。

友情提示

如果打开 Access 2007 之前版本的数据库文件，则 Access 2007 不会以选项卡方式显示打开的对象，而是以多个窗口相互重叠的形式进行显示。

管理系统。Access 2007 以表、查询、窗体、报表等对象来组织和管理数据库中的数据。

• 表　表是 Access 中存储数据的基础对象，如下图所示，类似于日常生活中的表格，把相关的数据存储在一张二维表格中。表中的每一列称字段，除标题之外的每一行称为记录，每条记录由字段的值构成。

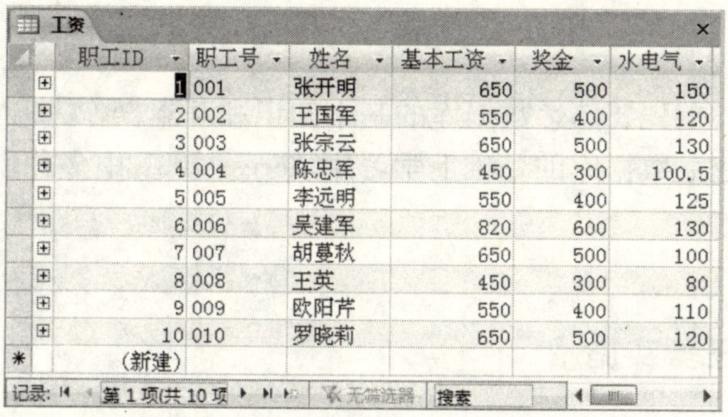

工资

职工ID	职工号	姓名	基本工资	奖金	水电气
1	001	张开明	650	500	150
2	002	王国军	550	400	120
3	003	张宗云	650	500	130
4	004	陈忠军	450	300	100.5
5	005	李远明	550	400	125
6	006	吴建军	820	600	130
7	007	胡慕秋	650	500	100
8	008	王英	450	300	80
9	009	欧阳芹	550	400	110
10	010	罗晓莉	650	500	120
(新建)					

记录: 第 1 项(共 10 项　无筛选器　搜索

• 查询　查询是指根据用户设定的条件在一个或多个表中提取符合条件的信息。通过查询可以很方便地找到需要的信息，从而修改、添加或删除数据库中的信息。

• 窗体　窗体是用于在数据库中输入、查看、添加或更新数据的一种对象，如下图所示。在窗体中通过添加控件，可以设计不同风格的操作界面。

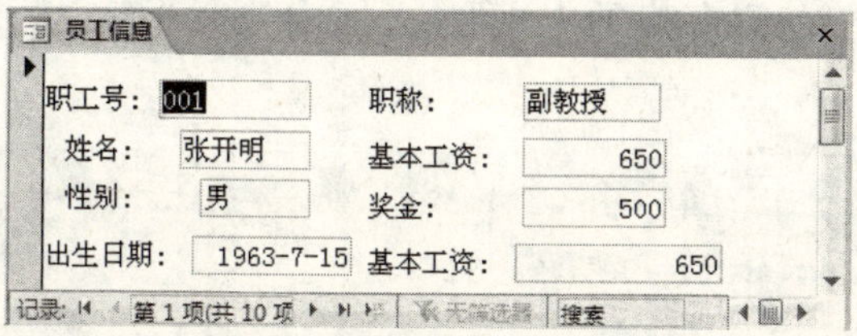

• 报表　报表是一种将数据库中的数据以表格的方式呈现出来，它可以实现统计，也可以打印出来。

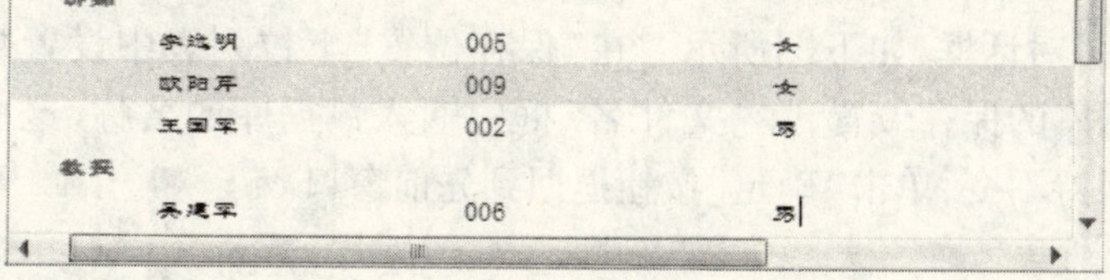

友情提示

单击导航窗格右上角的下拉按钮，在弹出的下拉列表中可以选择对象的不同浏览方式。

Access 2007 数据库的文件扩展名为 .accdb，之前低版本的 Access 数据库文件扩展名为 .mdb。

试一试

使用多种方法启动和退出 Access 2007，并熟悉其界面组成。

想一想

如何安装 Access 2007？

任务二 创建“员工信息”数据库和“人事档案”表——创建数据库及表

任务概述

要使用 Access 2007 管理数据，首先要熟悉数据库的基本知识和基本操作，即创建和使用数据库的方法。本任务将在建立数据库的基础上学习用 Access 2007 中多种创建表的方法。

相关知识

如果计算机连接到 Internet，创建数据库时可以选择“来自 Microsoft Office Online”栏中的选项，通过网络下载更多的模板。

Access 记录是储存在数据表中，一个数据库可以拥有多个数据表。换句话说，我们需要先建立数据库，才能创建用于储存记录的数据表。

任务实施

1. 创建数据库

在 Access 2007 中，创建数据库时可以先创建空数据库，再创建库中的对象；也可根据模板创建数据库，在向导的指引下向数据库添加所需的表、查询、窗体、报表等对象。

下面将根据“联系人”模板创建一个“客户”数据库：

①启动 Access 2007，在左侧窗格选择“本地模板”选项。

②在中间窗格的“本地模板”列表中选择“联系人”选项。

③在右侧窗格的“文件名”框中输入“客户”，如下图所示。

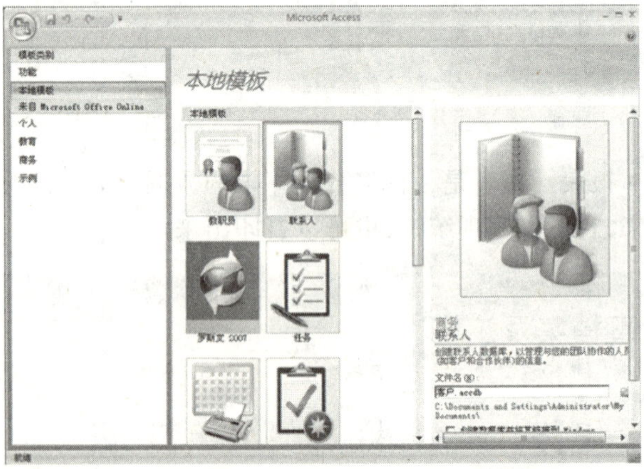

④单击“文件名”框右侧的 按钮，打开“文件新建数据库”对话框，如下图所示。在“保存位置”下拉列表中设置数据库的保存位置，在“文件名”框中输入数据库的名称，这里保持不变，单击“确定”按钮返回到先前窗口。

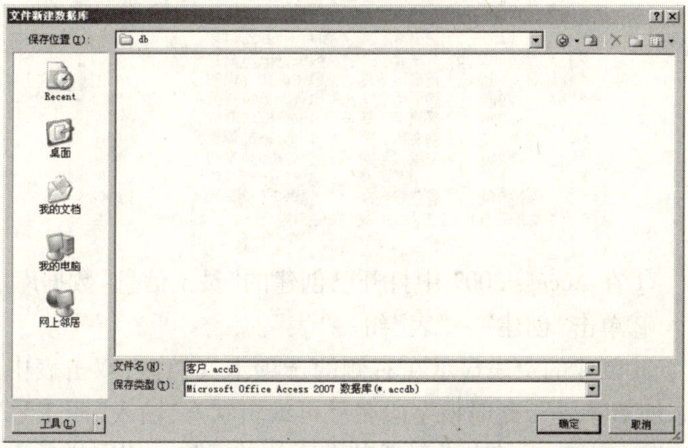

⑤单击“创建”按钮即可新建数据库,如下图所示。

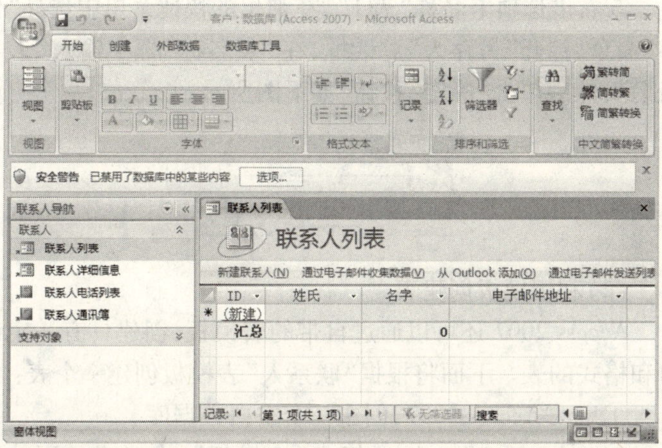

2. 打开数据库

单击 Access 2007 的“Office”按钮,在弹出的菜单中选择“打开”命令,在弹出的“打开”对话框中选择需要打开的数据库文件即可。

3. 创建表

(1)创建空表并输入数据

单击“创建”→“表”组→“表”即可创建表。在表中输入数据的方法与在 Excel 的单元格中输入数据的方法相似。

在“员工信息”数据库中新建一个“人事档案”表,并在表中输入员工信息,如下图所示。操作步骤如下:

试一试

①观察左图可知,Access 2007 数据库的文件扩展名为______。

②试用 Access 2003 创建一个空数据库,观察其文件的扩展名。

③创建一个名为“员工信息”的空数据库。

相关知识

用于输入表中数据的窗口称为“数据表视图”,是 Access 2007 中数据表的默认显示方式。当切换到其他视图时,系统将自动提示用户保存表。

单击“创建”→“表”组→“表设计”,打开表设计视图。在其中可输入和编辑表中的字段名,也可以定义字段的数据类型。

在 Access 2007 中打开一个数据库文件,会自动关闭之前已打开的数据库。

如果要打开多个 Access 数据库窗口,则需要再次启动 Access 2007,用“打开”命令打开其他数据库文件。

相关知识

表是 Access 数据库中用来存储数据的对象，它是整个数据库系统的记录源，也是数据库其他对象的基础。

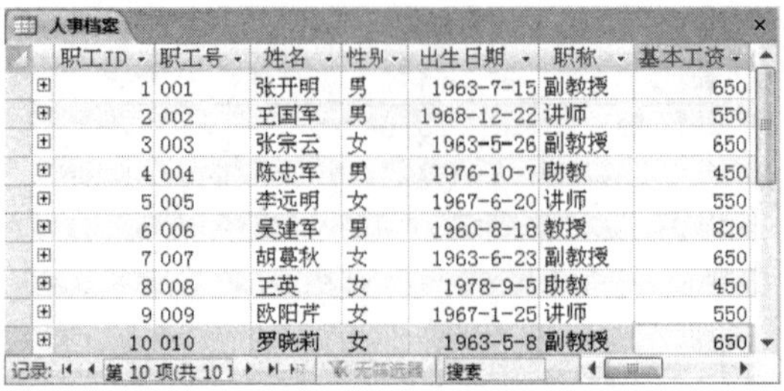

职工ID	职工号	姓名	性别	出生日期	职称	基本工资
1	001	张开明	男	1963-7-15	副教授	650
2	002	王国军	男	1968-12-22	讲师	550
3	003	张宗云	女	1963-5-26	副教授	650
4	004	陈忠军	男	1976-10-7	助教	450
5	005	李远明	女	1967-6-20	讲师	550
6	006	吴建军	男	1960-8-18	教授	820
7	007	胡慕秋	女	1963-6-23	副教授	650
8	008	王英	女	1978-9-5	助教	450
9	009	欧阳芹	女	1967-1-25	讲师	550
10	010	罗晓莉	女	1963-5-8	副教授	650

①在 Access 2007 中打开已创建的“员工信息”数据库。

②单击“创建”→“表”组→“表”。

③创建的空表显示在右侧的选项卡文档区，双击表中的“添加新字段”，此时该字段名呈可编辑状态，输入“职工号”，按“Enter”键，系统自动激活其右边的单元格。用同样的方法输入“姓名”“性别”“出生日期”“职称”和“基本工资”字段，同时将系统产生的“ID”字段更名为“职工 ID”。

相关知识

系统自动产生的 ID 字段，其数据类型为“自动编号”，输入记录时自动生成记录的编号，用户不能编辑修改。当删除记录时，被删除的编号不能再使用。

④输入如上图所示的员工信息。

⑤右击选项卡名称“表 1”，在弹出的快捷菜单中选择“保存”命令，打开“另存为”对话框，在“表名称”框中输入“人事档案”，然后单击“确定”按钮，如下图所示。

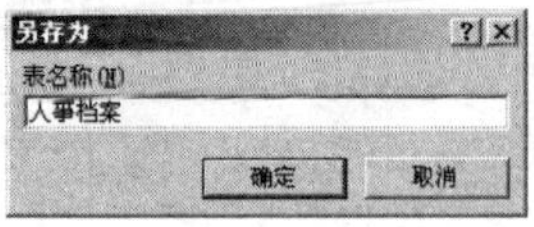

(2)利用模板创建表

Access 2007 还可以通过自带的表模板，创建具有一定结构和格式的表。下面将根据“联系人”表模板创建一个表：

①启动 Access 2007，创建一个空白数据库。

②单击“创建”→“表”组→“表模板”，在弹出的下拉列表中选择“联系人”。

③系统将根据选择的模板自动创建一个包含字段的表。

(3)编辑修改表

创建表并在其中输入记录后，可以根据实际情况对其进行编辑修改。

试一试

在“员工信息”数据库中创建“工资”表。使用任务一数据表中的数据。

- 添加记录：打开表后，单击底部一行，直接添加记录。
- 删除记录：单击要删除记录的最左侧选择框后，按“Del”键，或使用快捷菜单，在打开的提示框中单击“是”按钮即可删除记录。被删除的记录无法恢复。
- 添加、删除字段：表中的字段可根据实际情况进行增删。在数据表视图中右击列上方的字段名称，使用快捷菜单命令可完成操作，如下图所示。

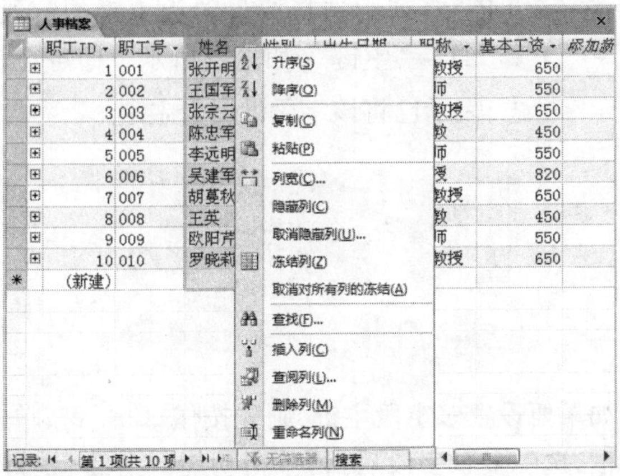

4. 主键和索引

(1)主键的分类

• 自动编号主键　创建表并定义好字段后，系统将自动编号字段设置为主键，当在表中添加记录时，自动编号字段将自动产生相应的数字编号；当删除其中部分记录后，对应的自动编号不会再使用，新增的记录始终以最大值加 1 编号。如下图所示，商品 ID 就是一个自动编号主键。

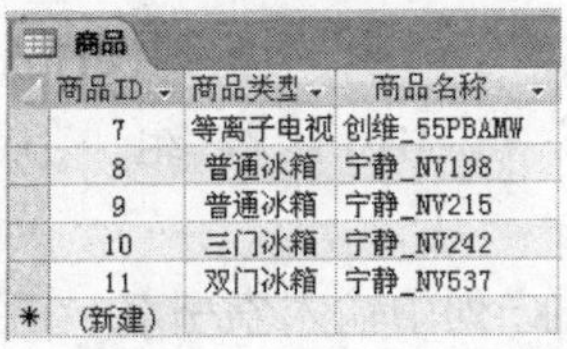

• 单字段主键　如果某字段的值没有重复值，可以将其设置为主键。如果选择的字段有重复值或 Null(空)值，则不能将其设置为主键。

• 多字段主键　如果一个字段的值不是唯一的，可用多个字段的组合来作为主键，只要组合的字段值不重复即可。如在学生的"选课"表中，"学号"和"课程号"都可以重复，则可以将"学号"和"课程号"组合起来作为主键，一个学号和课程号的组合则可以表示一种选课。多字段主键常用于多表关联时，这里不再详述。

(2)设置主键

创建表时，系统会自动产生一个类型为自动编号的 ID 字段，并设置为主键，也可以在表设计视图中自定义主键。其操作步骤如下：

①打开要设置主健的表，单击窗口状态栏右侧的"设计视图"按钮，切换到表设计视图。

相关知识

主键是一个字段或字段的组合，用以标识表中不同的记录。主键的值不允许出现重复，就像身份证号一样，即一个主键值也只能对应一条记录。

索引是一种排序机制，可以加速检索、查找记录的速度。索引可以设置是否允许重复值，分为普通索引和唯一索引。

试一试

在"员工信息"数据库中分别将"人事档案"和"工资"表中的"职工 ID"字段设置为主键。

友情提示

用户可以删除所有表中的主键，但这样不利于建立表间关系，不方便管理表中的记录。

试一试

在“员工信息”数据库中，分别为“人事档案”表和“工资”表的“姓名”字段设置普通索引，索引名为“XM”。

②在“字段名称”列中选择要设置为主键的字段，单击“设计”→“工具”组→“主键”，如下图所示。即可在该字段左侧显示标志，表示已将该字段设置为主键。

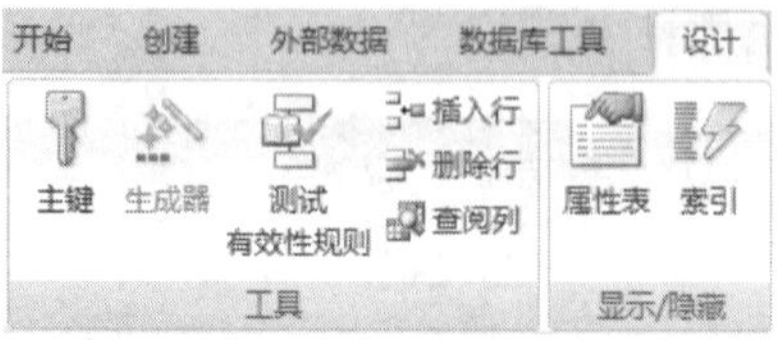

③如果要设置多字段主键，则先按住“Ctrl”键，单击行首的选择框，选中多个字段后，再单击功能区中的“主键”按钮即可。

(3)取消主键

在表设计视图中，选择已设置为主键的字段，再单击工具栏中的“主键”按钮即可删除主键。将其他字段设置为主键时，也可自动删除先前的主键。

(4)创建索引

在 Access 中为了快速查找记录，可以为单个字段或字段组合创建索引。其操作步骤如下：

①打开要创建索引的表，切换到设计视图。

②单击“设计”→“显示/隐藏”组→“索引”按钮，打开“索引”对话框。

③在“索引名称”列中输入索引名，在字段名称列中选择要创建索引的字段，如下图所示。

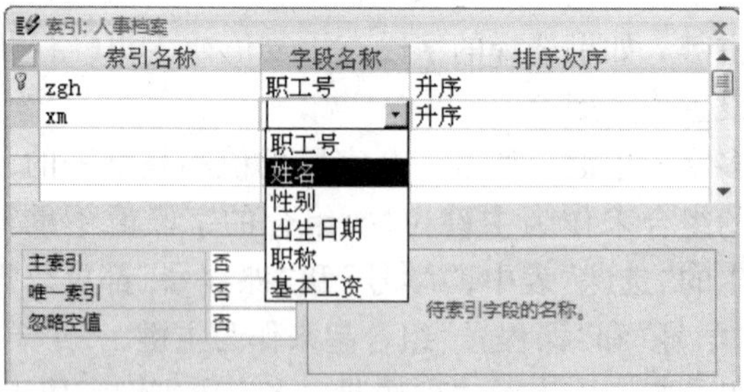

④在“排序次序”中选择升序或降序，默认为升序。

⑤在“索引属性”栏中选择主索引、唯一索引或忽略空值。

⑥单击“关闭”按钮，完成索引的设置。

任务三 创建“员工基本资料及工资”查询——创建查询

任务概述

本任务以实现从员工信息数据库的“人事档案”和“工资”表中查询出员工基本资料及工资信息来展示 Access 2007 的创建查询功能。

任务实施

1. 建立表间关系

在 Access 2007 中利用多个表建立查询、窗体和报表前，首先要建立表间关系。表间关系按照记录的对应情况可分为一对一关系、一对多关系和多对多关系。

- 一对一关系　这是指表 A 中记录与表 B 中记录是一一对应的关系
- 一对多关系　这是指表 A 中的一条记录与表 B 中多条记录对应
- 多对多关系　这是指表 A 中的一条记录与表 B 中多条记录对应，同时表 B 中一条记录与也表 A 中多条记录对应。

创建表间关系需在“关系”窗口中进行，为“人事档案”和“工资”表按“职工 ID”建立表间关系，操作步骤如下：

①打开“员工信息”数据库，单击“数据库工具”→“显示/隐藏”组→“关系”按钮，弹出“关系”窗口和“显示表”对话框。

②在“显示表”对话框中，选择“人事档案”和“工资”表，然后单击“添加”按钮，将表添加到“关系”窗口中，完成后单击“关闭”按钮，如下图所示。

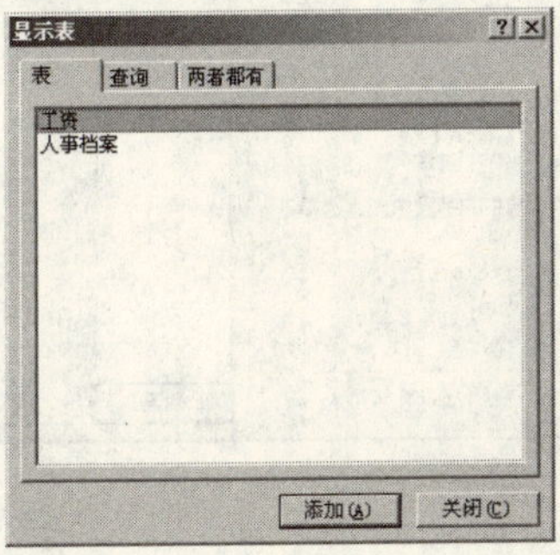

相关知识

Access 中的查询可以实现对一个数据库中的一个表或多个表中存储的数据信息进行查找、统计、计算和排序。Access 2007 提供了多种查询工具，利用它们可以创建各种类型的查询。

相关知识

Access 2007 中的查询有选择查询、参数查询、交叉表查询、操作查询、SQL 查询 5 种。

Access 中的查询有设计视图、数据表视图和 SQL 视图 3 种。其中，设计视图完成对查询的设计，数据表视图将查询结果显示出来，SQL 视图用来编辑查询对象所对应的 SQL 语句。

要建立表间关系的两个表必须以共同的关键字建立主键或索引。

建立表间关系便于从数据库中相关表提取数据。

③单击“设计”→“工具”组→“编辑关系”按钮，打开“编辑关系”对话框，如下图所示。

试一试

在员工信息数据库中，为“人事档案”和“工资”表按“职工 ID”字段建立表间关系。

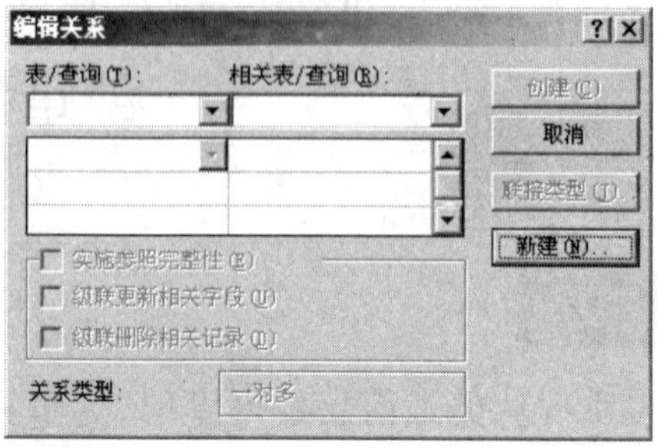

④在“编辑关系”对话框中，单击“新建”按钮，打开“新建”对话框，如下左图所示。在“左表名称”和“右表名称”下拉列表中分别选择“人事档案”和“工资”表，在其下的“左表名称”和“右表名称”下拉列表框中分别选择“职工 ID”字段，单击“确定”按钮，返回“编辑关系”对话框。

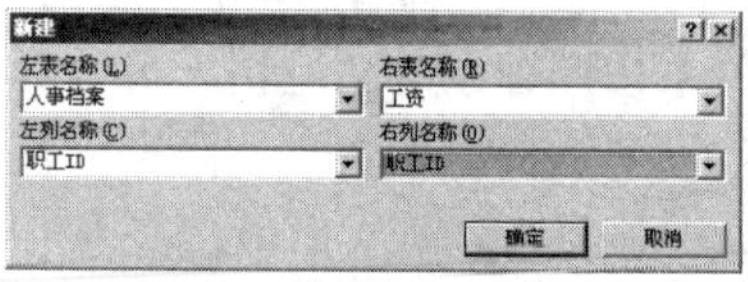

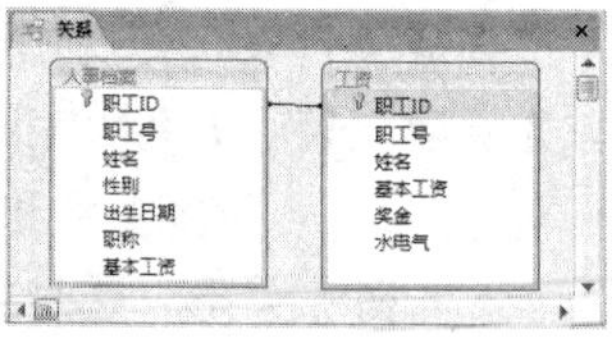

⑤单击“创建”按钮，在“关系”窗口中的表间将显示一条连线，如上右图所示。

2. 创建查询

创建查询的作用是对表中的数据进行查找和分析，以便筛选出所需要的数据。下面通过简单查询向导创建一个“员工基本资料及工资”查询：

①打开员工信息数据库，并选中“人事档案”表，单击“创建”→“其他”组→“查询向导”按钮，打开“新建查询”对话框，如下图所示。选择“简单查询向导”选项，单击“确定”按钮。

友情提示

查询建立后还可以使用其设计视图进行修改，也可直接使用设计视图创建查询。

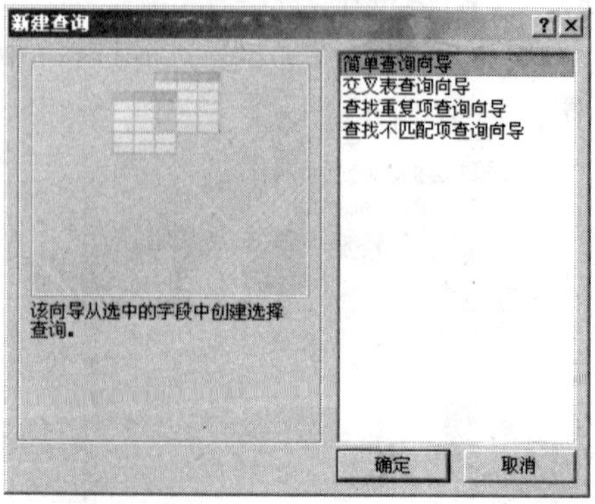

②打开下图所示的对话框，在“表/查询”下拉列表中选择“表:人事档案”选项，单击“全部添加”按钮 >> ，将“可用字段”列表框显示的“人事档案”表中的所有字段添加到“选定字段”列表框中。

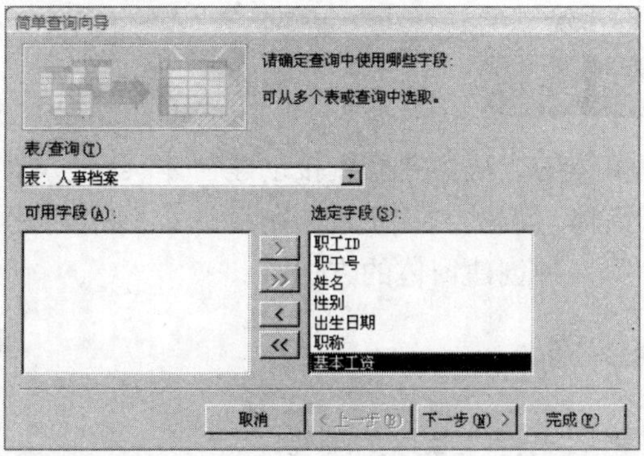

③在“表/查询”下拉列表框中选择“表:工资”，将“奖金”“水电气”字段添加到“选定字段”列表框中，用拖动的方法调整其顺序，单击“下一步”按钮。

④打开下图所示的对话框，选择“明细”单选按钮，单击“下一步”按钮。

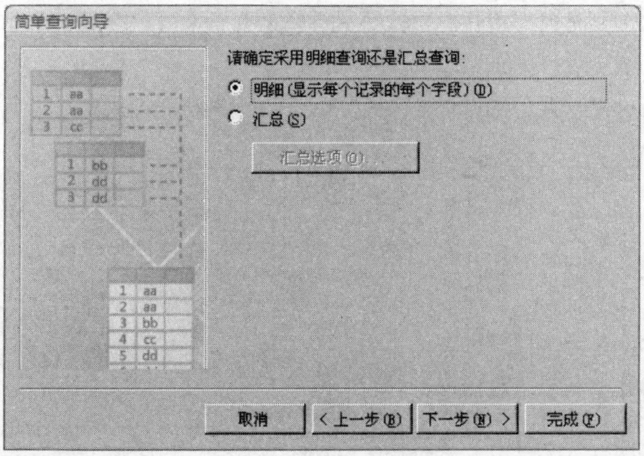

⑤在打开对话框的“请为查询指定标题”框中输入:员工基本资料及工资，单击“完成”按钮，其查询结果如下图所示。

员工基本资料及工资

职工ID	姓名	性别	职称	基本工资	奖金	水电气
1	张开明	男	副教授	650	500	150
2	王国军	男	讲师	550	400	120
3	张宗云	女	副教授	650	500	130
4	陈忠军	男	助教	450	300	100.5
5	李远明	女	讲师	550	400	125
6	吴建军	男	教授	820	600	130
7	胡慕秋	女	副教授	650	500	100
8	王英	女	助教	450	300	80
9	欧阳芹	女	讲师	550	400	110
10	罗晓莉	女	副教授	650	500	120
* (新建)						

试一试

在员工信息数据库中创建一个包括人事档案和工资信息的查询，查询的标题为“员工信息查询”。

任务四　使用多种方法创建窗体——创建窗体

知识窗

窗体是一种用于在数据库中输入和显示数据的数据库对象，类似于 Windows 窗口。它能为我们提供一个样式美观、功能齐全的数据库操作界面，通过它可以方便地输入、编辑和查询数据。

相关知识

Access 的优点：

- 存储方式单一；
- 面向对象；
- 界面友好、易操作；
- 集成环境、处理多种数据信息；
- 支持 ODBC，利用其强大的 DDE（动态数据交换）和 OLE（对象的连接和嵌入）特性，可以在一个数据表中嵌入位图、声音、Excel 表格、Word 文档，还可以建立动态的数据库报表和窗体等。

任务概述

创建窗体的方法主要有直接创建窗体、创建分割窗体、创建多记录窗体、创建空白窗体和在设计视图中创建窗体等。本任务学习多种创建窗体的方法。

任务实施

1. 直接创建窗体

直接创建窗体的方法非常简单，通过它可以将记录源中的所有字段放置在窗体中。下面使用直接创建窗体方法为“员工信息”数据库创建“员工基本资料及工资”窗体。

①打开“员工信息”数据库，在导航窗格中选择“员工基本资料及工资”查询，单击“创建”→“窗体”组→“窗体”按钮 窗体。

②系统自动创建含员工资料及工资信息的窗体，如下图所示。

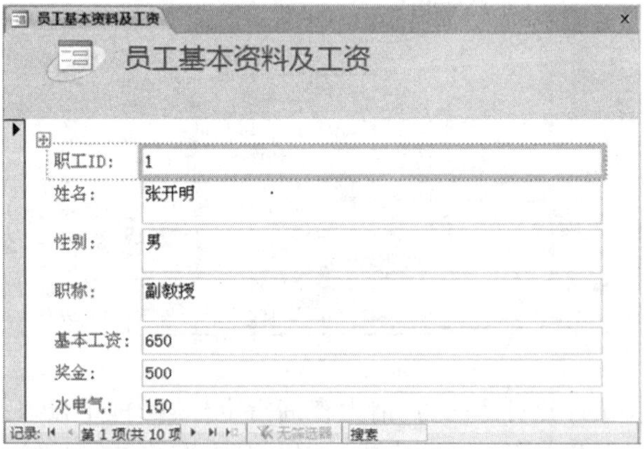

③保存“员工基本资料及工资”窗体。

2. 创建分割窗体

分割窗体是 Access 2007 的新增功能，利用该功能可以同时显示数据的窗体视图和数据表视图。下面为“员工信息”数据库的“人事档案”表创建一个分割窗体：

①打开“员工信息”数据库，在导航窗格中选择“人事档案”表，单击“创建”→“窗格”组→“分割窗体”按钮 分割窗体。

②系统自动创建一个包括表中所有字段的窗体，如下图所示。

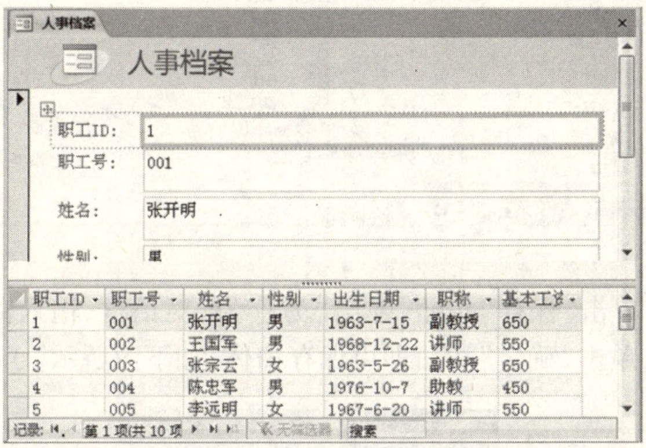

3. 创建多记录窗体

普通窗体只能显示一条记录，而多记录窗体可以同时显示多条记录。其创建方法是：在创建窗体的表或查询后，单击“创建”→“窗体”组→“多个项目”按钮 多个项目，系统将自动创建同时显示多条记录的窗体，如下图所示。

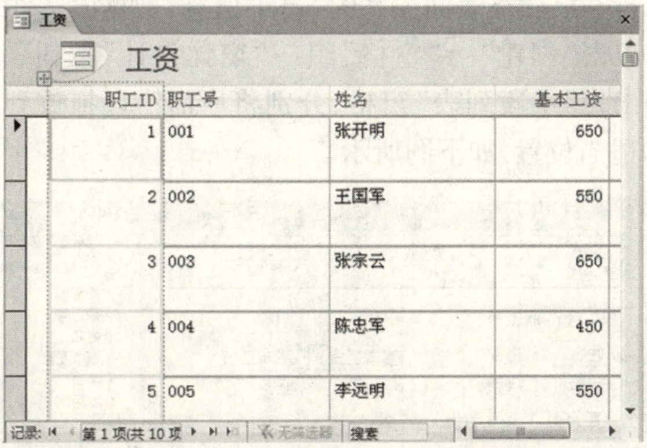

4. 创建空白窗体

如用户需要自行输入一个窗体的内容，可以通过创建空白窗体的方法来实现。下面是为“员工信息”数据库的“人事档案”表创建一个空白窗体，将表中的所有字段添加到该窗体中。

①打开“员工信息”数据库，单击“创建”→“窗格”组→“空白窗体”按钮，创建空白窗体。

②在出现的“字段列表”窗格的“其他表中的可用字段”列表中单击“人事档案”前的“⊞”按钮，在展开的字段列表中将所需字段拖放到空白窗体中，如下图所示。

Access 的缺点：

- 数据库过大会影响性能。一般 Access 数据库达到 50 MB 左右，性能会急剧下降。
- 记录数过多会影响性能。一般记录数达到 10 万条左右时，性能会急剧下降。

试一试

①利用窗体设计视图将所建立的“员工信息窗体”的标题修改为“员工基本资料及工资”。

②用多种方法在“员工信息”数据库中创建窗体，实现对员工信息的管理。

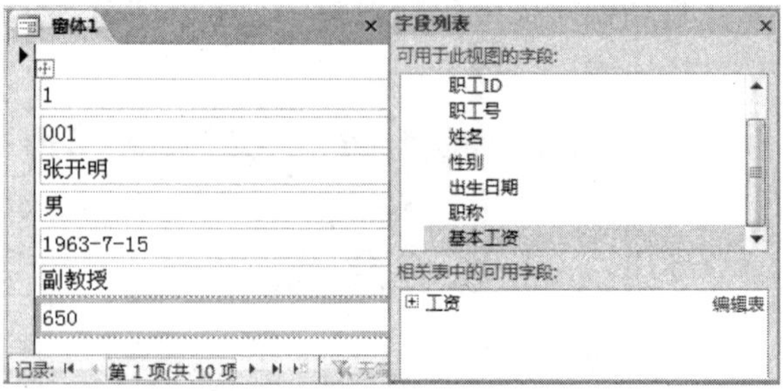

③单击“保存”按钮，弹出“另存为”对话框，输入：“人事档案”，单击“确定”按钮即可保存窗体，如下图所示。

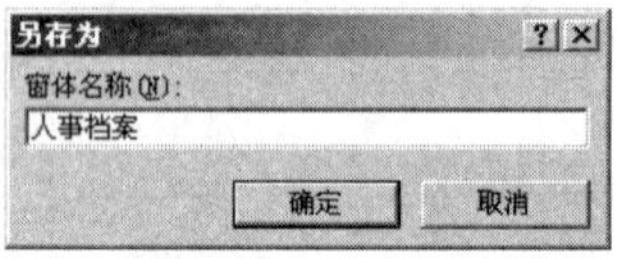

5. 在设计视图中创建窗体

在设计视图中可以创建窗体，也可以对窗体内容进行修改。下面是使用窗体设计视图创建“员工信息”窗体。

①打开已建立表间关系的“员工信息”数据库文件。

②单击“创建”→“窗格”组→“窗体设计”按钮，在窗体右侧出现“字段列表”窗格，分别将所需字段拖放到“窗体1”中的适当位置，如下图所示。

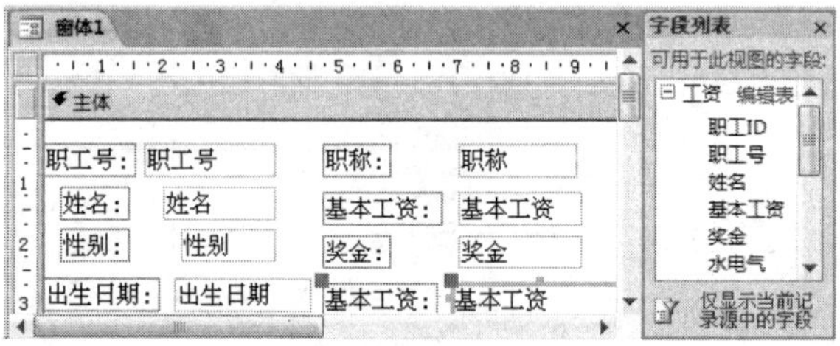

③单击右下方状态栏中的“窗体视图”按钮，切换到窗体视图，效果如下图所示。

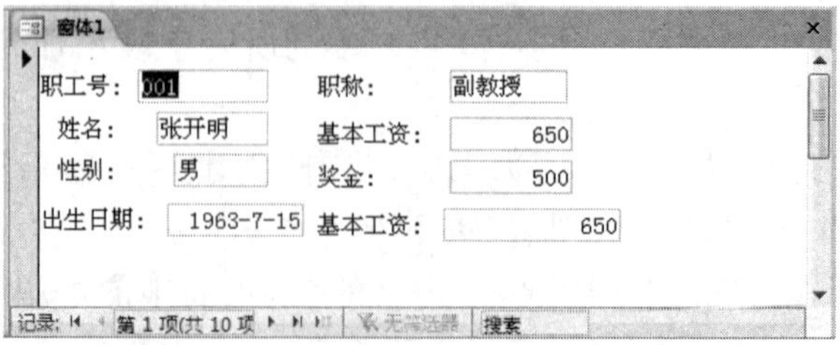

④单击“保存”按钮，将窗体保存为“员工信息”窗体。

任务五　创建“人事档案”报表——创建报表

任务概述

在 Access 2007 中创建报表的方法很多,本任务将介绍使用报表向导创建“人事档案及工资”报表。

任务实施

①打开员工信息数据库,单击“创建”→“报表”组→“报表向导”按钮。

②打开“报表向导”对话框,如下图所示。在“表/查询”下拉表框中选择“表:人事档案”,将“职工号”“姓名”“性别”“出生日期”和“职称”5 个字段添加到“选定字段”列表框中。

在“表/查询”下拉表框中选择“表:工资”,将“基本工资”“奖金”和“水电气”3 个字段添加到“选定字段”列表中,单击“下一步”按钮。

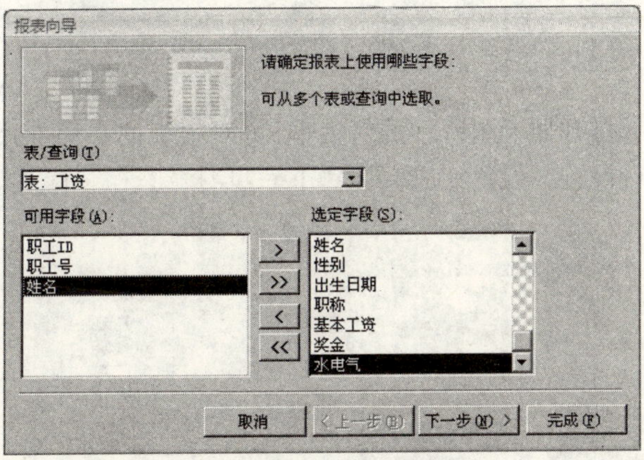

③打开如下图所示的对话框,添加分组级别。在左侧的列表框中选择“职称”字段,单击 > 按钮将其添加到右侧的列表框中,此时“职称”字段出现在列表框的最上方,单击“下一步”按钮。

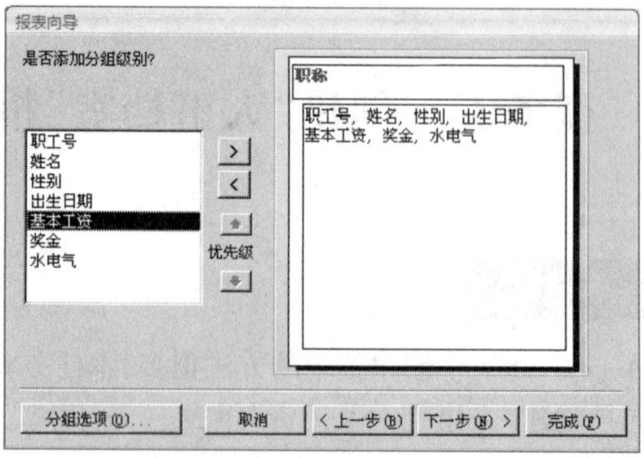

④在打开如下图所示的对话框中,可对字段的排序方式进行设置。选择“姓名”字段,单击“下一步”按钮。

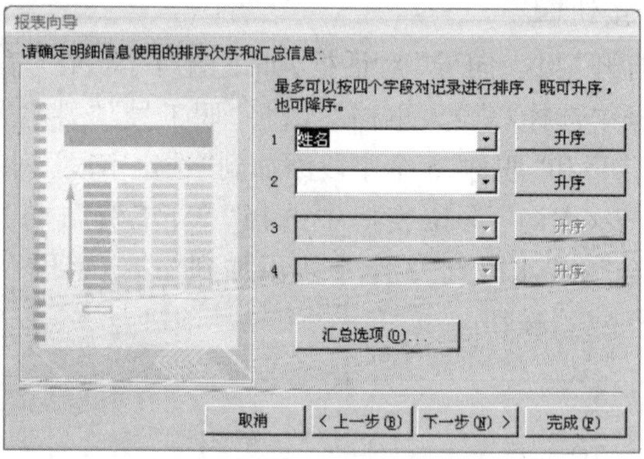

⑤打开如下图所示的对话框,可对报表的布局方式及方向进行设置。设置完成,单击“下一步”按钮。

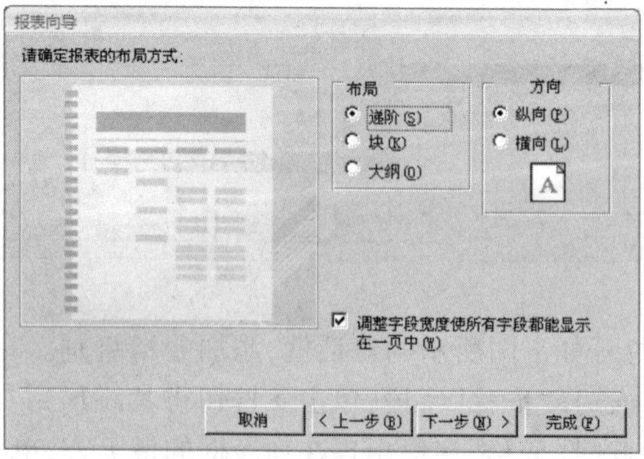

⑥在打开如下图所示的对话框中,选择报表样式。选择“跋涉”选项,单击“下一步”按钮。

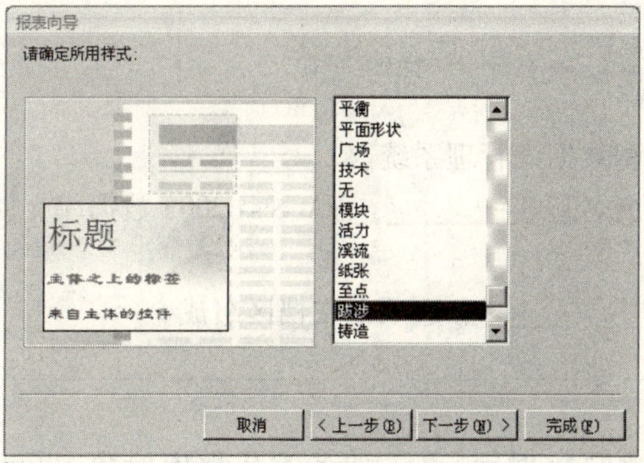

⑦打开如下图所示对话框，在“请为报表指定标题”框中输入报表标题“人事档案及工资”，单击“完成”按钮。

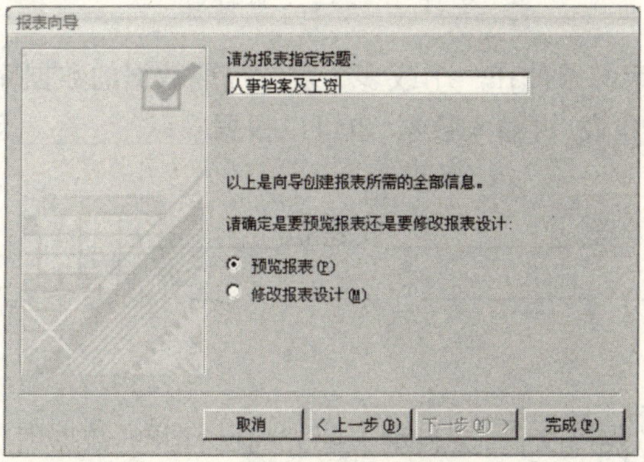

⑧单击窗口状态栏中的“布局视图”按钮，打开报表设计视图，可以对报表进行修改，如下图所示。

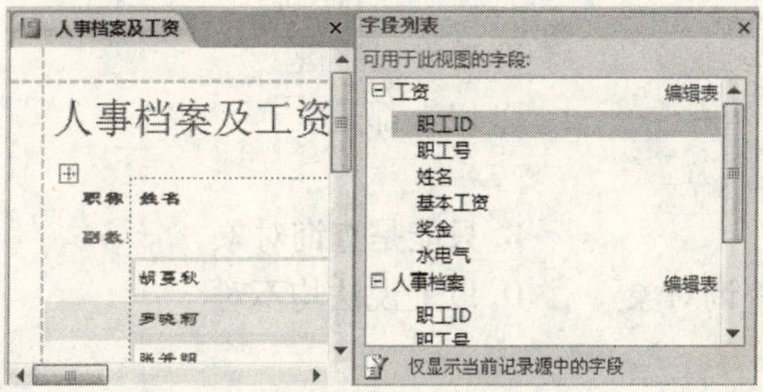

试一试

①对创建的“人事档案及工资”报表进行页面设置和打印预览。

②使用报表布局视图修改已创建的报表。

学习评价

一、填空题

1. Access 2007 是____________型数据库管理系统。

2. Access 2007 数据库文件的扩展名是____________,Access 2003 数据库文件的扩展名是____________。

3. Access 2007 程序主窗口由____________和选项卡文档区组成。

4. Access 2007 使用____________、____________、____________、____________等对象来组织和管理数据库中的数据。

5. 在 Access 2007 中可以先创建空数据库,再添加各类数据库对象,也可以根据____________创建数据库。

6. 表中的每一列称____________,除标题之外的每一行称为____________。

7. 某表中当前最大自动编号为 20,用户删除了最后一条记录,当新增一条记录时,其自动编号为____________。

8. ____________是根据用户设定的条件在一个或多个表中提取数据的数据库对象。

9. Access 2007 中可以先创建空白表,再输入数据,也可以根据____________创建表。

10. 索引分为普通索引和_______________。

11. 建立表间关系之前,要对表设置____________或建立____________。

12. 表间关系分为____________、____________和____________种。

二、单选题

1. 以下说法正确的是(　　)。

   A. 在 Access 2007 打开一个数据库文件,会自动关闭先前已打开的数据库

   B. 在 Access 2007 中可以同时打开多个数据库

   C. 要打开多个数据库必须同时使用多个 Access 2007 程序窗口

   D. 打开 Access 2007 以前版本的数据库文件时,不会以选项卡的方式来显示对象

2. 主键的类型有(　　)。

   A. 自动编号主键　　B. 单字段主键

   C. 多字段主键　　D. 以上都是

3. 可以作为报表记录源的有(　　)。

   A. 只能是表对象　　B. 只能是查询对象

   C. 可以是表对象,也可以是查询对象　　D. 以上说法均不对

4. 报表的作用是(　　)。

   A. 报表只能输出数据　　B. 报表只能输入数据

   C. 报表既可输入数据也可输出数据　　D. 报表不能输入和输出数据

5. 下列关系主键的描述,不正确的是(　　)。

   A. 主键只能是一个字段　　B. 主键是一个字段或一组字段

   C. 主键字段的值不能有重复　　D. 主键可以唯一标识表中不同记录

6. 下面关于自动编号数据类型的描述,错误的是(　　)。

   A. 如果删除了包含自动编号字段的记录后,Access 不会对自动编号字段重新编号

   B. 自动编号数据类型一旦确定,就会永远与记录连接在一起

C. 每次向表中添加新记录时，会自动插入唯一顺序号

D. 被删除的自动编号字段会被重新使用

7. 在 Access 数据库中，表间关系一般定义为(　　)。

A. 一对一关系　　B. 多对多关系

C. 一对多关系　　D. 多对一关系

8. 下面关于窗体的作用叙述，错误的是(　　)。

A. 可以接收用户的交互操作　　B. 可以显示、编辑表中的数据

C. 可以构造方便、美观的输入/输出界面　　D. 可以直接存储数据

三、上机练习题

创建一个名为“公司商品信息”的数据库，创建“商品”表，为其创建查询、窗体及报表。

1. 创建“公司商品信息”数据库及“商品”表，其数据如下表所示。

商品表

商品 ID	商品类型	商品名称	商品规格	单价/元	单位
1	液晶电视	创维_32L05HR	32 in	2 646.00	台
2	液晶电视	创维_40K01HR	40 in	3 599.00	台
3	液晶电视	创维_42LED10	42 in	7 931.00	台
4	液晶电视	创维_47LED10	47 in	9 975.00	台
5	等离子电视	创维_P46HTAA	46 in	8 799.00	台
6	等离子电视	创维_50PCAHW	50 in	12 650.00	台
7	等离子电视	创维_55PBAMW	55 in	42 000.00	台
8	普通冰箱	宁静_NV198	160 cm × 55 cm × 62 cm	2 450.00	台
9	普通冰箱	宁静_NV215	168 cm × 56 cm × 63 cm	3 100.00	台
10	三门冰箱	宁静_NV242	175 cm × 59 cm × 65 cm	3 890.00	台
11	双门冰箱	宁静_NV537	179 cm × 90 cm × 73 cm	5 790.00	台

2. 创建“商品查询”，如下图所示。

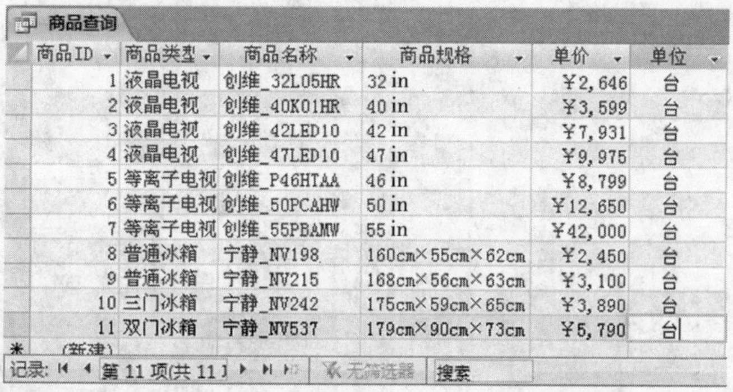

商品 ID	商品类型	商品名称	商品规格	单价	单位
1	液晶电视	创维_32L05HR	32 in	￥2,646	台
2	液晶电视	创维_40K01HR	40 in	￥3,599	台
3	液晶电视	创维_42LED10	42 in	￥7,931	台
4	液晶电视	创维_47LED10	47 in	￥9,975	台
5	等离子电视	创维_P46HTAA	46 in	￥8,799	台
6	等离子电视	创维_50PCAHW	50 in	￥12,650	台
7	等离子电视	创维_55PBAMW	55 in	￥42,000	台
8	普通冰箱	宁静_NV198	160cm×55cm×62cm	￥2,450	台
9	普通冰箱	宁静_NV215	168cm×56cm×63cm	￥3,100	台
10	三门冰箱	宁静_NV242	175cm×59cm×65cm	￥3,890	台
11	双门冰箱	宁静_NV537	179cm×90cm×73cm	￥5,790	台
(新建)					

3. 创建"商品窗体",如下图所示。

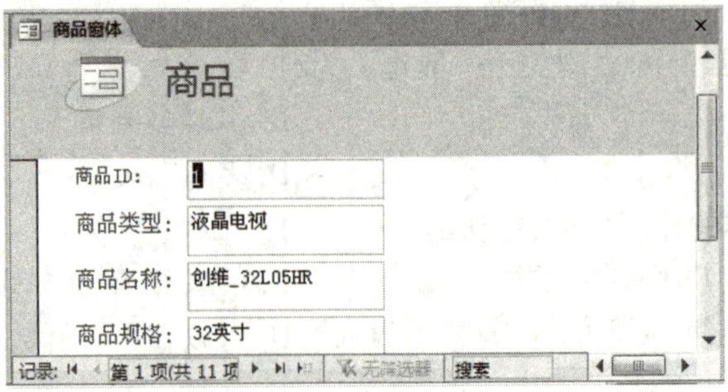

4. 创建"商品报表",效果如下图所示。

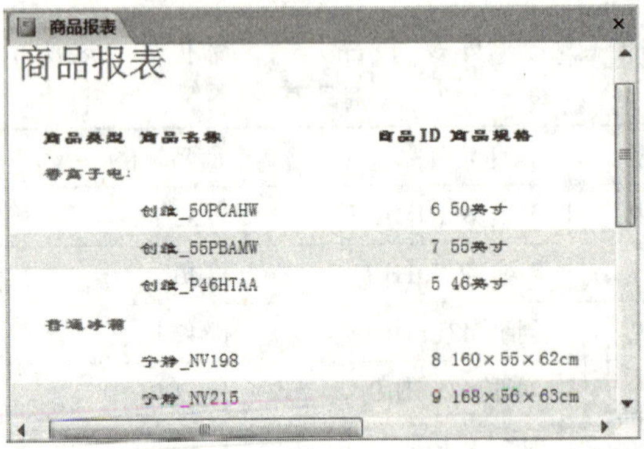

模块五 Mokuaiwu

演示文稿 PowerPoint 实例

Power Point 2007 是 Office 2007 系列软件包的组成部分，是一种制作演示文稿的软件，简称 PPT。PowerPoint 2007 能够制作出集文字、图形、图像、声音以及视频剪辑等多种元素于一体的演示文稿，使自己所要表达的信息通过一组图文并茂的画面展示出来。本模块将通过前点数码公司的文化、区域发展、工作总结等方面的演示文稿，展示 PowerPoint 2007 较深层次的运用。

本模块应达到的目标：

- 认识 PowerPoint 2007 界面
- 掌握演示文稿的设计与美化
- 掌握演示文稿插入声音及视频的方法
- 掌握演示文稿插入超级链接的方法
- 掌握演示文稿触发器的使用
- 了解演示文稿 CD 打包的过程

任务一 走进 PowerPoint 2007

任务概述

PowerPoint 文稿可以在计算机屏幕上进行“幻灯”演示，也可连接到投影仪上直接播放，还可制成 35 mm 幻灯片在幻灯机上放演。2007 的演示文稿能通过互联网以会议的形式进行交流，使枯燥的演讲变得生动，大幅度提高观众的接受信息效率。

任务实施

相关知识

PowerPoint 2007 提供新效果及主题的外观，利用它们可以创建设计出更加生动有形的动态演示文稿。

1. PowerPoint 2007 的工作界面

启动 PowerPoint 2007，呈现 PowerPoint 2007 主窗口界面，如图所示。

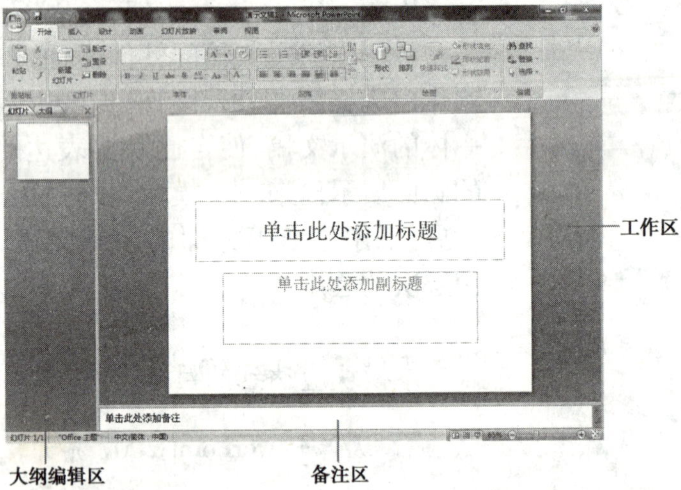

• 工作区　编制幻灯片的工作区，可制作出一张张图文并茂的幻灯片。

• 备注区　该区域用来编写幻灯片的注解文本。

• 大纲编辑区　该区域可通过幻灯片视图和大纲视图来快速查看演示文稿中的任意一张幻灯片。

另外，菜单栏包括“开始”“插入”“设计”“动画”“幻灯片放映”“审阅”“视图”等多项菜单；常用工具栏集中常用的命令按钮便于调用；状态栏呈现出当前文档所处状况。

2. 演示文稿的制作步骤

制作演示文稿主要有以下几个步骤：

①确定方案：确定演示文稿的整个构架。

②收集素材：收集演示文稿中所必要的一些图片、声音、动画等文件。

③初步制作：将文本、图片，多媒体等插入到相应的幻灯片中。

④装饰处理：设置幻灯片中相关的要素，包括字体、字号、动画等的修饰。

⑤预演播放：演示文稿制作完成后，试播并查看结果，反复修改，直至满足为止。

3. 演示文稿的制作过程

(1)创建演示文稿

启动 PowerPoint 2007 后，有两种创建演示文稿的方法。

• 利用"新建"→"模板"创建

PowerPoint 2007 提供了很多种设计模板供用户选择，如下图所示。模板包括封面和内页两部分，在制作的时候只需填入内容就可快速地制作完成。

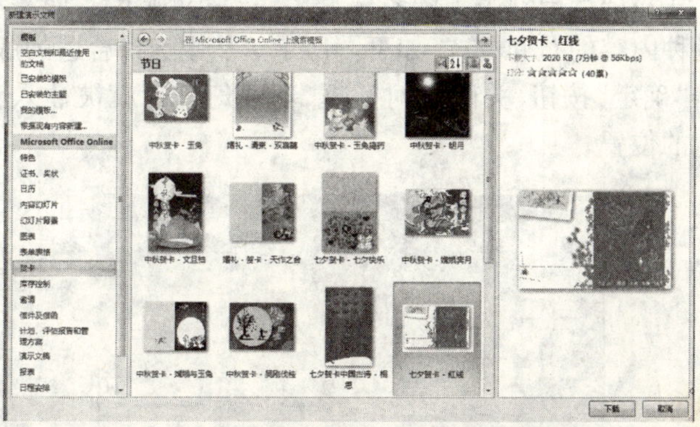

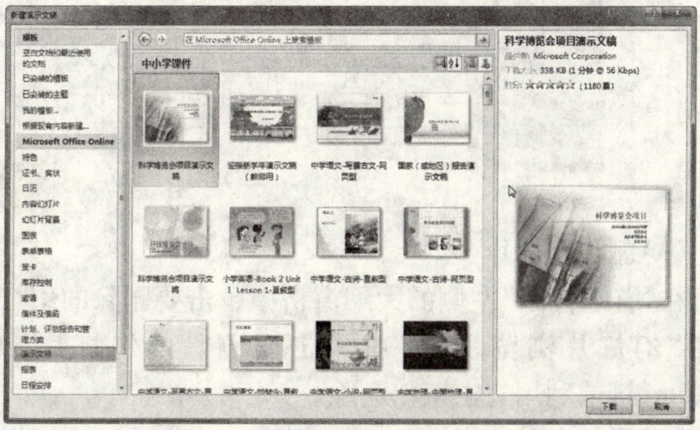

友情提示

在 PowerPoint 2007 中增加了中小学课件等方面模板，为教学课件的制作提供方便，如下图所示。

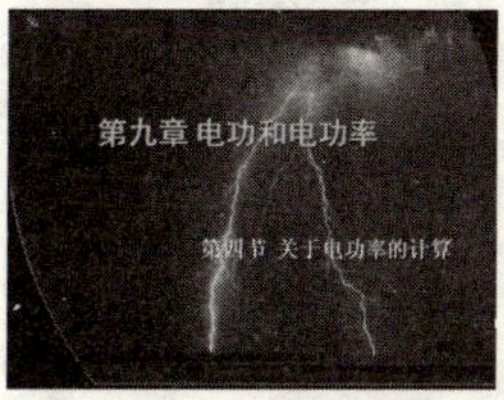

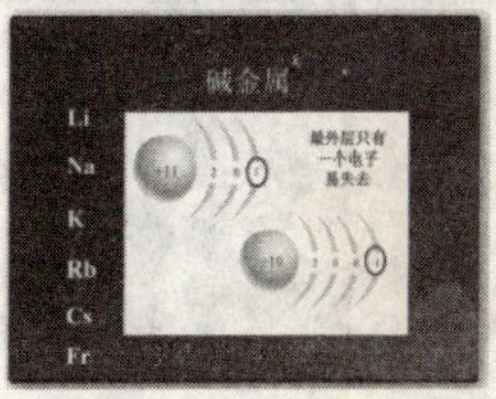

友情提示

在 PowerPoint 2007 还增强了如创建奖状、证书和日历、图表、邀请、信件模板，满足人们在各个方面的需求。

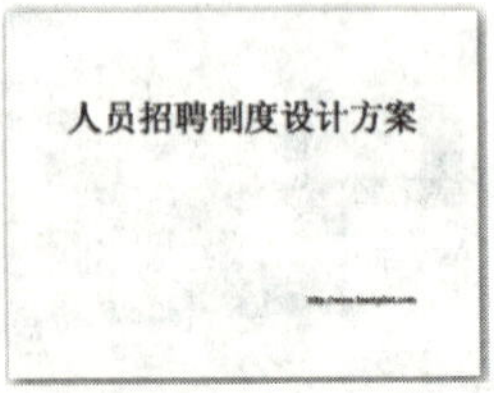

操作步骤如下：

①选中所需模板，单击“下载”按钮即可。注意，左侧提示各项主题内容，右侧展示“小样”样张。

②按照每一步提示，填入具体内容，一份演示文稿便创建完成了。

- 利用“空演示文稿”创建

从空白幻灯片开始制作演示文稿。

熟练掌握 PowerPoint 2007 的使用后，可以选择这种方法创建演示文稿。因为它能充分发挥作者的想象力，制作出富有个性化的演示文稿。

(2)插入一张新的幻灯片

当一张幻灯片制作完成后，可选择插入下一张新幻灯片。

操作步骤如下：

①把工作窗口切换到“普通视图”方式。

②单击工作窗口左侧的“幻灯片窗格”中的某张幻灯片，表示要插入的新幻灯片位于此幻灯片的后面。

③单击“开始”→“新建幻灯片”，出现“新建幻灯片”对话框。

④对话框中列出了许多种定义的“自动版式”，即幻灯片中各种内容的布局方式，如下图所示。从中选择合适的版式，单击“确定”按钮，关闭此对话框，新建幻灯片就被插入到了指定的位置。

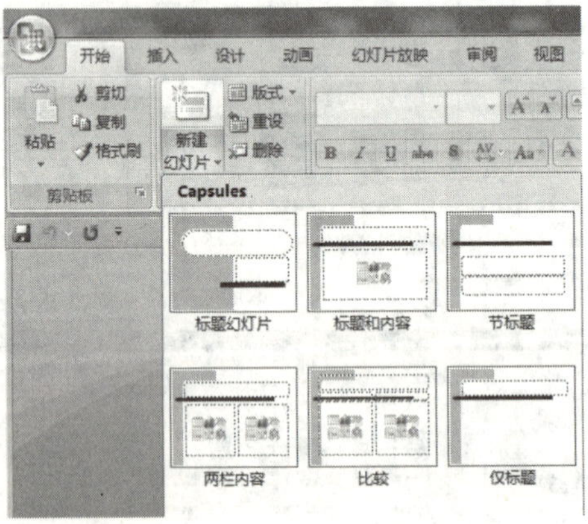

(3)删除幻灯片

在“普通视图”左侧的大纲窗格中单击要删除的幻灯片，或在“幻灯片浏览视图”中单击要删除的幻灯片，单击“Delete”键或利用右击菜单删除。

(4)添加文稿内容

创建了演示文稿后，可对其添加内容。可添加的内容包括：

- 文字：提示文字、输入文本、艺术字；
- 图片：插入图片、剪贴画、自选图形、相册；
- 表格及图形：表格、形状、Smartart、图表；
- 媒体剪辑：影片、声音、对象；
- 符号及其他。

(5)设置动画效果

在 PowerPoint 2007 中，用户可以按照自己的想法对幻灯片中的各种对象（文本、图片、形状、艺术字、表格等）设置各种各样的动画效果。

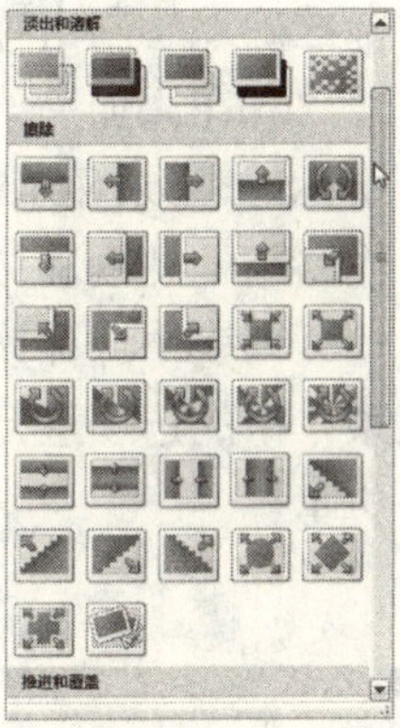

PowerPoint 2007 自带的动画效果有五十多种，如右图所示。

- 动画设置

PowerPoint 2007 中设置动画效果，主要有两种方法：

➤使用 PowerPoint 2007 自带的动画设置效果，具体操作步骤：选中要添加动画的对象，单击功能区中的“动画”→“动画”命令，在下拉菜单中选择“淡出”“擦除”“飞入”等效果。

➤在“动画” →“动画”下拉菜单中选择“自定义动画”命令，这时会在工作区的右边出现一个“自定义动画”工作区。选定幻灯片中的对象后，使用“添加效果”来添加不同的动画效果。

- “动作路径”设置

允许在一幅幻灯片中为某个对象指定一条移动路线称为“动作路径”。

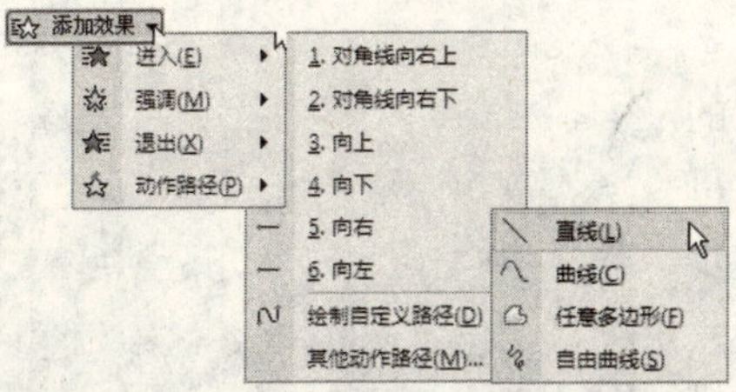

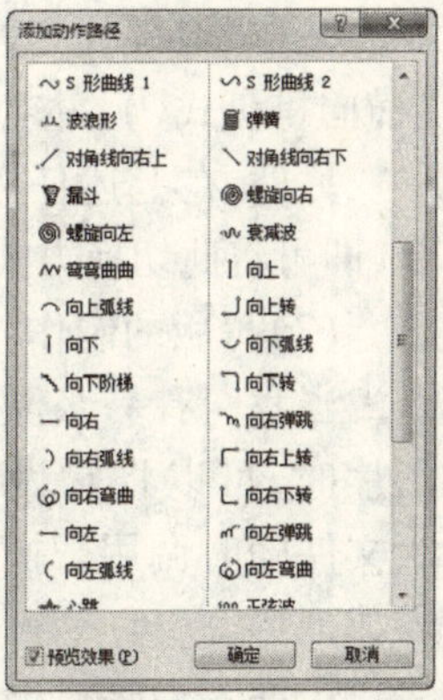

动作路径的设置也有两种方法，第一方法是从 PowerPoint 2007 内置的动作路径中选择一条即可，如上图所示。如果你对内置的路径不满意，也可自行设计动作路径。

相关知识

将 Word 文档转为 PowerPoint 文档：

①PPT 中单击“视图”→“大纲”，启动大纲编辑工具。

②单击“文件”→“打开”，在“打开”对话框中将文件类型改为“所有文件”。选取打开一个 Word 文档，此时它将以大纲方式出现在 PowerPoint 中。

③切换到幻灯片视图状态加入图片、声音等内容，并进行进一步修饰。

试一试

小组活动：将计算机各学科简介制作成 PPT，并在组内进行评比。

操作步骤如下：

①选中要设计动作路径的对象，在功能区中单击“动画”→“自定义动画”→“添加效果”→“动作路径”→“绘制自定义路径”。

②从列表中选择一种绘制方式（如自由曲线），然后用鼠标准确地绘制出移动的路线。

③在添加一条动作路径之后，对象旁边也会出现一个数字标记，用来显示其动画顺序。还会出现一个箭头来指示动作路径的开端和结束（分别用绿色和红色表示）。还可以在动画列表中选择该对象，然后对“开始”“路径”和“速度”子菜单中的选项进行调整（在“自定义动画”任务窗格），如下图所示。

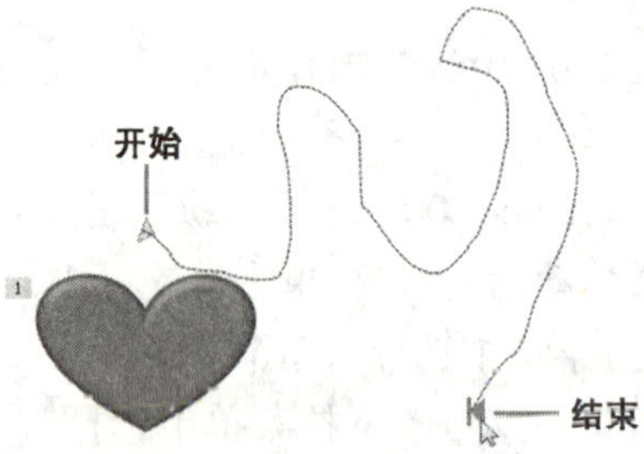

（6）设置幻灯片切换效果

在 PowerPoint 2007 中，我们可以对幻灯片的切换效果做一定的设置，其操作步骤如下：

①首先选中幻灯片，单击“幻灯片放映”→“幻灯片切换”，调出“幻灯片切换”任务窗格。

②在“幻灯片切换”任务窗格中选择一种切换方式（如“横向棋盘式”），并对其进行设置即可。

另外，在上述任务窗格中单击“应用于所有幻灯片”命令，即可将此切换方式应用于整个 PPT。

（7）母版的制作

当我们有一张漂亮的图片时，可以将它做成母版文件随时调用。操作步骤如下：

①准备一张要做成模版的图片，如右图所示。

②单击“视图”→“幻灯片母版”按钮进入母版编辑状态。选中要使用母版的 PPT 首张，单击“插入”→“图片”按钮选中要做成母版的图片。

③调整所插入的图片大小，即可产生各种母版样式，如右图所示。

④单击 Office 按钮→“另存为”→“其他格式”，在“保存类型”中选择“PowerPoint 模板 *.potx”，所制作的模板便成功保存了。

如果要使用所制作的模板，只需要单击“新建”选择“我的模板”即可，如下图所示。

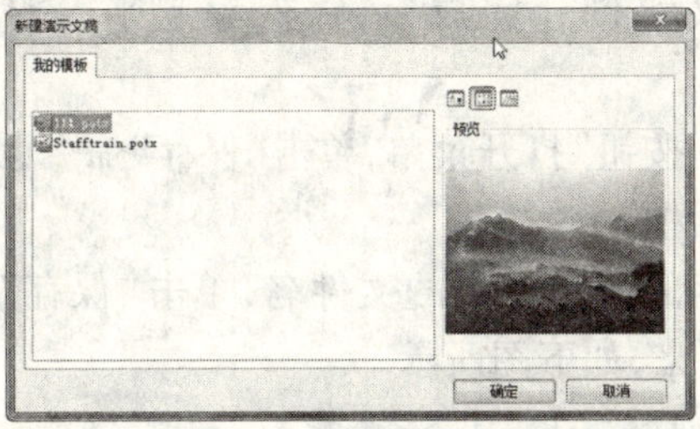

4. PowerPoint 2007 视图的切换方式

PowerPoint 2007 具有许多不同的视图方式，可帮助用户轻松地创建演示文稿。单击 PowerPoint 2007 窗口右下角的视图按钮可在各种视图之间轻松地进行切换，如下图所示。

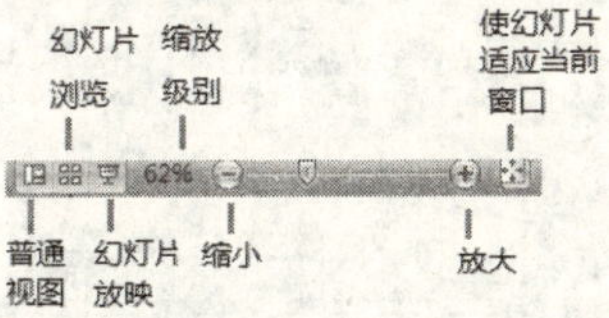

普通视图中包含 3 种窗格：大纲窗格、幻灯片窗格和备注窗格。

• 大纲窗格　使用大纲窗格可组织和开发演示文稿中的内容。可以键入演示文稿中的所有文本，然后重新排列项目符号点、段落和幻灯片。

• 幻灯片窗格　在该窗格中，可以查看每张幻灯片中的文本外观。可以在单张幻灯片中添加图形、影片和声音，并创建超级链接及向其添加动画，如右图所示。

• 备注窗格　该窗格可以添加与观众共享的演说者的备注信息。

在幻灯片浏览视图中，可以同时看到演示文稿中的所有幻灯片，这些幻灯片是以缩略图显示的。这样，可以很容易地在幻灯片之间添加、删除和移动幻灯片，以及选择动画切换。同样，还可以预览多张幻灯片上的动画，如：选定要预览的幻灯片，单击“幻灯片放映”菜单→“动画预览”，如下图所示。

相关知识

如何将 PPT 演示文稿保存为一张张的图片？

①打开要保存为图片的演示文稿，单击“文件”→“另存为”→“其他格式”。

②将保存的文件类型选择为“JPEG 文件交换格式”。

③单击“保存”按钮，此时系统会询问用户“想导出演示文稿中的所有幻灯片还是只导出当前的幻灯片？”根据需要单击相应的按钮即可。

试一试

请设计一种独特的 PPT 开场动画。

相关知识

如何在幻灯片中添加日期、时间呢？

①在幻灯片上，确定占位符或文本框内的插入点。

②单击“插入”→“日期和时间”，系统弹出“日期和时间”对话框，用户可以选择自己喜欢的时间格式。

③单击“确定”按钮。

5. 保存演示文稿

当一份演示文稿创建完成后,需保存起来,操作步骤如下:

①单击“Office 按钮”打开菜单,单击“保存”命令,此时会弹出“另存为”对话框。

②输入要保存的演示文稿的文件名,单击“保存”按钮,演示文稿就保存下来,如下图所示。

想一想

当自带的幻灯片模板数量有限时,我们还可以通过哪些方式获得?

6. 放映幻灯片

演示文稿制作完成后,单击“幻灯片放映”按钮即可看到演示效果。单击鼠标,一张张幻灯片呈现在眼前。放映完毕,再次单击鼠标返回 PowerPoint 2007 的工作窗口,如下图所示。

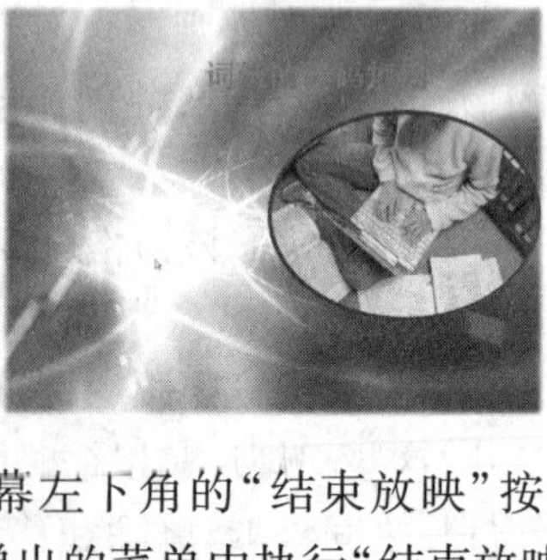

在放映的过程中,单击屏幕左下角的“结束放映”按钮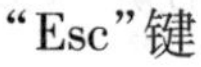,或单击鼠标右键,在弹出的菜单中执行“结束放映”命令,可结束放映,返回 PowerPoint 的工作窗口。按键盘上的“Esc”键,也可结束放映。

任务二 展示企业文化——演示文稿设计、美化

任务概述

制作演示文稿并不复杂，但如何做出高质量的演示文稿一直是大家追求的目标。本任务将通过制作展示企业文化的演示文稿，介绍如何进行文稿的设计和图片的美化。

任务实施

1. 设计演示文稿

Power Point 的原意是“重点”“要点”的意思，所以“简洁即为美”。幻灯片只是辅助演讲者的讲话，而不是替代发言。因此，PowerPoint 的设计要简洁、突出重点，让观众能够直观地明白演示文稿的重点。

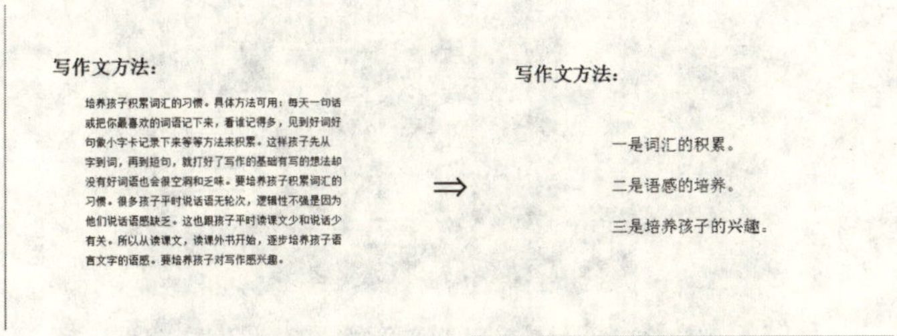

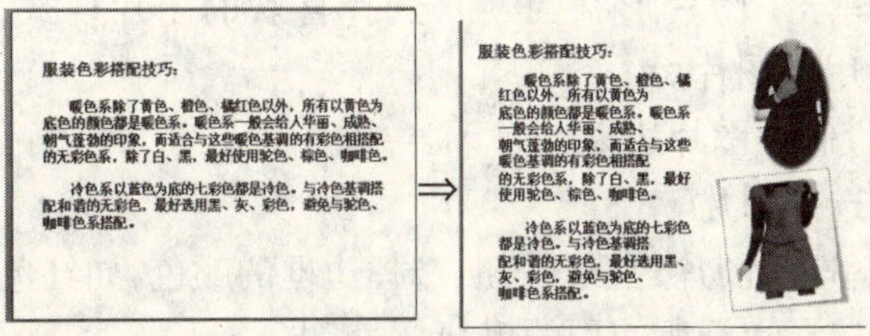

如上面两幅图所示，叙述的文字在修改前多而杂；修改后少而精，并且用图片来说明，更直观和具有观赏性。

2. 美化图片

在 PowerPoint 2007 的演示文稿中，能十分方便地对图片进行美化。

(1)制作图片样式

①打开 PowerPoint 2007，单击“插入”选项栏，展开插入命令的工作区。

相关知识

PPT 的优点：

①突出讲解重点，演讲有序进行。

②将抽象的概念转化成可视化图像展示给观众。

③多媒体平台，演示生动。

④图表，使数据分析变得更加直观。

⑤通过色彩、动画、音乐等元素的运用，使观众与讲演者之间产生情感互动。

友情提示

用"Ctrl + S"快捷键,随时保存制作结果。

单击"准备"→选择"加密文档",弹出"加密文档"对话框。输入加密密码,单击"确定"按钮返回,再保存文档,即可对演示文稿进行加密。

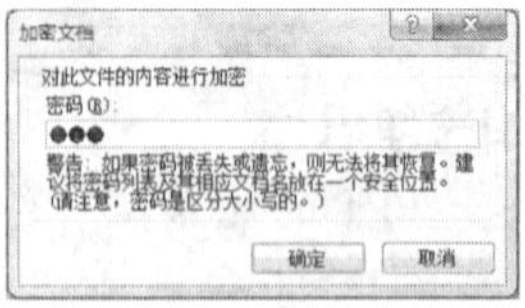

②单击"图片"命令,即可插入一张图片,同时"图片"工具自动打开,如上图所示。

③选择自己需要的图片样式插入到图片中。如还需更多的样式,可选择右边的下拉按钮,展开后有 28 种样式供选择。

(2)制作图片形状

单击功能区的"图片形状"按钮,打开形状图形库,可以选择一种喜欢的样式应用到图片中。

①选择插入图片,如下图所示。

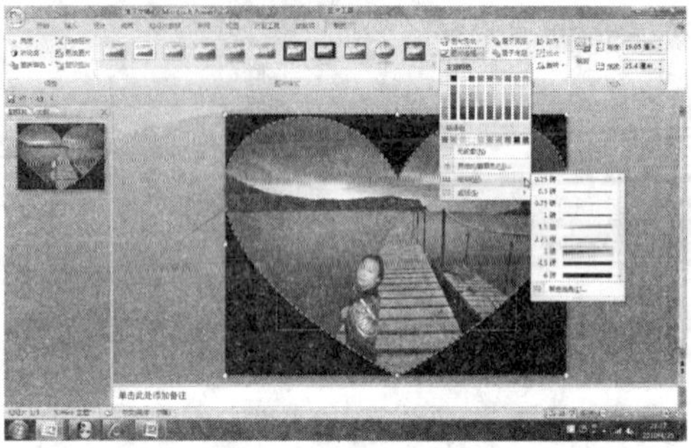

想一想

PowerPoint 2007 "另存为"有哪几种选项来存盘吗?

②单击"图片形状"按钮,选择喜欢的图片样式,如"心形",应用到图片。

(3)制作图片边框

①选择图片。

②单击"图片边框"按钮,选择边框的颜色,如红色。

③选择边框所使用的粗细、虚实线。

④应用到图片,如下图所示。

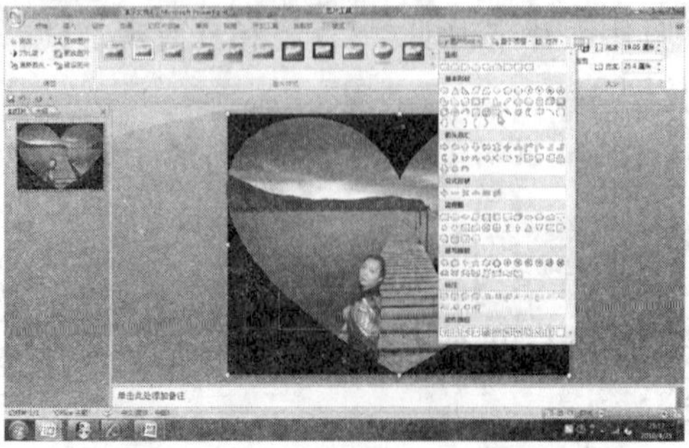

(4)制作图片效果

如果需要对图片增加效果,可以单击“图片效果”命令,展开效果设置菜单。每一个选项中有详细的设置参数调节区,如三维效果选项,不仅可以设置三维效果的深度、颜色、轮廓线,还可以设置三维的材质和光照效果等。把鼠标指到效果样式上,在工作区的图片马上就会变成这种效果的样式,非常直观,如下图所示。

3. 制作展示企业文化的幻灯片

使用“素材\模块五\任务二\图片”进行制作,下面是制作各张具体的幻灯片。

PPT 1:启动 PowerPoint 2007 软件,新建一个空白模板,可使用母版的方式进行快速制作。封面使用资源提供的图片 1. bmp、图片 2. bmp 来突出文化氛围,并输入“前点数码的企业文化”作主标题,布局如下图所示。

PPT 2:讲述什么是企业文化,并举例说明“人人都是发动机——最大限度地激发个人潜能,高度自觉地探索规律,未来目标需要创造性的工作”。制作时将文字设置为打字机的动画效果突显核心主张,如下图所示。

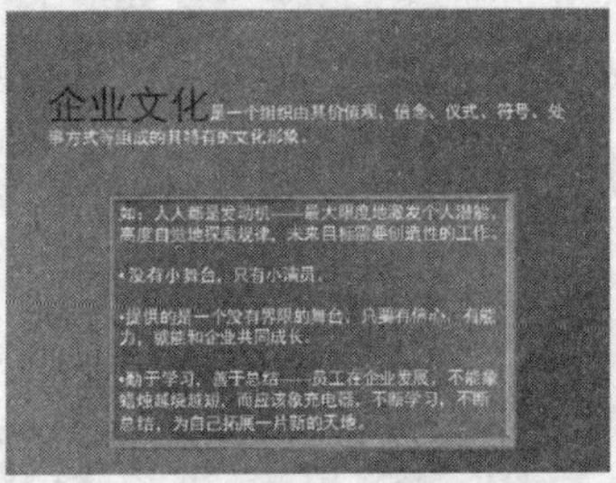

试一试

在 PPT 提供的预设版式中找不到想要的版式,你应该怎么办?

知识窗

企业文化是指企业在社会主义市场经济实践中逐步形成的为全体员工所认同、遵守、带有本企业特色的价值观念。企业文化集中体现了一个企业经营管理的核心主张,以及由此产生的组织行为。

相关知识

PowerPoint 2007 提供了对 16:9宽屏的支持,这个功能可以充分利用宽屏显示器的纵横比特性,更生动地呈现图形和图像,从而发挥宽屏显示器的优点。具体操作步骤如下:

首先切换到“设计”选项卡,单击“页面设置”打开对话框。在“幻灯片大小”下拉列表框中选择全屏显示(16:9),单击“确定”按钮即可生效。

试一试

图片经过美化后效果有何不同，你能对这个 PPT 中的图片作其他方式的美化吗？

请你为联想计算机公司设计企业文化口号：

小组活动

请为你所喜欢的游戏产品设计宣传口号，并插图加美化图片完成该游戏产品宣传 PPT 作品。

PPT 3：插入图片，显示出企业的文化内涵。插入“图片 3. bmp”，经过图片工具“映像圆角矩形”的效果修饰，突出主题吸引观众，同时用文字加以说明，如下图所示。

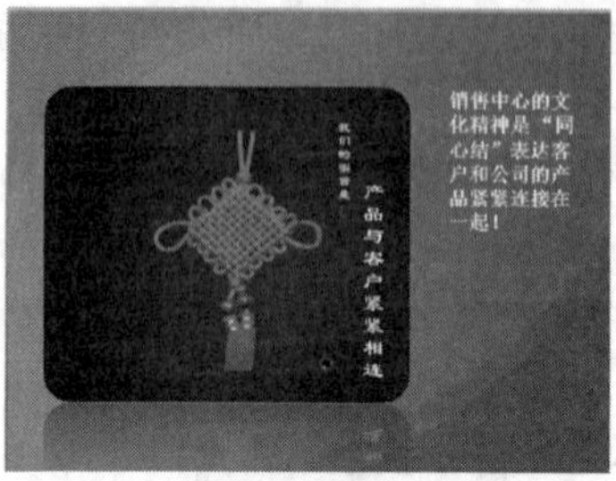

PPT 4：插入“图片 4. bmp”，宣传公司产品，制作时采用“松散透视”的方式，加入飞入的动画，突显动画效果，如下图所示。

PPT 5：插入“图片 5. bmp”并运用立体加“柔化边缘”的效果，使边框和线条合为一体，再加入“投掷”动画效果，如下图所示。

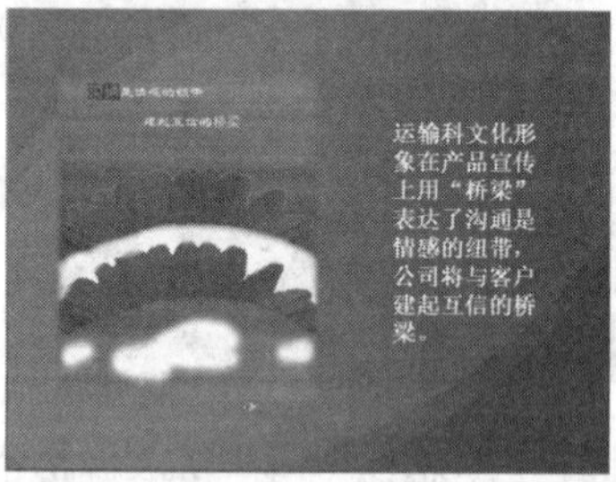

PPT 6：在展示内容完成以“谢谢大家”“再见”作为结束，并加入“自定义动画”中“缓慢进入”效果，体现了 PPT 的完整性，如下图所示。

任务三　展示企业区域发展状况——插入声音、视频

任务概述

将视频文件作为控件插入到幻灯片中已成为现代企业制作幻灯片的新趋势，它使得幻灯片更具有活力。本任务讲述在 PPT 中如何添加声音和视频。

任务实施

1. 播放视频的目的

将视频文件插入到幻灯片中，可以更加直观地表达制作者想要传达的意图。例如，在下图的教学演示文稿中插入视频文件，可以让学生更清楚地了解到“劳动”两个汉字编码方法与规则。

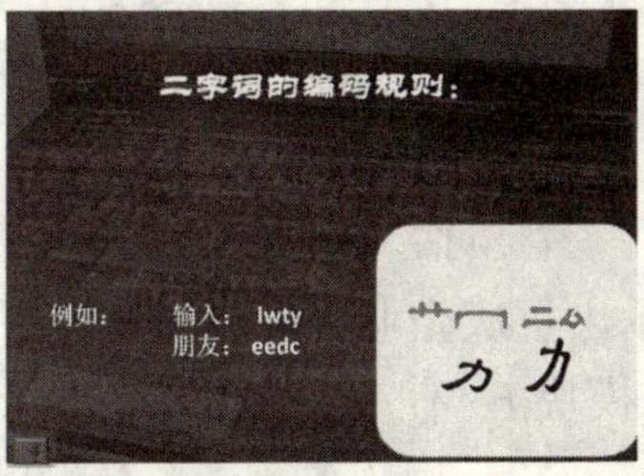

2. 插入视频与声音

制作步骤如下：

①运行 PowerPoint 2007，单击“插入”→“影片”，选择所需的视频文件，如下图所示。

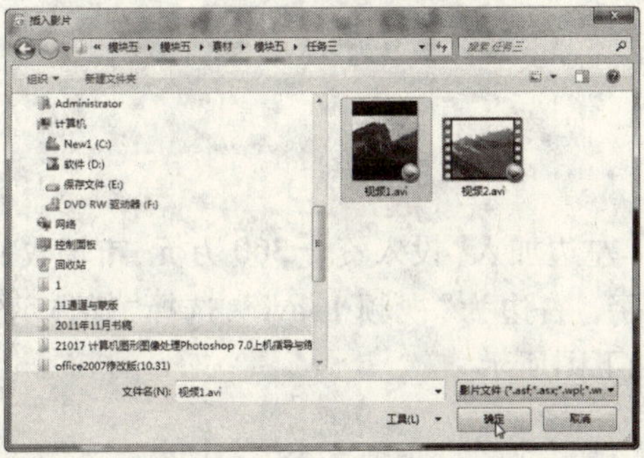

友情提示

在 PPT 中插入 Flash 动画文件：

①将“开发工具”作为工具栏放入到菜单中。

②准备好 Flash 动画文件. swf。

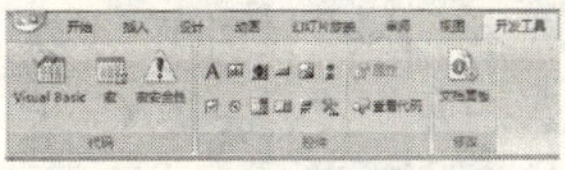

③单击“控件”→“Windows Media Player”，再将鼠标移动到 PowerPoint 的编辑区域中，画出一个大小合适的矩形区域，随后该区域自动变为 Windows Media Player 的播放界面。

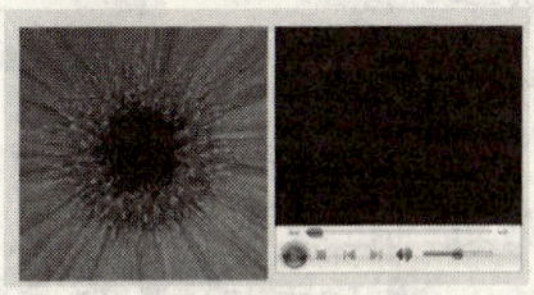

④用鼠标选中该对象，单击右键选择“属性”命令。

⑤在“属性”窗口对 URL 输入正确的文件存入路径和文件名，播放就可见其效果。

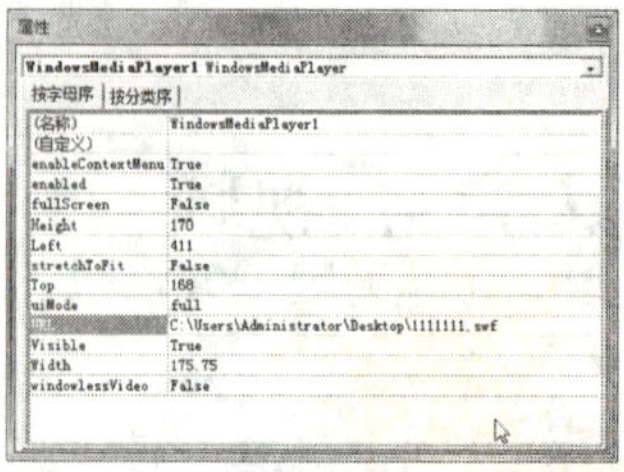

②在插入时提示幻灯片如何开始，请选择“自动”或“单击”，如下图所示。

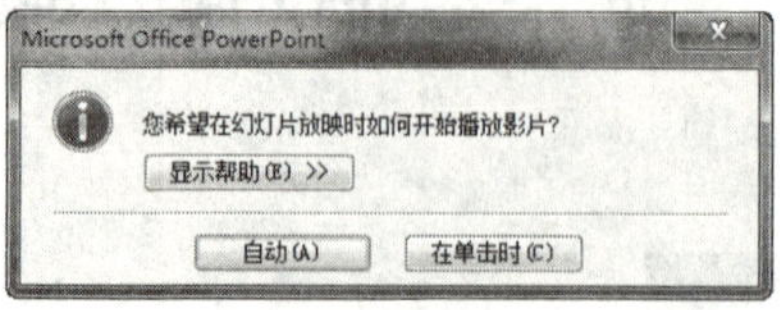

③在播放时就能看到视频的效果，如下图所示。

3. 制作反映企业区域发展状况幻灯片

企业的区域发展状况是企业对未来发展的一个展望，也是对企业以后的一个预估。下面通过 PowerPoint 2007 的插入视频功能，展示出重庆企业的发展过程。

使用“素材\模块五\任务三\图片”进行制作，每张幻灯片的制作如下。

PPT 1：启动 PowerPoint 2007 软件，插入幻灯片主标题，然后插入本企业的图标。制作时插入”图片 1. bmp”作为背景，选择字体为黑体，32 号字的大小，如下图所示。

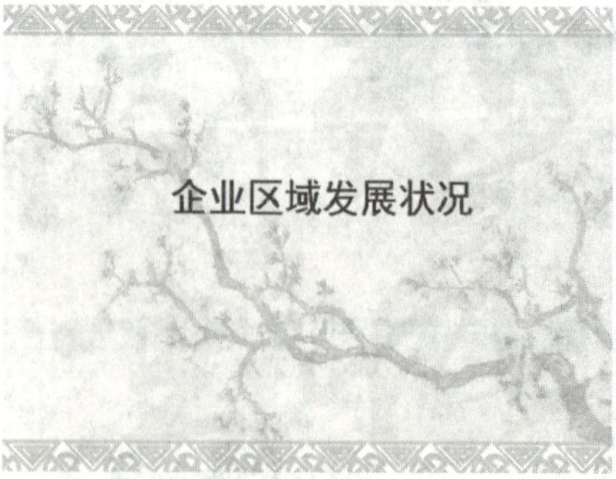

PPT 2：左边加入“投入资金 300 万元，市场收回资金 500 万元等”文字，右边为“视频 1. avi”，选择“媒体剪辑”中“影片”即可，如下图所示。

相关知识

PowerPoint 2007 支持的视频文件格式有：. avi、. mpg、. flc、. fli 等，支持音频文件格式有：. wav、. mp3、. ogg、. ape、. acc、. rma 等。

友情提示

快速放映：直接按“F5”键，幻灯片就开始放映。

快速停止放映：除了按“Esc”键外还可以按“ - ”键，快速停止放映。

隐藏和显示鼠标指针：放映时鼠标指针老是出现在画面上可能会让人感觉不舒服，此时按快捷键“Ctrl + H”就可以隐藏鼠标指针；反过来按快捷键“Ctrl + A”隐藏的鼠标指针又会重现。

知识窗

企业区域发展是指临近地区联合起来形成统一的大市场，是经济发展的必然趋势，也是市场经济发展的必然要求。实现区域经济一体化，优势互补，是我国提高国家综合国力，参与国际竞争的必然要求。

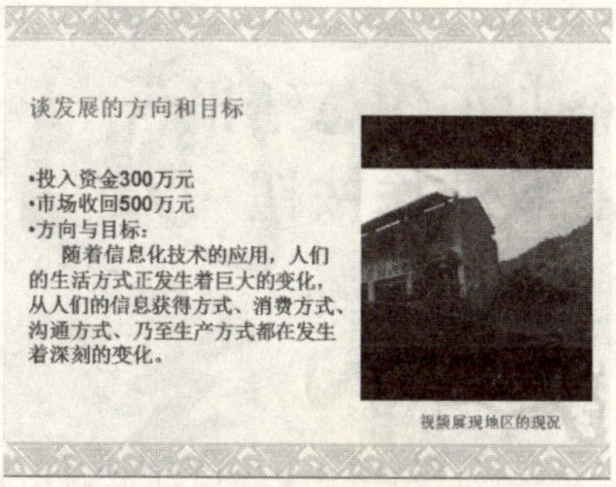

PPT 3：以美国工业区地图为例，插入“图片 2. bmp”，分析该区域现状，配合演讲者人现场的分析，让幻灯片更有说服力，如下图所示。

PPT 4：进一步用文字加以说明，并加入动画效果，然后插入一段视频“视频 2. avi”，表达对未来的展望，如下图所示。

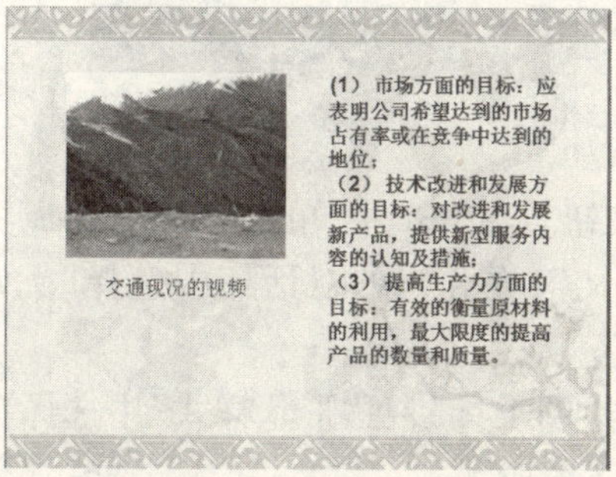

PPT 5：“哪些国家属于发达国家，哪些属于发展中国家”，以提问的方式引发人们的思考，如下图所示。

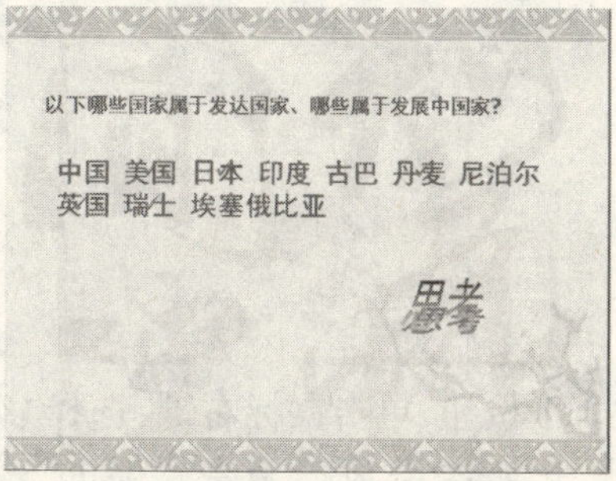

想一想

视频文件有几种插入 PPT 中的方法？哪一种最简单？

想一想

企业在以下情况时需要制作 PPT，你还能举出其他应用例子来吗？

商务洽谈
产品介绍
报告总结
员工培训
成果发布

友情提示

成功 PPT 的标准是：

- 重点突出
- 亮点鲜明
- 结构清晰
- 文字流畅
- 画面漂亮
- 呈现精彩

试一试

让插入的音频在幻灯片播放的整个过程中一直循环播放，应该怎样设置？

任务四　制作企业工作总结报告
——触发器及动作按钮

任务概述

触发器动画相当于一个“开关”，当某一对象被激活时就能出现该对象预先设定的动画效果。本任务以 PowerPoint 2007 所带的触发器和动作按钮功能配合视频在幻灯片中的播放，使制作出来的幻灯片使用方便。

知识窗

SmartArt 是 Office 2007 新增的功能组件，它可以设计出精美的图形。

如人力资源部门人员在 PPT 中插入组织结构、业务流程等图示，加上增强的动画设计，让培训课程变得活泼起来。

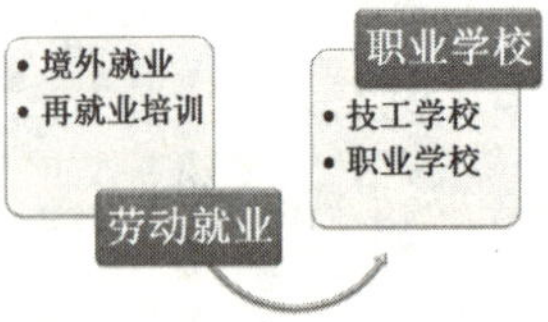

任务实施

1. 设置“触发器”按钮

如下图所示，合理设置触发器开关，在播放声音、视频时能进行“播放”“暂停”“停止”之间的切换，实现交互效果。下面以“苏幕遮. mp3”为例讲解设置“触发器”按钮。

操作步骤如下：

①制作按钮。在 PPT 中，单击“插入”→“形状”→“动作按钮→“自定义”，在弹出的对话框中选择“无动作”并单击“确定”按钮。

②打开“绘图工具”，在“形状样式”中选择自己喜爱一种立体按钮，如下图所示。

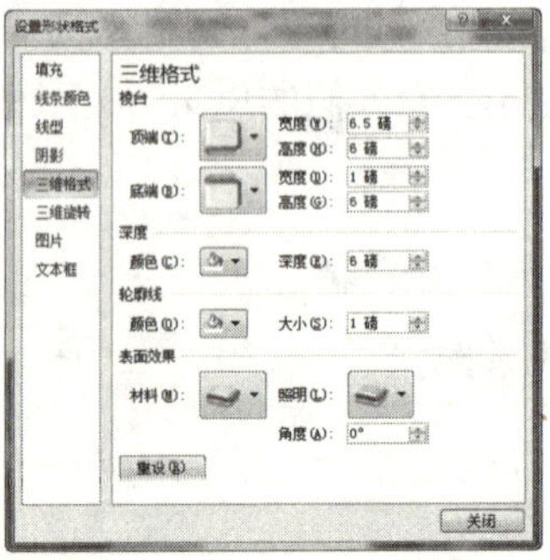

③复制成 3 个按钮，单击鼠标右键，选择“编辑文字”，为 3 个按钮分别加上文字“播放”“暂停”“停止”。

④在幻灯片中单击“插入”→“影片和声音”→“文件中声音”，导入“声音文件”，询问是否需要在幻灯片放映时自动播放声音时，选择“单击”选项。

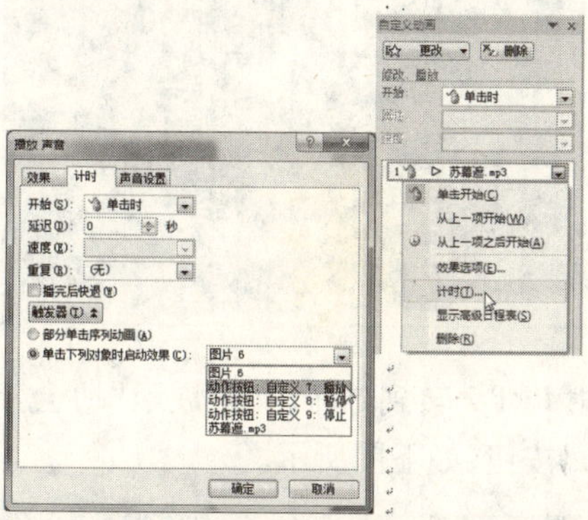

⑤选择插入的音频文件“小喇叭”图标，单击“动画”→“自定义动画”，在右边出现的“自定义动画”工作区中所插入的音频文件的下拉列表中选择“计时”，在打开的“播放声音”文本框中选择“触发器”→“单击下列对象时启动效果”→在右侧的下拉列表中选择“播放按钮”，单击“确定”按钮设置完成，如右图所示。

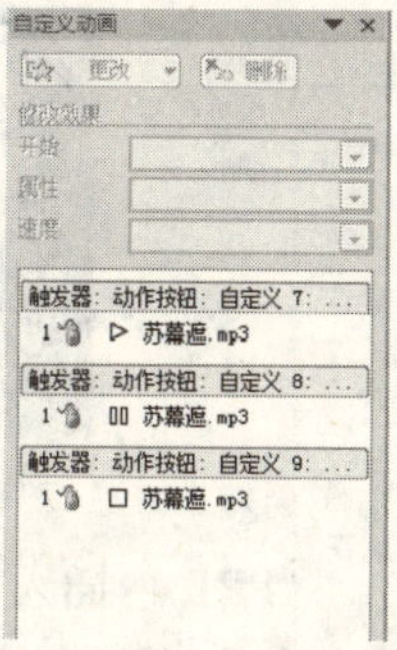

⑥重复⑤中相同的操作，将第 2 个和第 3 个按钮设定为“暂停”“停止”。

完成 3 个按钮的设置后即可采用“幻灯片放映”观看效果。注意单击“暂停”后立即中断声音，再次单击后继续播放。

2. 制作企业工作总结报告

企业工作报告是企业一段时间工作情况汇报。本任务使用 PowerPoint 2007 的图片制作、视频制作、音频制作以及触发器等功能完成企业工作报告的制作。

使用“素材\模块五\任务五\图片”进行制作，每张幻灯片的制作如下：

PPT 1：输入“2009 工作总结报告”作主标题，背景使用“图片 1. bmp”制作或自主来设计，如下图所示。

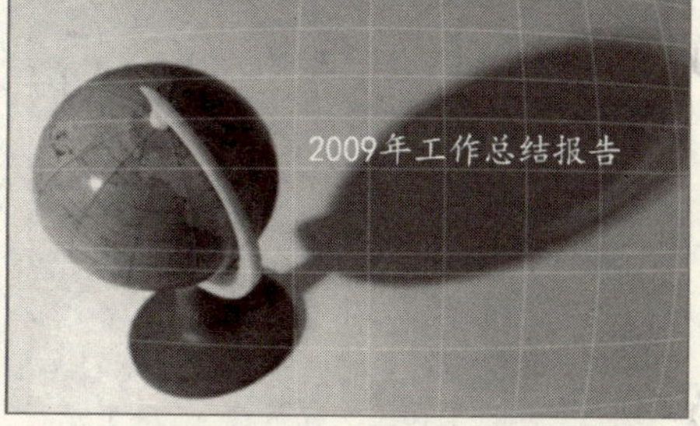

相关知识

设计按钮：

①首先，建立一张空白演示文稿。

②选取“椭圆”工具，按住“Alt”键拖出一个正圆形。

③单击“形状填充”的下拉菜单，选择“渐变”，在“其他渐变”中选择“预设颜色”→“绿白色”→类型“路径”，单击“确定”按钮。

④选择文本框，在按钮上单击一下，输入文字，如“播放”。

试一试

制作以下的按钮：

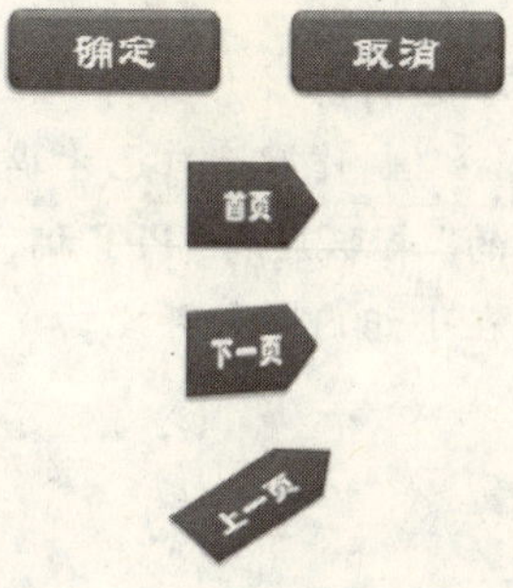

友情提示

按"Ctrl + Shift" + "普通视图"按钮会关闭左侧的标记区和备注页,并把幻灯片扩充到可用的空间。

按"Ctrl + Shift" + "幻灯片浏览视图"按钮可以把演示文稿显示为大纲模式。

按"Ctrl + Shift" + "幻灯片放映"按钮打开一个"设置放映方式"对话框。

PPT 2:输入演示文稿的目录文字,并创建超级连接,如下图所示。

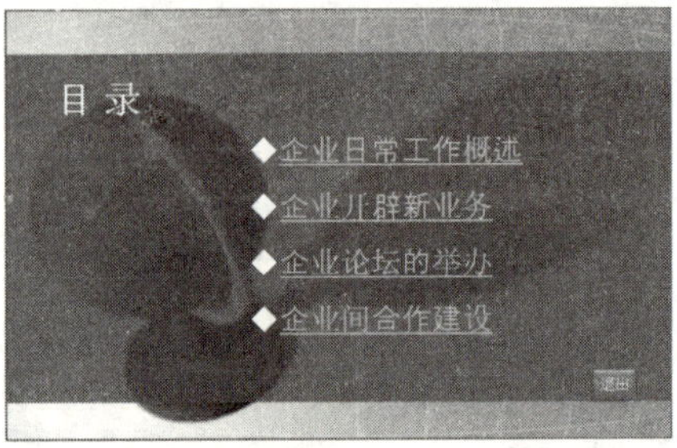

PPT 3:由 PPT 2 转到本张,文字展示"协会工作概述",并设计一个返回按钮,如下图所示。

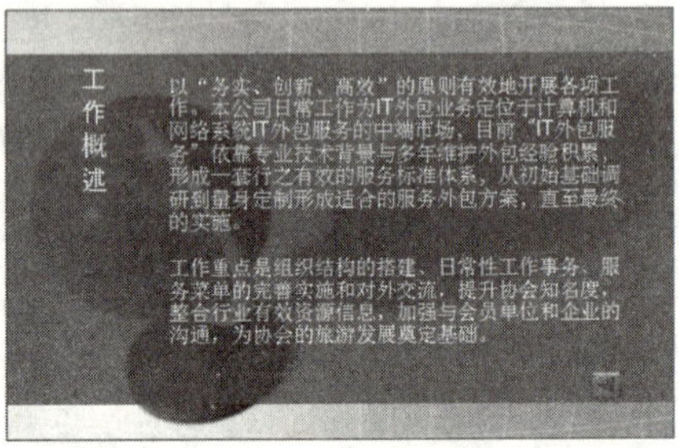

PPT 4:插入"视频"文件,并添加 3 个三维立体的"播放""暂停""停止"按钮。根据之前的方法将按钮设置为触发器的效果,由它来控制视频,如下图所示。

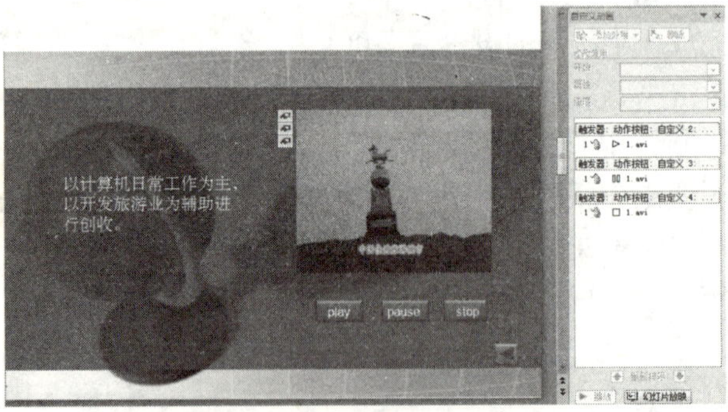

小组活动

制作展示自己才华的"求职应聘"PPT 稿,在小组内进行评比。

PPT 5:首尾一致,将第一张 PPT 图片复制到结尾,同时结束整个幻灯片的制作,如下图所示。

任务五　制作教学课件——超级链接

任务概述

在 PowerPoint 2007 中使用超级链接也是常用手法之一，幻灯片之间的跳转、Internet 的访问，常常采用超级链接来完成。本任务通过制作教学课件讲述如何利用超级链接来实现幻灯片之间内容中的链接跳转。

任务实施

1. 添加超链接

①选定需添加超链接的对象右击，或单击“插入”→“超级链接”。

②选择本文档中的位置选项，单击你要链接的那一张幻灯片即可，如右图所示。

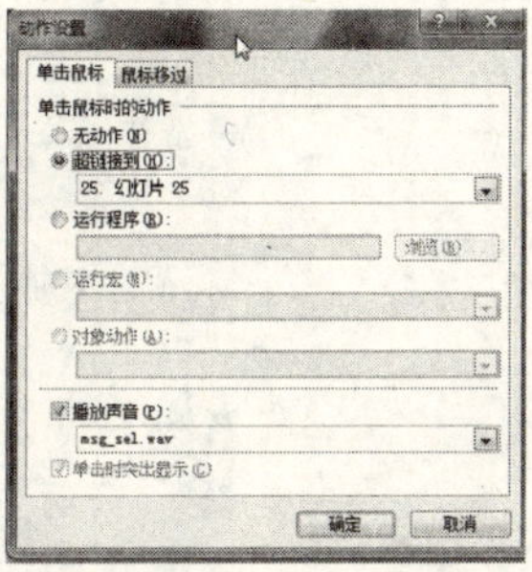

链接的选项还包括运行程序、加入声音等。

2. 制作教学课件

在现代教学中，已离不开课件来辅助教学，由于 PPT 的简单易学和直观明了，成为制作课件的首选。本任务利用 PowerPoint 2007 的图片和音频制作功能来完成语文教学中“苏幕遮”的 PPT 制作。

使用“素材\模块五\任务四\图片”进行制作，每张幻灯片的制作如下。

PPT 1：将“图片 1. bmp”“图片 2. bmp”教学模板插入到 PPT 中，使用竖排的方式，让模板展现出一种古典文化的效果，如下图所示。

友情提示

在不同文档间跳转的超级链接的插入方法，与在文档内部跳转的超级链接的插入方法基本相同，只要在“插入超级链接”对话框中的“链接到文件或URL”文本框中输入目标文件名及路径，并在“文件中名称的位置”文本框中输入具体的位置，然后单击“确定”按钮即可。

友情提示

在放映 PPT 幻灯片时，如果你忘记了快捷方式，你只需按下“F1”键(或“Shift”+“?”)，就会出现一个帮助窗口，参照其中的内容执行即可。

PPT 2：将“图片 3. bmp”“图片 5. bmp”“图片 6. bmp”插入“人物再现”幻灯片中，加之美化修饰，如下图所示。

相关知识

只要按数字 n，再按“+”和“Enter”键，就可以进到第 n 张幻灯片。

按一下“B”或“.”键，就可以快速显示黑屏；再重复按一下“B”或“.”键，又返回放映。

按“W”或“,”键，可以从放映状态切换到显示白屏；再重复按一下“W”或“,”键，又从白屏返回到幻灯片放映。

PPT 3：在幻灯片中加入饱含情感诵读的音频，为课件带来更多的感染力。在制作时只需要插入从网上收集的“苏幕遮. wav”即可，如下图所示。

想一想

利用超级链接能链接到互联网的“新浪”网页上去吗？怎么做？

PPT 4：本张幻灯片展示“苏幕遮”全文，老师用这张幻灯片和同学们一起诵读原文，也可以用于对原文的讲解。在以后的 3 张幻灯片中都有超链接返回到本张幻灯片，整个 PPT 也将在这张幻灯片中结束。幻灯片制作效果如下图所示。

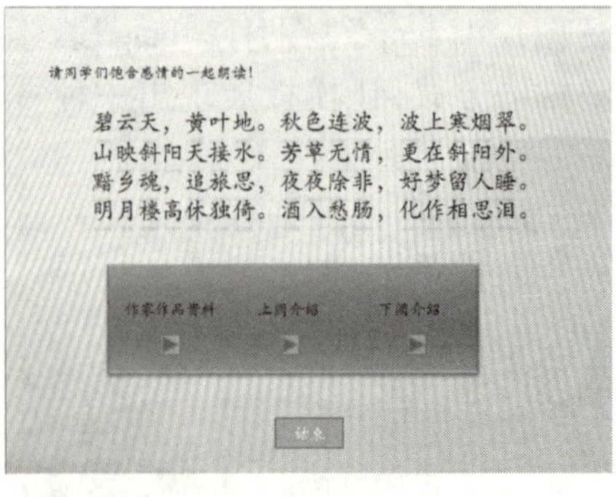

PPT 5：介绍作家情况，并插入超级链接返回到 PPT 4，如下图所示。

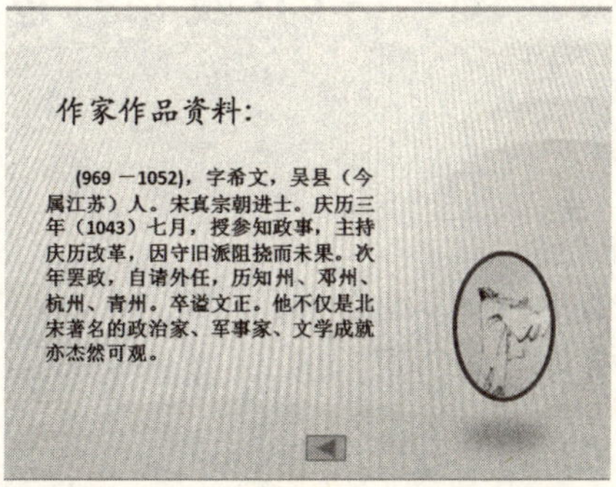

PPT 6：本张幻灯片的作用是古诗解析，演示完成后仍然使用超链接跳回 PPT 4，如下图所示。

PPT 7：本张幻灯片是对原文的注释讲解，演示完成仍然使用超链接返回 PPT 4，在 PPT 4 中结束，如下图所示。

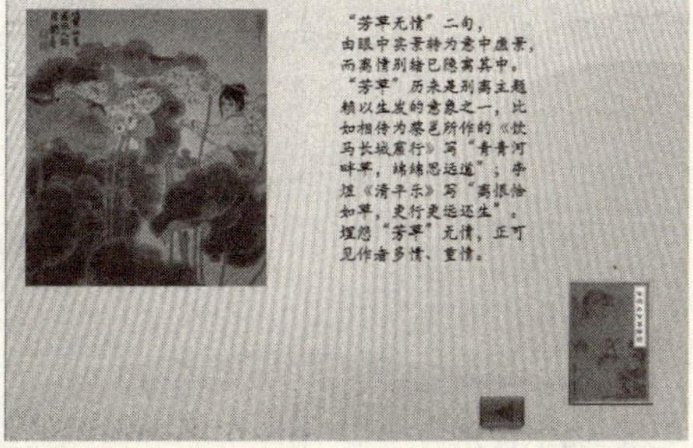

想一想

超级链接能链接到 Word 文档中去吗，怎么做？

心得体会

有人这样认为：PowerPoint + Flash 是制作课件的最佳组合，许多好的课件都是采用组合软件制作的。当然，如果你能熟练地利用单一软件制作出优质课件，也很好。总之使用单一的软件，还是组合软件好，应以课件制作的时间和效果为标准。

任务六　制作产品分布图——CD 发布打包

任务概述

文件打包在企业中运用得非常频繁，在一台计算机制作的 PPT，打包成 CD 后被带到不同的地方进行播放。本任务以制作企业产品分布图为例，讲解 PowerPoint 2007 的 CD 打包功能。

友情提示

PowerPoint 2007 中常用快捷键：

Ctrl + T：在小大写之间更改字符格式；

Ctrl + B：粗体格式；

Ctrl + U：下划线；

Ctrl + I：斜体格式；

Ctrl + 等号：下标格式（自动调整间距）；

Ctrl + Shift + 加号：应用上标格式（自动调整间距）；

Ctrl + 空格键：删除手动字符格式，如下标和上标；

Ctrl + Shift + C：复制文本格式；

Ctrl + Shift + V：粘贴文本格式；

Ctrl + E：居中对齐段落；

Ctrl + J：段落两端对齐；

Ctrl + L：段落左对齐；

Ctrl + R：段落右对齐。

任务实施

1. CD 打包

①启动 PowerPoint 2007，打开已完成的演示文稿。

②单击“Office 按钮”，选择“发布”→“CD 数据包”，在弹出的对话框中单击“确定”按钮，如下图所示。

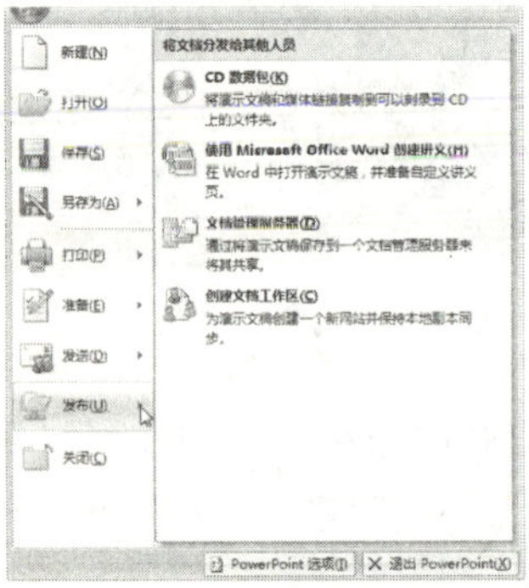

③打开如下图所示的“选项”对话框，根据需要设置相应的选项，单击“确定”按钮，返回到“打包成 CD”对话框，如下图所示。

如果需要将多份演示文稿一并打包，可单击其中的“添加文件”按钮，打开“添加文件”对话框，添加相应的文件即可。

④在“将 CD 命名为”右侧的方框中输入文件夹名称，再单击“复制到文件夹”按钮，打开“复制到文件夹”对话框。

⑤选择“复制到 CD”时，会提示链接文件，是否包含的选择，并插入一张空白的 CD，刻录光驱进行写文件的操作，如下图所示。

2. 制作产品分布图

产品分布图是反映销售产品在各地区分布情况，本任务使用 PowerPoint 2007 的三维立体地图效果制作××科技公司的销售产品分布图，并在最后完成打包。

使用“素材\模块五\任务六\图片”进行制作，每张幻灯片的制作如下：

PPT 1：封面制作时，采用下载的 PPT 模板，并插入“前点数码公司及销售状况与发展”的文字，如下图所示。

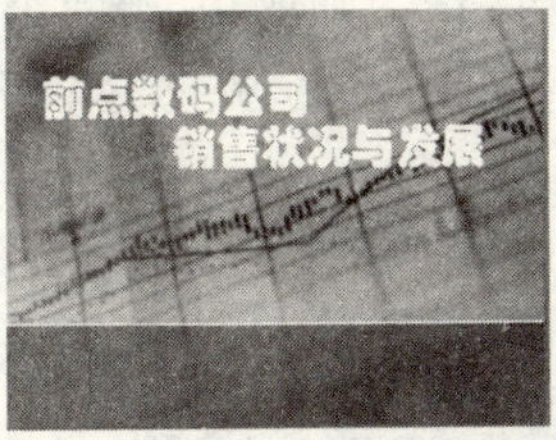

PPT 2：对本公司的情况进行介绍，并加入动画效果，如下图所示。

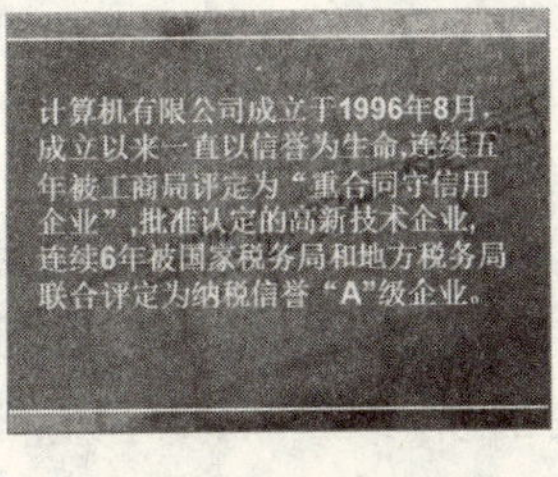

PPT 3：制作立体地图，详细步骤如下，制作效果如下图所示。

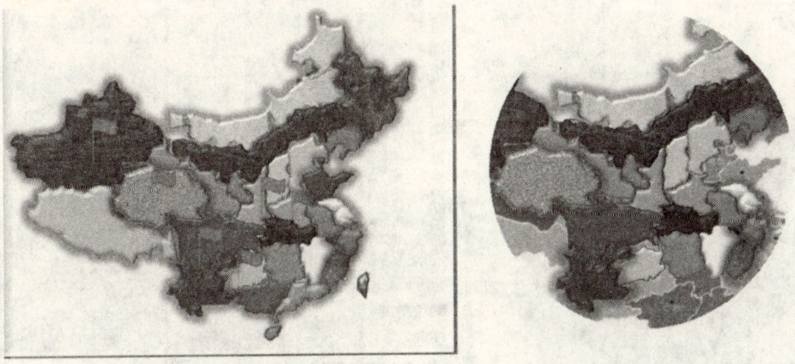

相关知识

用 PowerPoint 2007 制作 PPT，打包后要在装有 2003 版 Office 的计算机上正常播放有两种方法：

- 在网上下载一个 Office 2007 文件格式兼容包。
- 在PowerPoint 2007 软件环境下直接打开原文档，另存为 2003 版兼容格式即可。

心得体会

PPT 仅仅是一个容器，初级阶段，制作会动图形和文字，让你可以指定其出场、表演、退场等动作；中级阶段，会插入一些视频、音频，甚至 Flash 动画；高级阶段，自己绘制素材、背景，等等。归根到底，PPT 仅仅是一个工具，一个展示你的产品、思想的手段，所以最重要的不是怎么学会 PPT，而是用 PPT 展示所要表达的内容。

试一试

制作以下图标：

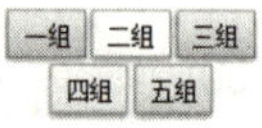

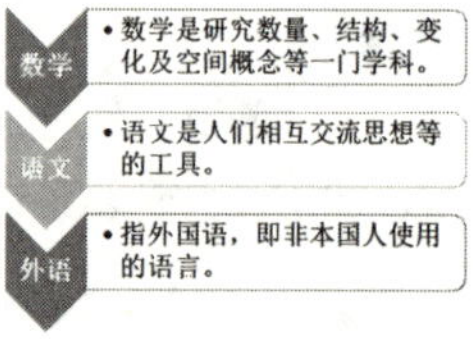

友情提示

在幻灯片的放映过程中，有可能要在幻灯片上写写画画，例如在字词下面画线。这时可以利用PPT所拥有的虚拟注释笔，在演示的同时在幻灯片上作标记。

使用注释笔的方法：在幻灯片放映窗口中单击鼠标右键，再依次选择“指针选项”→“绘图笔”即可。完成所需动作之后，再按“Esc”键退出绘图状态。

小组活动

收集素材，制作一个反映校园生活PPT。比一比哪个小组做得又快又好。

①先找张地图、矢量图或位图，如下左图所示。

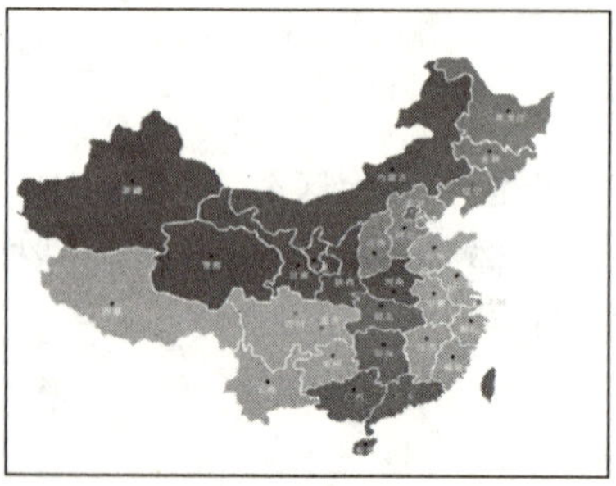

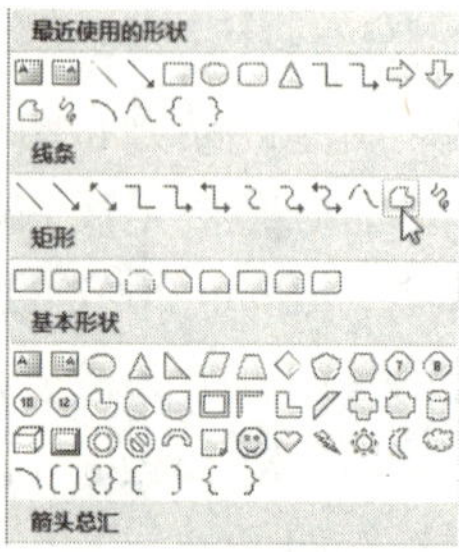

②单击“插入”→“任意多边形”工具→选择“ ”形状，沿着地图边缘勾画出地图轮廓，如上右图所示。

注意：一定要一次性勾画成功，中间不能有间断，否则出现不能闭合图线，表面是无法渲染的，如下左图所示。

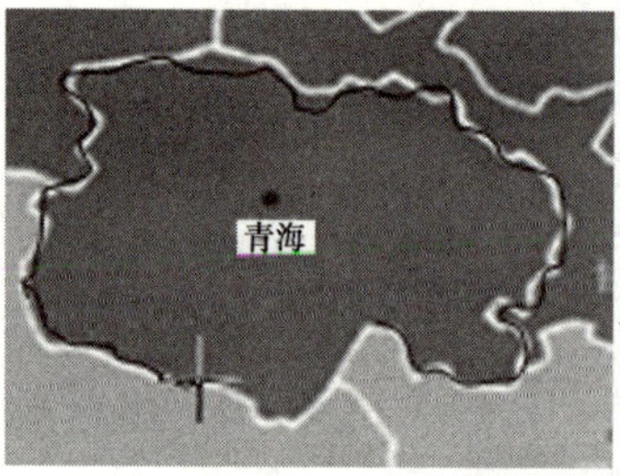

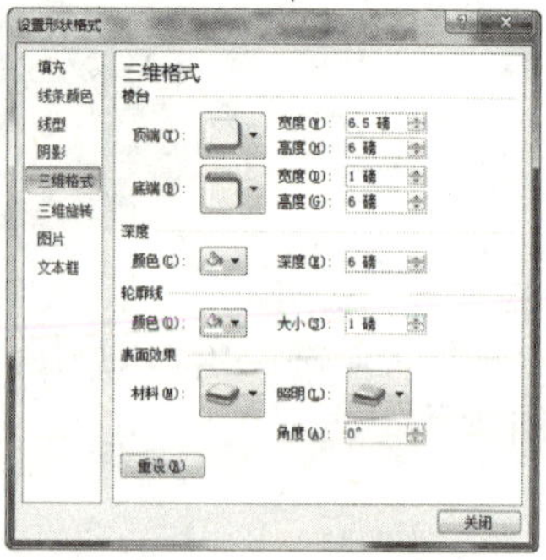

③勾画完成后，设置图片格式，调填充颜色，三维格式的深度（产生厚度感），选择适当的透视或效果产生立体感。注意：勾画完成后，设置为无轮廓线，如上右图所示。

④在销售区域插上小红旗，如下左图所示。制作时，选择“形状”→“|”和“ ”，并选择红色效果，加以组合。

演示文稿制作完成后，需“打包”拷贝下来，才能在其他机器上使用。可以使用光盘“打包”演示文稿，如下右图所示。

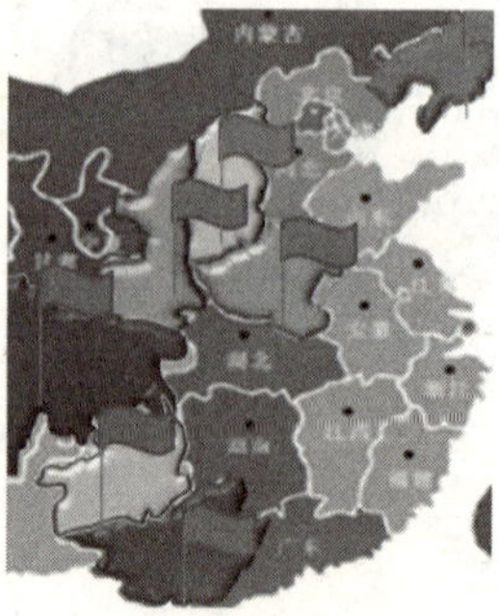

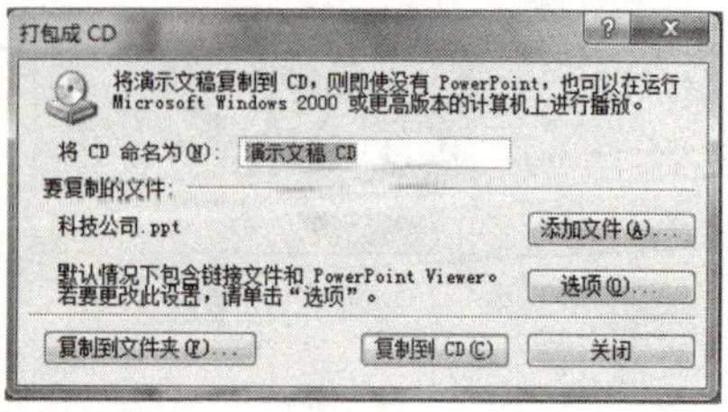

*企业演示文稿运用实例

企业新产品介绍

企业新产品演示文稿是为企业新产品宣传而制作的演示文稿。下面利用 PowerPoint 2007 的各种功能完成企业新产品介绍的演示文稿，如下图所示。

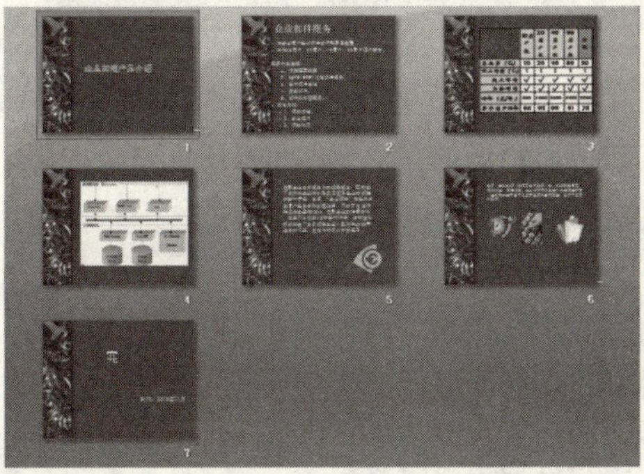

制作思路

- 封面的制作（标题“企业邮箱产品介绍”）；
- 简介企业邮箱开发新产品（文字）；
- 产品容量与客户价格比（表格）；
- 内外部的构架情况；
- 邮箱企业的好处。

使用“素材\模块五\运用实例 1\企业邮箱产品介绍”进行制作，每张幻灯片的制作如下：

PPT 1：新建文稿并插入 “图片 1. bmp”，输入“企业邮件新产品介绍”作为主标题，具体设置如下图所示。

相关知识

PowerPoint 2007 中的开发工具包括：标签、文本框、数值调节钮、命令按钮、图像、滚动条、复选框、选项按钮，组合框、列表框、切换按钮、其他控件。

标签 A：用来显示文本。

文本框 abl：可以输入和修改任何类型的数据。

数值调节钮：主要用于调节数值范围。

命令按钮：用于执行某个事件，如：确定、退出。

图像控件：将图片嵌入到演示文稿中。

PPT 2：以文字的方式简介新产品，以及提供的各类服务，加上喜爱的文字动画效果，如下图所示。

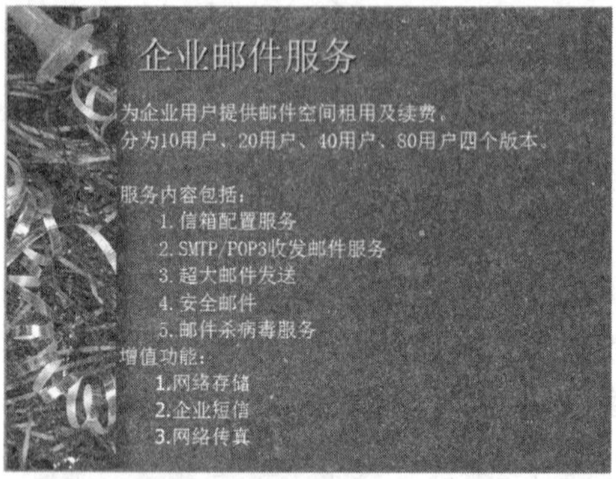

PPT 3：单击“插入”→“表格”命令，制作 8×6 的表格，并填写相应的内容，如下图所示。

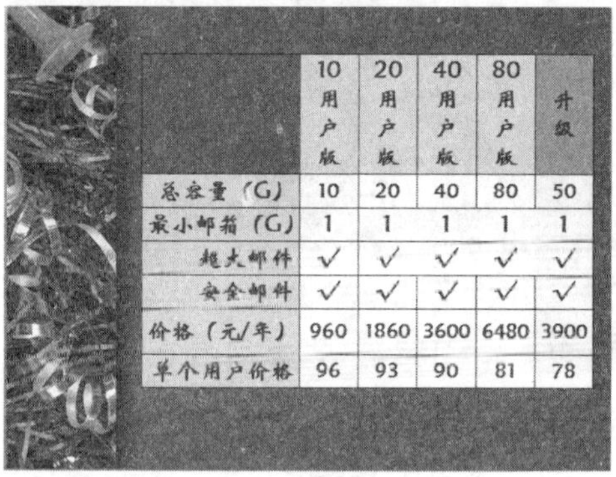

	10用户版	20用户版	40用户版	80用户版	升级
总容量（G）	10	20	40	80	50
最小邮箱（G）	1	1	1	1	1
超大邮件	√	√	√	√	√
安全邮件	√	√	√	√	√
价格（元/年）	960	1860	3600	6480	3900
单个用户价格	96	93	90	81	78

PPT 4：制作立方体。单击“插入”→”形状”→“基本形状”，选择立方体，在弹出的菜单中选择填充的颜色、线条的粗细，并配上文字，如下图所示。

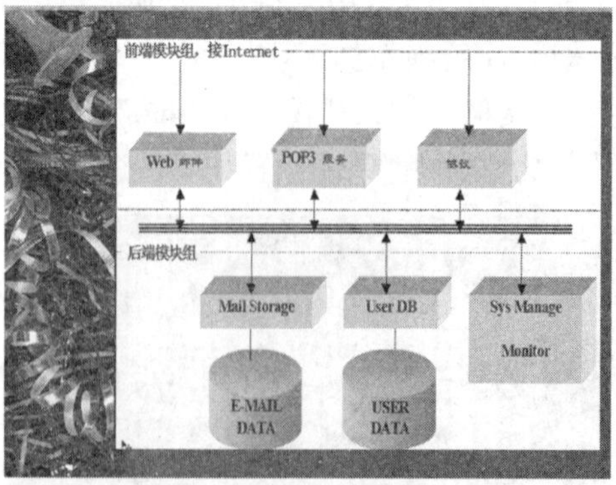

PPT 5：加入对邮箱企业的用途文字，摆放到适当的位置，并加入剪贴画，如下图所示。

滚动条 具有文本光标向上或向下移动的功能。

复选框 可选中多项。

选项按钮 允许用户从一组指定的操作选项中选择某一个选项。

组合框 提供一组预先设定的选项供用户选择，也可以接受从键盘输入的数据。

列表框 用来画表格，如项目列表的框，行列数可按用户需要设置。

切换按钮 单击这类按钮时，它会保持按下状态，再次单击时还原。

其他控件 ActiveX 控件是基于组件对象模型（COM）的可重用（再次开发）软件组件，它支持广泛的 OLE 功能并可自定义以满足多种软件的需要。

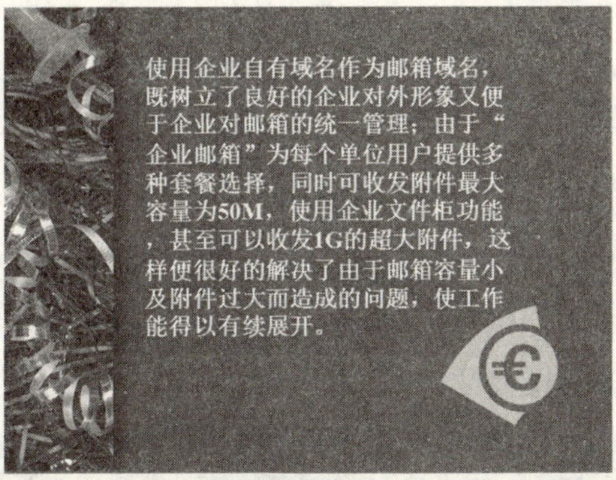

PPT 6:进一步介绍加入企业邮箱的优势,并加入各类剪贴画,如下图所示。

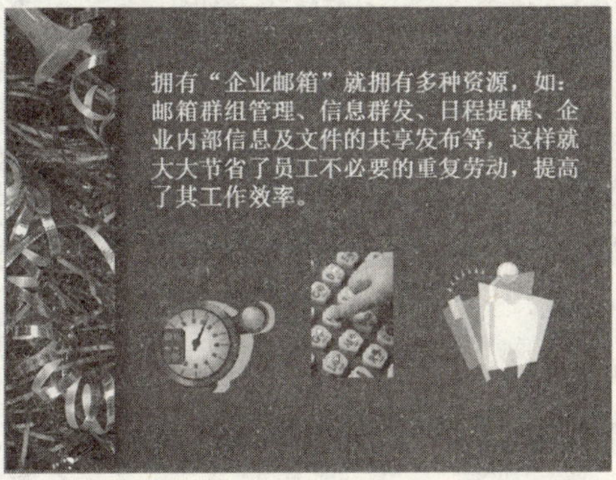

PPT 7:完成整个演示文稿的制作,写入制作时间。

试一试

制作以下图形。

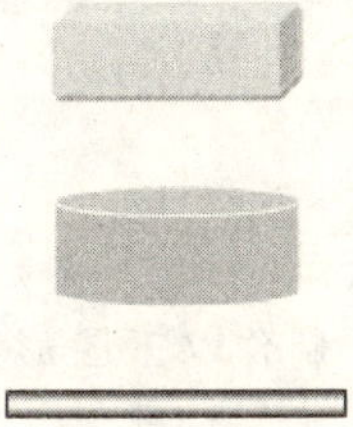

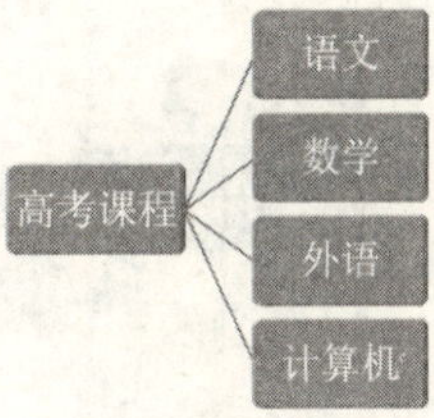

企业业绩图表

这里介绍使用 PowerPoint 2007 制作 2009 年中国石化业绩表。在这个 PPT 中利用大量饼图、柱形图来表现数据，增加演示文稿的直观性，如下图所示。

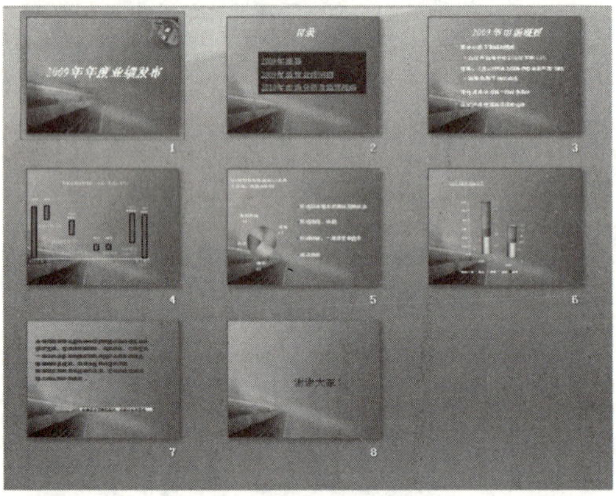

制作思路：

- 封面的制作（标题“2009 年度业绩发布”）；
- 目录（超级链接文字）；
- 市场环境综述；
- 利润总额影响因素；
- 降低成本（用饼图表示）；
- 2010 年投资计划（用柱形图表示）；
- 结论、欢迎垂询。

使用“素材\模块五\运用实例\企业业绩\图片”进行制作，每张幻灯片的制作如下：

PPT 1：添加标题“2009 年年度业绩发布”并插入“图片 1. bmp”和“图片 2. bmp”及图标，设置效果如下图所示。

试一试

制作以下图形：

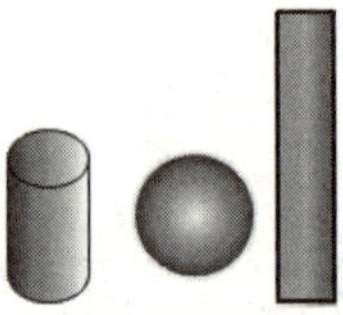

友情提示

立体柱图的制作：“插入”→“形状”→“矩形”→“形置样式”→“颜色”→“绿色”→“类型”→线性向左（或线性向右）。

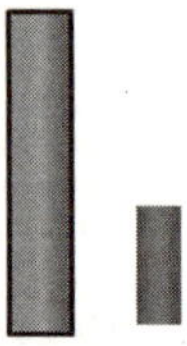

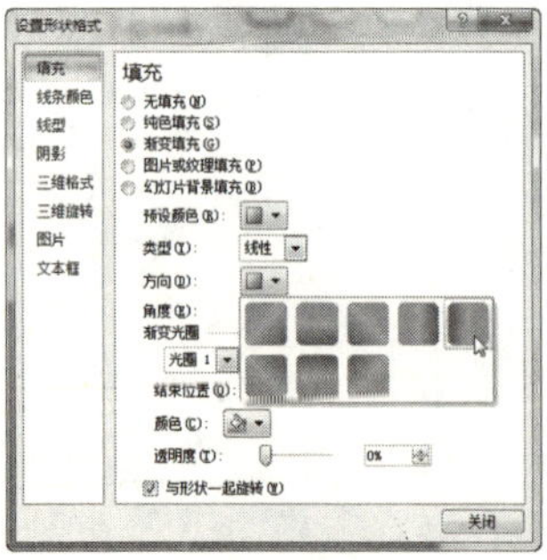

PPT 2：目录，制作时加入超级链接，如下图所示。

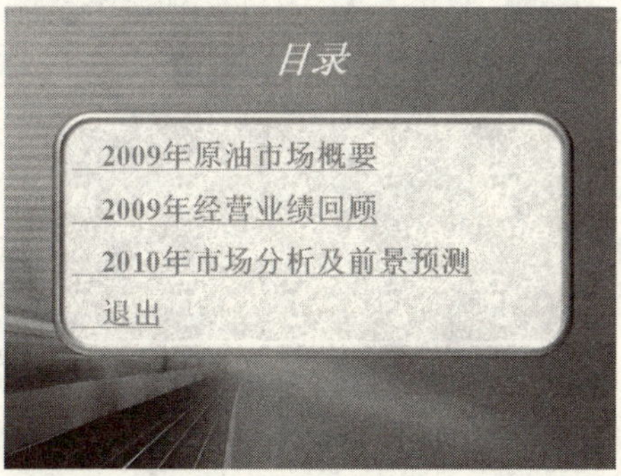

PPT 3：介绍 2009 年市场环境，输入文字后加入相应的动画效果，如下图所示。

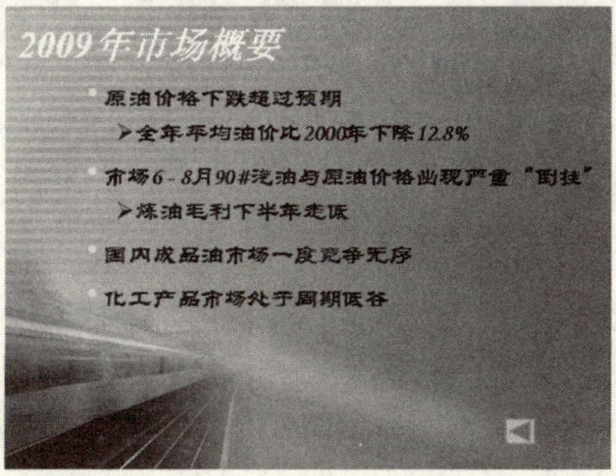

PPT 4：选择“插入”→“形状”→“矩形”→“渐变填充”→“预设颜色”绿色→“类型”线性向左（线性向右），制作柱形图，表达如何降低不利因素的影响，保持良好经营业绩，如下图所示。

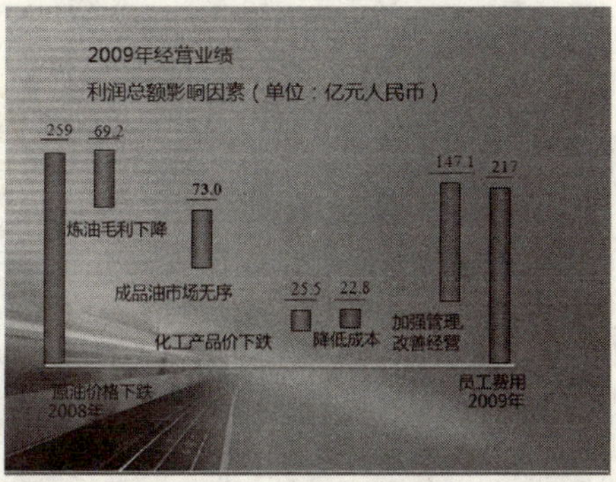

PPT 5：单击“插入”→“图表”→“饼图”，会自动链接到 Excel 文档，在文档中输入数据“勘探开发 4.5”“炼油 6.9”“销售 6.3”“化工 5.1”，生成饼图，如下图所示。

相关知识

PowerPoint 在 2007 中提供了丰富的图表样式。

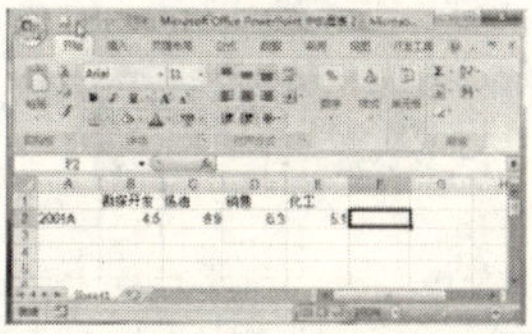

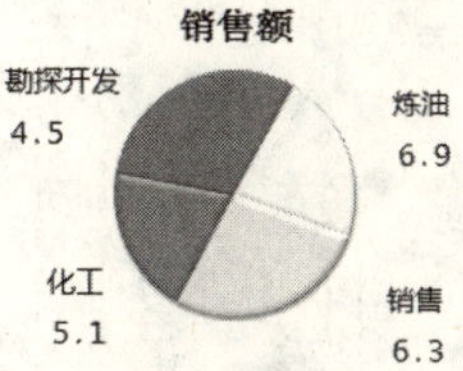

可以根据需要选择样式、填充方式。

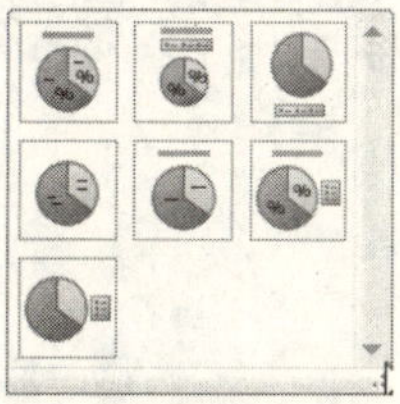

试一试

制作以下饼图：

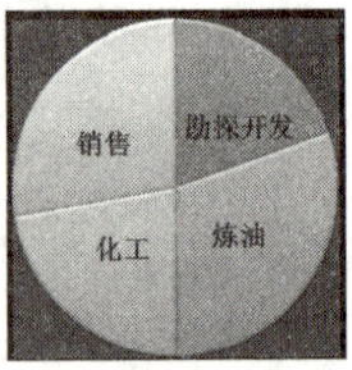

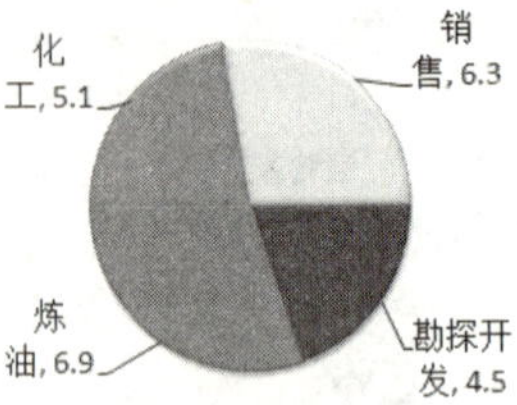

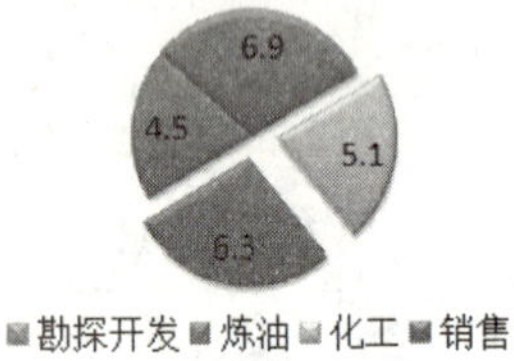

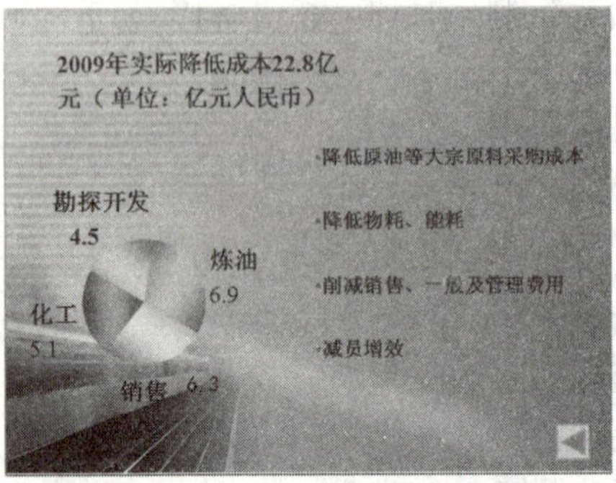

PPT 6：单击“插入”→“图表”→“柱形图”，链接到 Excel 文档，在 Excel 文档中输入各项数据，如下图所示。

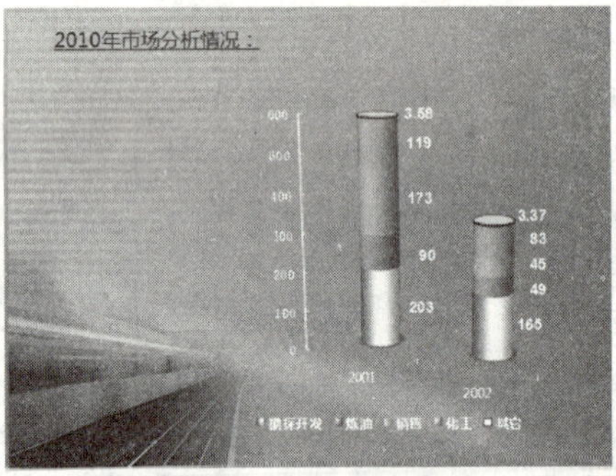

PPT 7：输入结论文字，加入动画效果，以加深印象，如下图所示。

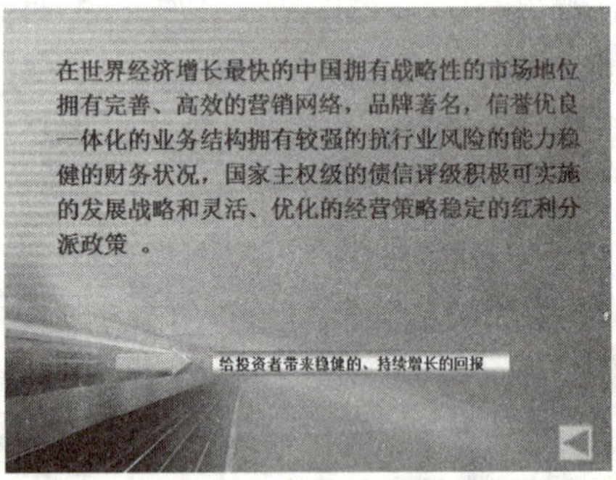

PPT 8：最后一张为垂询电话及服务热线，结束演示文稿，如下图所示。

企业产品宣传

使用 PowerPoint 2007 制作企业产品宣传 PPT，一方面采用图片的方式来展示，另一方面用文字介绍产品的优势、特点，如下图所示。

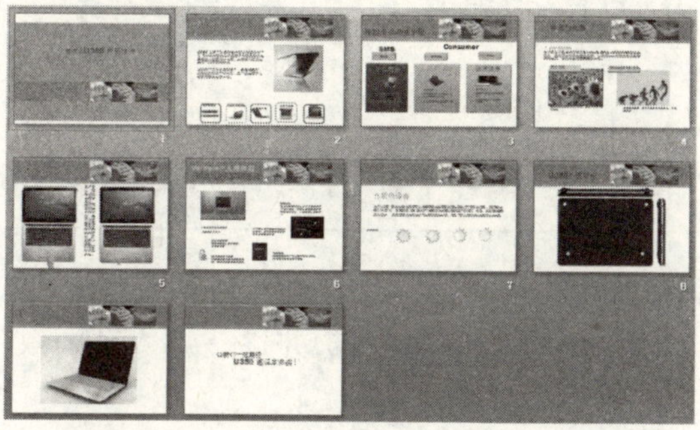

制作思路

- 封面的制作（标题“U350 产品”）；
- 简介小型笔记本电脑（图片加文字）；
- 笔记本分类及定位；
- 高分辨率的图像；
- 多点式触控板；
- 人脸识别；
- 光敏传感器；
- 外观图片；
- 结束。

使用“素材\模块五\运用实例\企业宣传册\图片”进行制作，每张幻灯片的制作如下：

PPT 1：以“笔记本 U350 产品宣传”作为主标题，并插入“图片 1. bmp”作为背景，如下图所示。

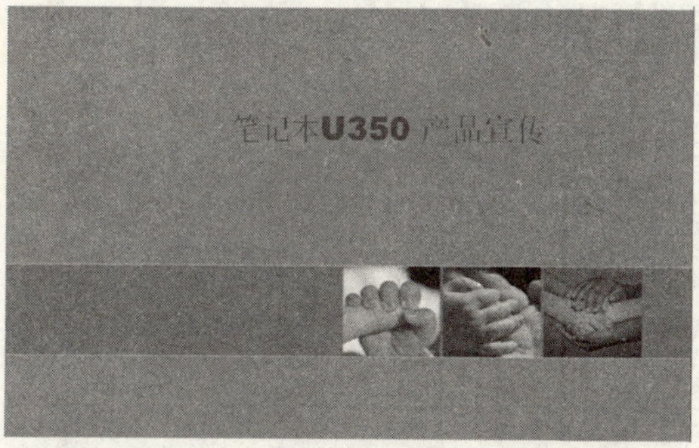

友情提示

PPT 中动画图片处理色彩更改：

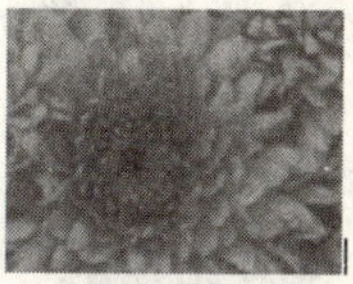

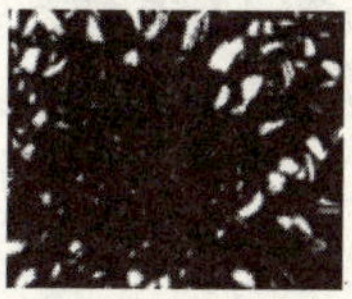

将一幅图片作更改：

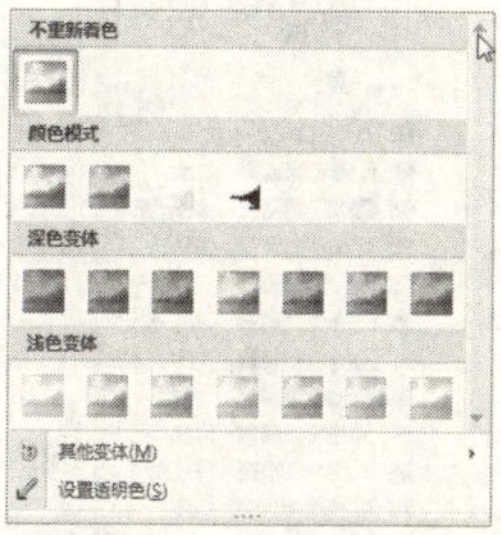

剪影制作：

PPT 2：简介第一款重新设计定型的系列产品 U350。文字放入左边，右边插入图片，如下图所示。

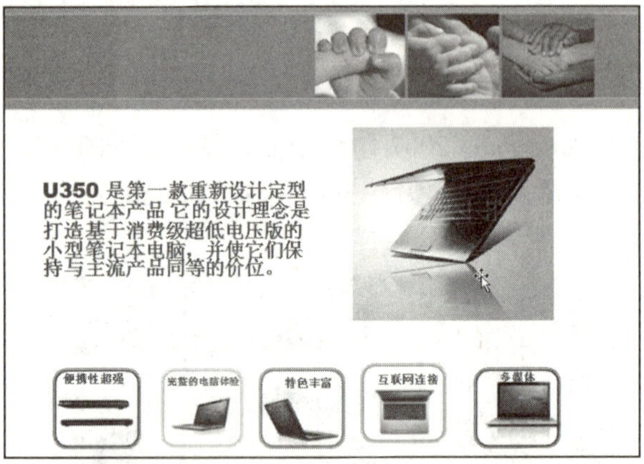

PPT 3：介绍笔记本电脑的分类及定位。插入图片 4. bmp。采用图片加文字的方式，并逐一加入动画效果，如下图所示。

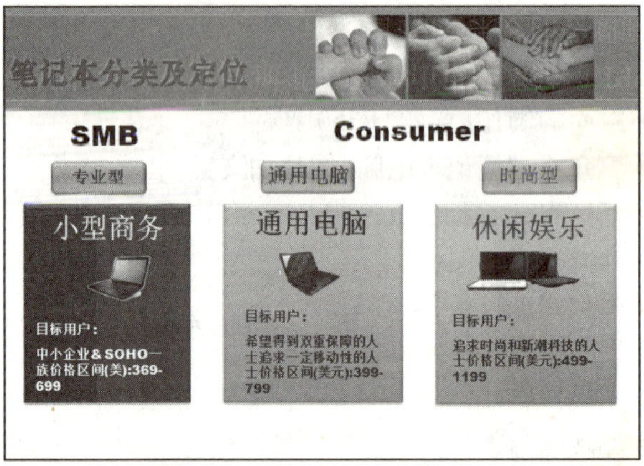

PPT 4：插入“图片 5. bmp”和“图片 6. bmp”，对高分辨率的图像作介绍，给观众的视角带来清晰的效果，如下图所示。

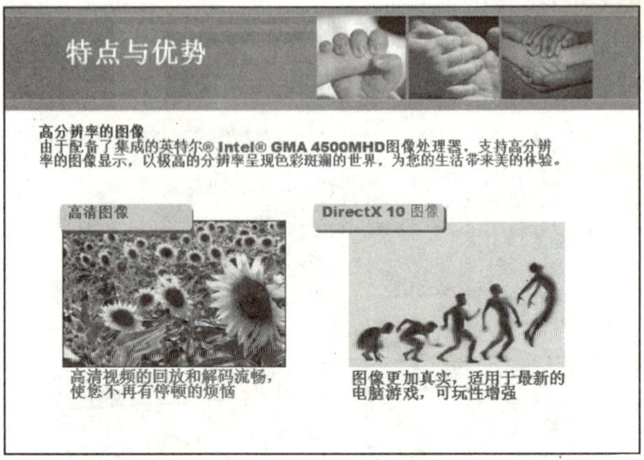

相关知识

PPT 设计的配色：

● 同色原则　PPT 的图形从头到尾都使用一个相同的颜色，例如：灰色、橙色等。

● 同族原则　PPT 中使用同一色族的颜色，例如：红、淡红、粉红、淡粉红。

● 对比原则　PPT 的颜色以反差较大的色彩为主，例如：白底，所有文字与图形均使用黑色或深灰色。

主题配色设计

在 PowerPoint 2007 中，自带了很多主题和主题色，这些主题就相当于演示文稿的模板，供使用者选用。

PPT 5：插入“图片 7. bmp”和“图片 8. bmp”配合演讲者介绍该笔记本电脑方便快捷的操作特点，加入打字动画效果，如下图所示。

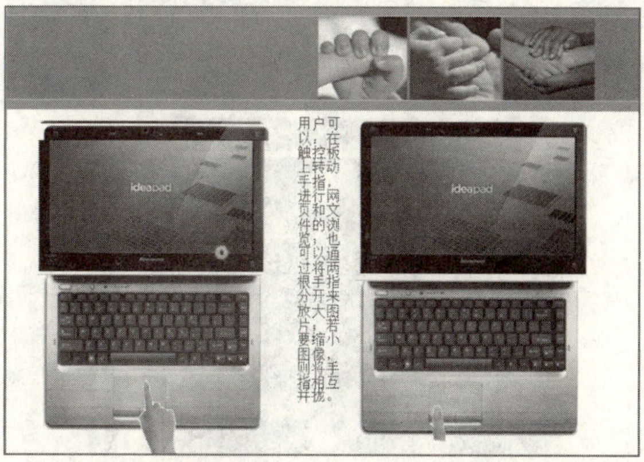

PPT 6：插入“图片 9. bmp、图片 10. bmp、图片 11. bmp”，并介绍产品的特点，如下图所示。

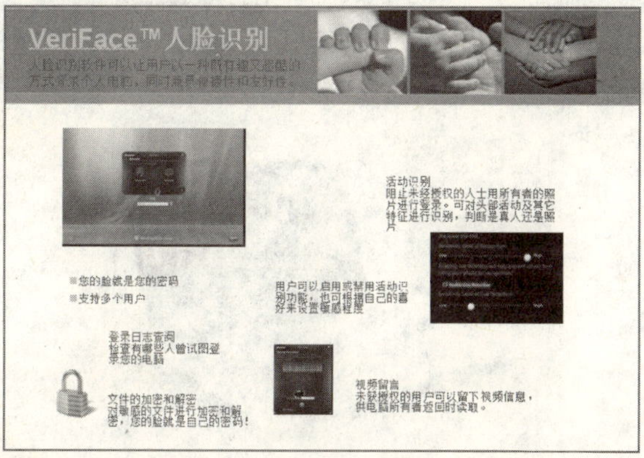

PPT 7：插入“图片 12. bmp”，仍采用文字加图片方式，进一步向人们展示产品的特点，如下图所示。

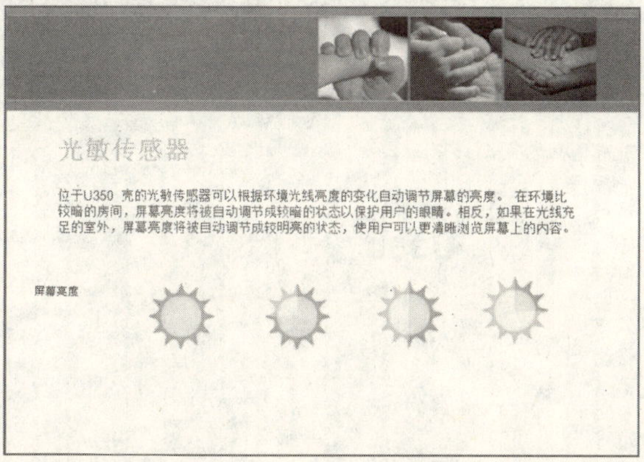

相关知识

用 PowerPoint 2007 制做电子相册：

①启动 PowerPoint 2007，新建一个空白文档。

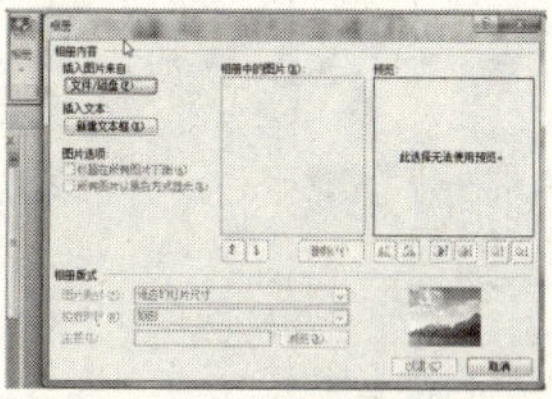

②打开“相册”对话框，单击“插入文件来自”区域中的“文件/磁盘”按钮，打开“插入新图片”对话框。找到事先准备要插入 PowerPoint 2007 中的图片，然后单击“插入”按钮返回“相册”对话框。相片文件名便加入到了“相册中的图片”列表框中。

知识窗

PowerPoint、Execl、Word 开发工具中都有宏，“宏”是什么？有什么功能？

宏是嵌入 PowerPoint 的由 Visual Basic for Applications（简称 VBA）语言编写的程序代码。使用宏可以自动执行重复的文档制作任务，简化繁冗的操作，还可以创建解决方案。

有人认为：PPT不仅是一个展示内容的工具，更是一种设计的艺术。

PPT 8：插入“图片13. bmp”、“图片14. bmp”、“图片15. bmp”，从正面、侧面展示产品，让大家从不同的角度了解产品，如下图所示。

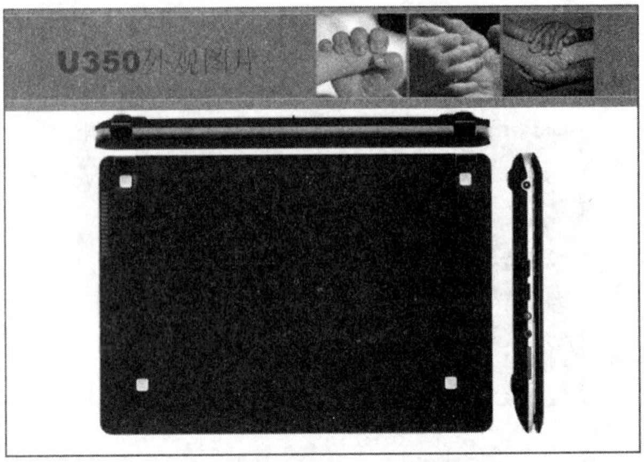

PPT 9：插入“图片16. bmp”，展示该款笔记本电脑效果图，制作时突出简洁的视觉效果，如下图所示。

PPT 10：用“让我们一起期待U350笔记本热卖”文字来结束该演示文稿，如下图所示。

制作互动旅游幻灯片

任务概述

这是介绍台湾省旅游的 PPT。该 PPT 采用台湾省从北到南的游览图并配以文字解说，介绍对各种图片进行美化加工，最后“猜一猜”运用触发器来增加互动效果，如下图所示。

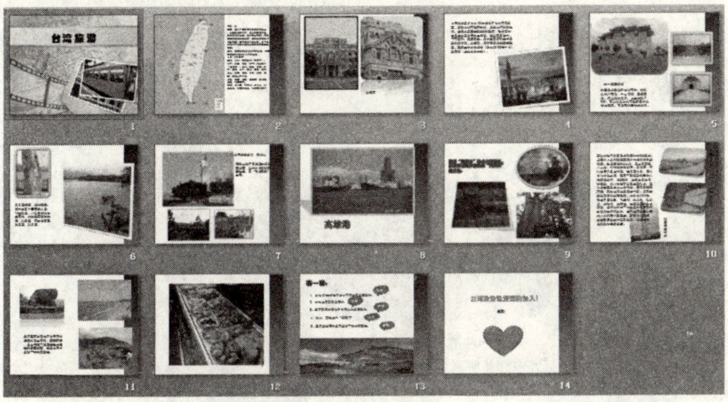

制作思路

- 封面的制作（标题“台 湾 旅 游 ”）；
- 台湾简介（地图加文字）；
- 台北 101 大楼；
- 正牌楼；
- 日月潭；
- 台湾旅游景点：佛光山；
- 高雄港；
- 阿里山；
- 垦丁国家公园；
- 三仙台；
- 小吃图片；
- 猜一猜、结束。

使用“素材\模块五\运用实例\台湾旅游\图片”进行制作，每张幻灯片的制作如下：

PPT 1：插入“图片 1. bmp”，主标题“台湾旅游”，并在 PPT 中下载模板制作封面效果，如右图所示。

试一试

试作以下效果：

自己动手加工图片：

试一试

在 PowerPoint 2007 中，图片的边框多种多样：

PPT 2：从网上下载台湾省地图“图片 2. bmp”插入到 PPT 中并配合简短的文字说明，让观众了解整个台湾岛的情况，如下图所示。

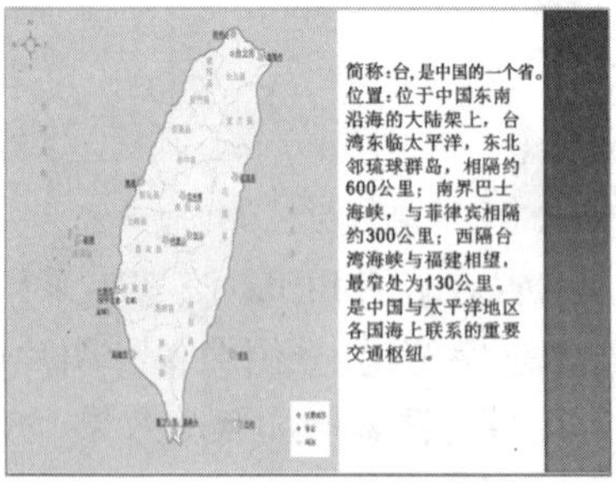

PPT 3：将景点正牌楼图片插入到 PPT 中，并使用立体相框效果，如下图所示。

PPT 4：插入“图片 8. bmp”台北 101 大楼，图片可作斜放，如下图所示。

PPT 5：日月潭是著名景点之一，将它的图片插入到 PPT 中，并加入自定义动画效果，如下图所示。

PPT 6：插入中外闻名的佛教胜地佛光山图片，在制作上采用柔化边缘样式，如下图所示。

PPT 7：用图片来展示高雄港的美丽景象，在图片上采用金属样式，如下图所示。

PPT 8：插入阿里山的图片并加上文字叙述，图片中加入金属椭圆等的效果，如下图所示。

PPT 9：插入垦丁国家公园图片和文字制作，图片采用棱台透视的效果，如下图所示。

想一想

你使用过 PowerPoint 2003 吗，它与 PowerPoint 2007 有什么不同？

心得体会

可以适当地添加动画、图示、音乐等来增加演示文稿的生动性、神秘性、趣味性，营造一种引人入胜的氛围，让观众对你的话题充满兴趣，加深印象。

PPT 10：插入三仙台景点图片和文字，并对图片进行美化制作，加入回旋动画效果，如下图所示。

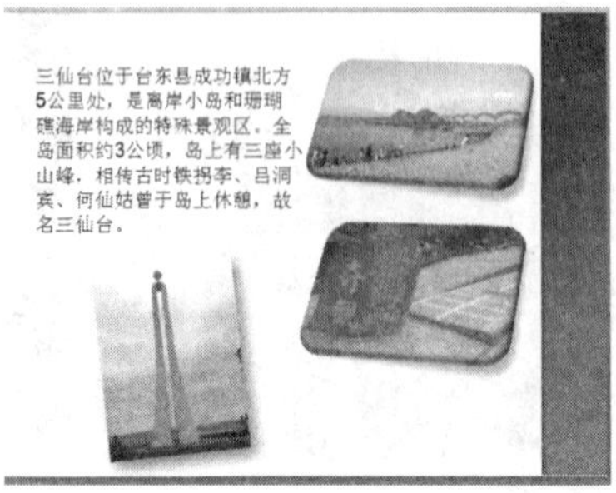

PPT 11：插入“图片 24. bmp”，展现夜晚台南小吃琳琅满目的景象，如下图所示。

PPT 12：利用 PPT 触发器，制作“猜一猜”，以“正确”或“错误”答案的判断来增加互动效果，如下图所示。

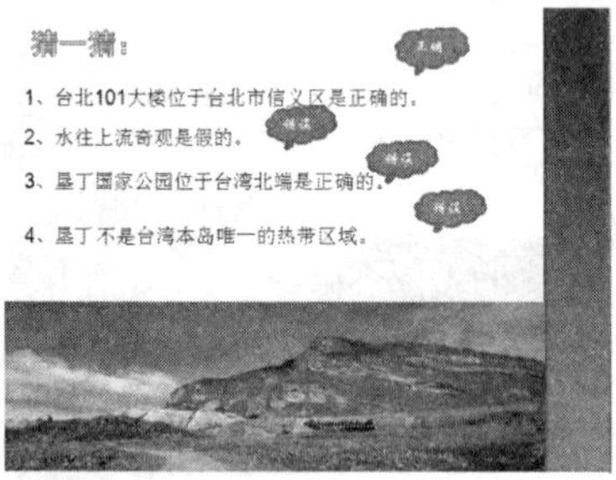

PPT 13：输入文字“台湾旅游欢迎您的加入，再见”结束幻灯片的制作。制作时，选择“插入”→“形状”→添加“”，并添加三维立体效果，增加趣味，如下图所示。

知识窗

PowerPoint 已有 20 年的历史，从 Microsoft PowerPoint 2.0/3.0/4.0 至 Microsoft PowerPoint 95/97/98/XP/2000/2007，最新的版本 Microsoft PowerPoint 2010 已在测试期。

这款组件告诉人们精彩的 PPT 制作就这么简单，快捷。

学习评价

一、选择题

1. 下列有关 PowerPoint 的说法,不正确的是(　　)。
   A. PowerPoint 中可加入文字、图形、图像、声音、视频剪辑等内容
   B. PowerPoint 中可以加入文字、图形、图像内容,但不能加入声音和视频
   C. PowerPoint 制作的幻灯片可自动播放
   D. PowerPoint 可以为演示文稿录制旁白或配音播放
2. 下列视图中,不属于 PowerPoint 视图的是(　　)。
   A. 幻灯视图　　B. 页面视图　　C. 大纲视图　　D. 备注页视图
3. PowerPoint 2007 制作的演示文稿文件,其扩展名是(　　)。
   A. . ppt　　B. . pptx　　C. . pot　　D. . pptmx
4. 在幻灯片放映的过程中,可按(　　)键终止放映。
   A. Shift + F4　　B. Ctrl + F4　　C. F4　　D. Esc
5. PowerPoint 中,用以显示文件名的栏是(　　)。
   A. 常用工具栏　　B. 菜单栏　　C. 标题栏　　D. 状态栏
6. "文件"菜单中的"打开"命令的快捷键是(　　)。
   A. Ctrl + P　　B. Ctrl + O　　C. Ctrl + S　　D. Ctrl + N
7. PowerPoint 中,默认的新建文件名是(　　)。
   A. DOC1　　B. SHEET1　　C. 演示文稿 1　　D. BOOK1
8. 下列对象中,不可以为其设置动画播放效果的是(　　)。
   A. 动作按钮　　B. 标题　　C. 背景　　D. 自绘图片
9. 在"幻灯片浏览"视图下,所有幻灯片都会以(　　)的图形在屏幕上显示。
   A. 不变　　B. 放大　　C. 缩小　　D. 1∶1.5 放大
10. 在幻灯片浏览视图中,用鼠标选中要删除的幻灯片再按"Del"键,即可删除该幻灯片,其后面的幻灯片会(　　)。
    A. 保留在原处　　B. 自动向前排列　　C. 自动向后排列　　D. 自动向左排列
11. 在幻灯片浏览视图中,要移动或复制幻灯片,可选择快捷键命令(　　)进行剪切。
    A. Ctrl + X　　B. Ctrl + V　　C. Ctrl + C　　D. Ctrl + P
12. 在幻灯片中插入声音后,将出现(　　)。
    A. 动作按钮　　B. 声音按钮　　C. 喇叭标志　　D. 图形标志
13. PowerPoint 的主要功能是(　　)。
    A. 电子演示文稿处理　　B. 声音处理
    C. 图像处理　　D. 文字处理
14. 可设置切换速度的选项不包括(　　)。
    A. 慢速　　B. 匀速　　C. 中速　　D. 快速
15. 做完一张幻灯片后再做第二张,应在(　　)菜单中选择"新幻灯片"命令。
    A. 格式　　B. 编辑　　C. 插入　　D. 视图

二、填空题

1. PowerPoint 2007，有__________、__________、__________ 3 种方法来创建新的演示文稿。

2. 用 PowerPoint 2007 应用程序所创建的演示文件称为__________，其扩展名为__________；模板文件的扩展名为__________。

三、上机练习题

1. 我国是一个多民族国家，在广阔的疆土上生活着汉、满、蒙、回、藏等 56 个民族。请你利用 PowerPoint 2007 制作一个介绍我国少数民族的演示文稿。

具体要求如下：

①从网上获取各民族的图片，对各民族进行介绍，包括图片和文字，至少要有 10 张幻灯片；

②设置所有的幻灯片的切换效果为“随机”。

完成后，以“民族连环画. pptx”为文件名保存在学生的文件夹中。

2. 新建 PowerPoint 文件，完成以下操作要求：

①第 1 张幻灯片，插入艺术字“职中生的愿望”；

②第 2 张幻灯片，插入“职中生的愿望. txt”中的第一段内容，同时插入剪贴画进行修饰；

③第 3 张幻灯片，对所希望的职业进行介绍，并做动画效果的修饰；

④第 4 张幻灯片，插入“职中生的愿望”3 张图片，分别采用“金属框架、棱台形椭圆、柔化边缘的矩形”的效果；

完成后，以“职中生的愿望. pptx”为文件名保存在学生文件夹中。

3. 模拟一段电影片头，过程如下：

第 1 个画面：电影题目“我的家庭”以溶解的方式出现在屏幕的中央；

第 2 个画面：出现“导演”“制片人”的字样，从屏幕底部移到屏幕中；

第 3 个画面：出现主题画面，整个过程自动完成。

要求：

①在第 1 张幻灯片中输入“我的家庭”，设置溶解动画效果；

②在第 2 张幻灯片中输入“导演”“制片人”，设置动画效果为从下部缓慢移入；

③在第 3 张幻灯片中插入了图片“家庭照片. jpg”。

完成后，以“我的家庭. pptx”为文件名保存在学生文件夹中。

模块六 Mokuailiu

Office 2007 其他常用组件

随着 Office 2007 在企业中的运用不断增强,对组件的使用也逐渐扩大化。企业常使用 Project 进行项目管理,Visio 制作外观图,Publisher 制作广告,Outlook 进行网络通讯。本模块将通过简单实例,让学生在进入企业之前了解更多 Office 2007 应用。

本模块应达到的目标:

- 认识 Project 2007
- 认识 Visio 2007
- 认识 Publisher 2007
- 认识 Outlook 2007
- 理解 Office 综合应用

任务一 管理建筑工程施工项目——Project 2007 项目管理

任务概述

Project 2007 是企业管理各项目的工具软件，它能以图示的方式让管理者了解项目的时间安排、用工情况、工时等，有效地管理项目。本任务将介绍如何运用 Project 2007 进行工程施工项目的管理。

任务实施

1. 安装 Project 2007

安装 Project 2007 的主要步骤如下：

①双击安装程序 setup.exe，选择安装 Office 2007 产品中的 Project professional 2007，如下图所示。

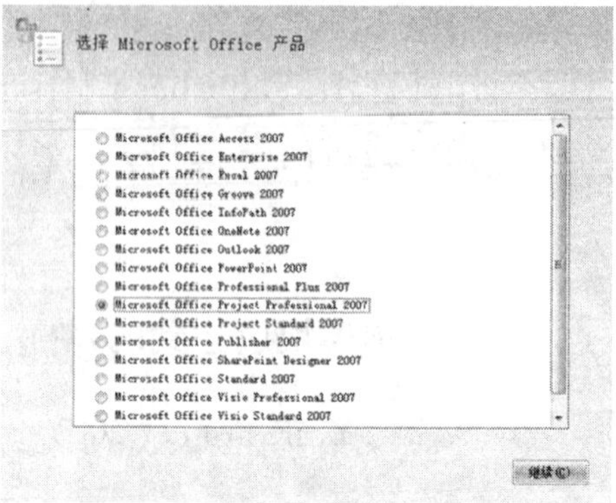

②输入安装密钥后，进行安装，如下图所示。

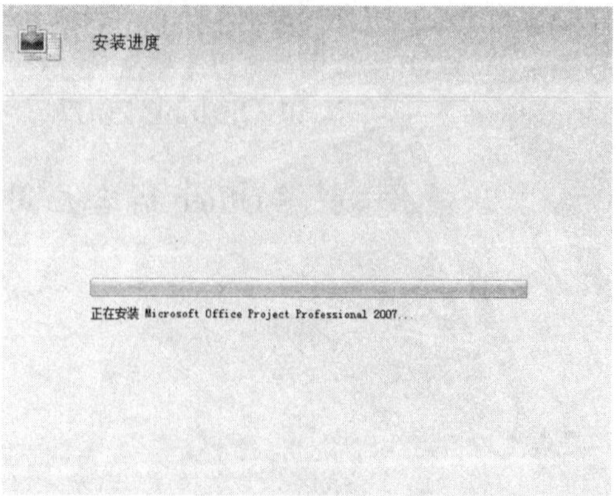

2. 工作界面

Project 2007 工作界面，如下图所示。

相关知识

从 Office 2003 升级到 Office 2007 需注意什么？

在进行升级之前，一定要对数据进行备份，包括定制好的模板和字体。备份好了以后，再插入 Office 2007 光盘，在安装的界面上选择"升级先前的版本"。如果要删除 Office 2003，选择"移除所有先前的版本"，但也要保留相关设置，例如 Word 的用户词典、Excel 的用户菜单和 Outlook 的.pst 文件。

知识窗

项目是指在一定的约束条件下（主要是指限定资金和限定时间等），为完成某一独特的产品和服务，具有特定目标的一次性任务。

项目管理是以项目经理负责制为基础的目标管理。项目管理主要包括项目计划、项目组织、质量管理、费用控制、进度控制 5 项。

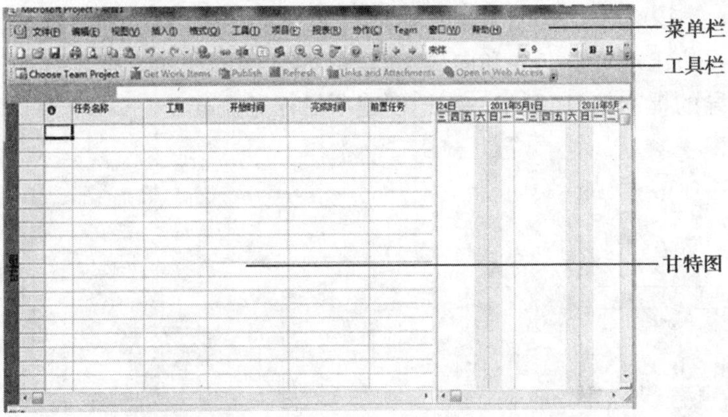

●菜单栏:包括“文件”、“编辑”、“视图”、“插入”、“格式”、“工具”、“项目”等多项菜单。

●工具栏:常用命令按键,用户可以根据自己需要定义。

●甘特图:输入任务名称、工期、开始、结束时间等,自动以图形形式表现出来。甘特图又称为横道图、条状图,它是通过活动列表和时间刻度形象地表示出某一特定项目的活动顺序与持续时间。

3. 用 Project 2007 管理建筑工程施工项目

以建筑工程资源成本管理中一个施工项目实例,展现 Project 2007 在项目管理中的作用。

参考“素材\模块六\任务一\施工项目. mpp”文件所示结果,操作步骤:

①新建项目。启动 Project 2007,选择“文件”→“新建”命令,新建一个空白的计划,也可根据提供的模板和向导来完成,如下图所示。

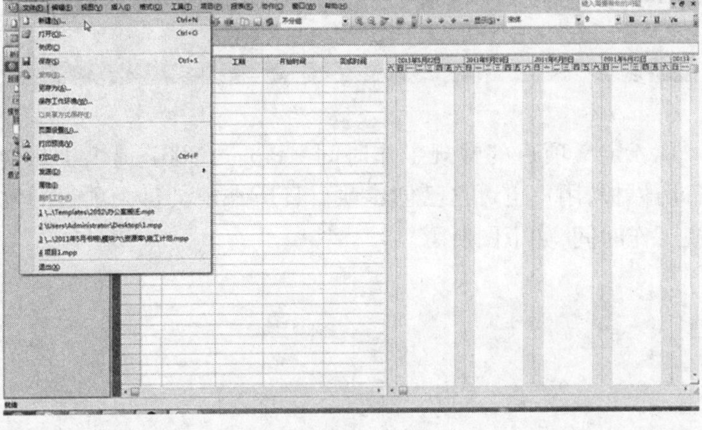

相关知识

Project 2007 在项目管理中的作用:

●可以针对不同规模的项目进行管理和监控。

●项目管理由计划、实施、控制、收尾 4 个主要阶段组成,Project 可以针对每个阶段的工作提供相应的协助。

Project 2007 常用的视图:甘特图视图、网络图视图、资源工作表视图、资源使用状况视图、任务分配状况视图、跟踪甘特图视图。

友情提示

Project 可以用来帮助产生、收集、发布、保存和报告项目信息。

相关知识

使用 Project 目的:进行项目控制和跟踪、详细的时间安排、早期的项目计划、沟通、报告、甘特图等。

友情提示

Project 2007 中,每个项目文件中最多任务数为 100 万,最多资源数为 100 万,每个项目文件中可嵌套子项目级别为 6 万级。

②创建项目流程。新建项目后在 Project 2007 的界面的左边出现项目向导和向导工具栏，如下两图所示。按项目向导的提示信息，一步一步地创建项目任务流程。

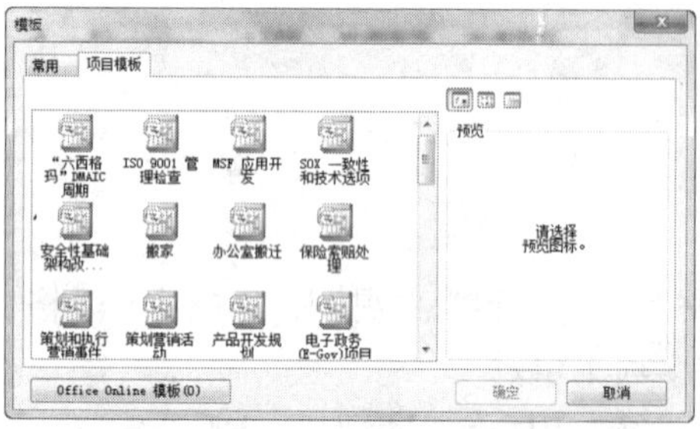

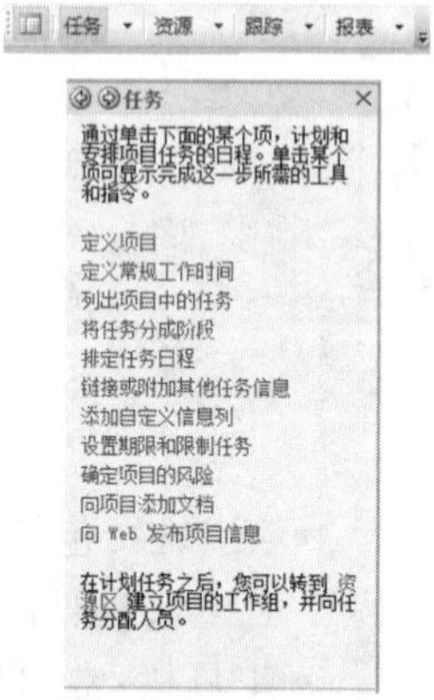

③定义项目。输入任务名称，如"开工、基础工程、主体工程、粉刷及附属工程、竣工验收"等；也可双击空白栏，在弹出对话框的"高级"页面中输入任务名称，如下图所示。

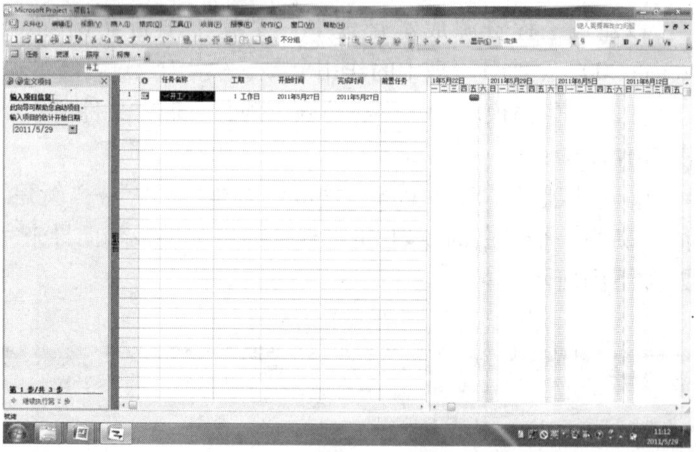

④定义项目的常规工作时间。Project 2007 提供了几种日历模板，用户也可自己创建项目日历来定义每个项目的常规工作时间，如下图所示。

友情提示

在 Project 2007 中，项目向导默认是关闭的，显示方法有两种：单击"视图"→"启动项目向导"；或单击"工具"→"选项"，在"界面"选项卡中勾选"显示项目向导"复选框。

相关知识

Project 能够实现的项目管理：

- 范围管理　对项目进行分解，并可以在任何层次上进行各种信息的汇总。
- 时间管理　使用关键路径法对进度进行管理。
- 成本管理　自底向上的费用估算。

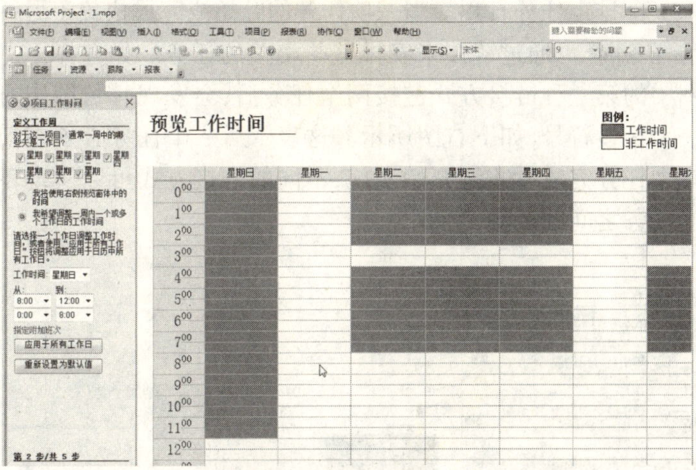

友情提示

在甘特图中，横轴方向表示时间，纵轴方向并列机器设备名称、操作人员和编号等。图表内以线条、数字、文字代号等表示计划（实际）所需时间、计划（实际）产量、计划（实际）开工或完工时间等。

⑤自动产生日程安排。在“工期”栏中，输入完成每项任务所需的时间，项目向导可自动计算出开始和结束日期，如下图所示。

	任务名称	工期	开始时间	完成时间
1	开工	1 工作日	2011年5月27日	2011年5月27日
2	基础工程	5 工作日	2011年5月27日	2011年6月2日
3	主体工程	2 工作日	2011年6月2日	2011年6月3日
4	粉刷及附属工程	2 工作日	2011年6月6日	2011年6月7日
5	竣工验收	6 工作日	2011年6月9日	2011年6月16日

知识窗

甘特图是在第一次世界大战时期发明的，以亨利·L·甘特先生的名字命名，一个完整的用条形图标识项目进度。由于甘特图形象、简单易懂，在短期的项目管理中得到广泛的运用。

⑥将任务分成阶段。创建项目组织结构后，可采用升、降任务来完成项目中的子任务操作，以达到对复杂任务的管理，如下图所示。

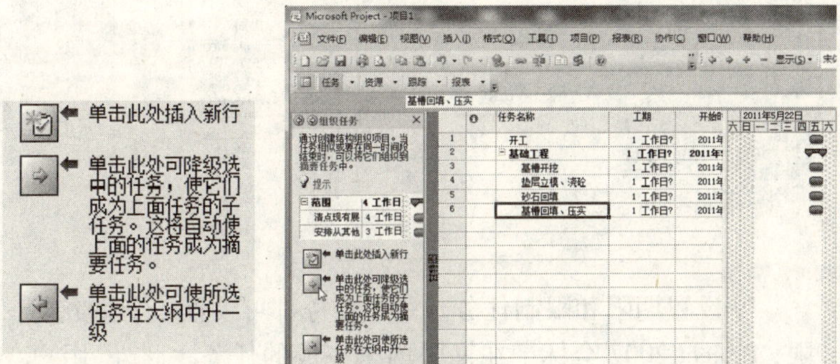

友情提示

如果打开的不是空白项目文件，那么就要在文件里面选择新建。

.mpp 是 Project2007 文件格式。

⑦排定任务日程。当一项任务的开始或完成依赖于另一项任务时，可通过链接来安排这些相关的任务。如选择下左图中的第一种链接方式链接两个任务后，会发现甘特图中有一个连接符号，如下右图所示。这表示后一个任务必须在前一个任务完成后才能开始实施，不同的链接方式可以实现不同任务之间的依赖关系。

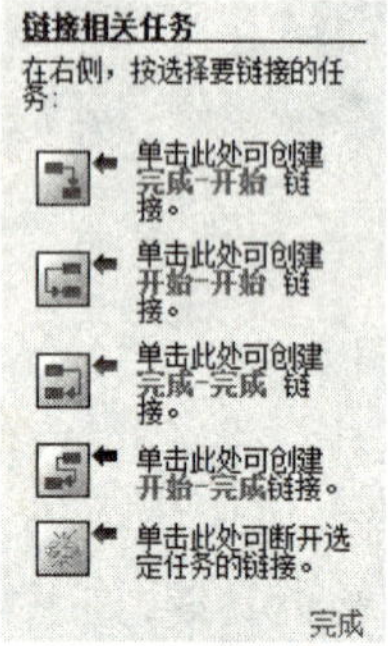

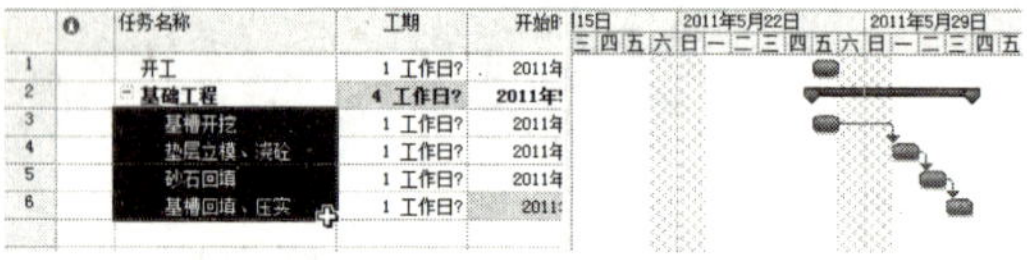

⑧添加自定义信息列：向视图添加域。

• ACWP（已完成工时的实际成本）域显示到项目状态日期或当前日期为止，某项任务已完成的工时成本值。

• BCWP（已完成工时的预算成本）域包含任务按时间分段的完成百分比与任务按时间分段的比较基准成本的乘积的累计值，BCWP 计算到状态日期或当前日期为止。

通过 ACWP 和 BCWP 的添加，用户可以清楚地了解项目实施的进展程度，有利于管理控制，如下图所示。

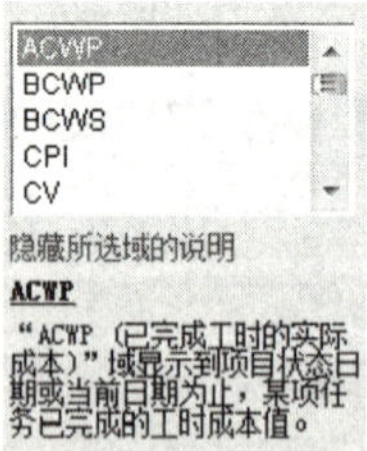

友情提示

当树形结构的任务名称展开或有变动时，甘特图也会发生变动，自动根据任务名称归类。

⑨设置期限和限制任务。每个任务都可设置一个完成期限，Project 2007 会标记在期限内未完成的任务。此外，用户还可以对任务加上限制，如设定“不得晚于……完成”或者“必须开始于”等，设置方法如下图所示。

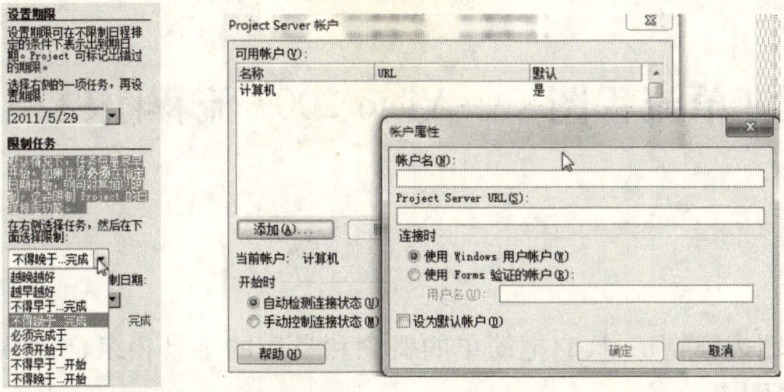

⑩保护项目的风险。Project 2007 通过添加服务器账户来保护项目。添加服务器账户后，必须重启 Project，才能连接到添加的账户中。注意，项目向导中许多任务都要求连接到服务器。

⑪向项目添加文档。可以向任务、资源或项目添加备注，以及其他信息或支持信息。

⑫向 Web 发布项目信息。确定并评估到目前为止的资源需求，确定项目范围包括设置任务列表和估计任务工期，将这些信息发布到 Web 上供其他人员查看分享。其他人员也可使用此信息进行初步估计、确定要求、配备人员和进行采购。

至此，整个项目管理操作完成，最后图表如下图所示。

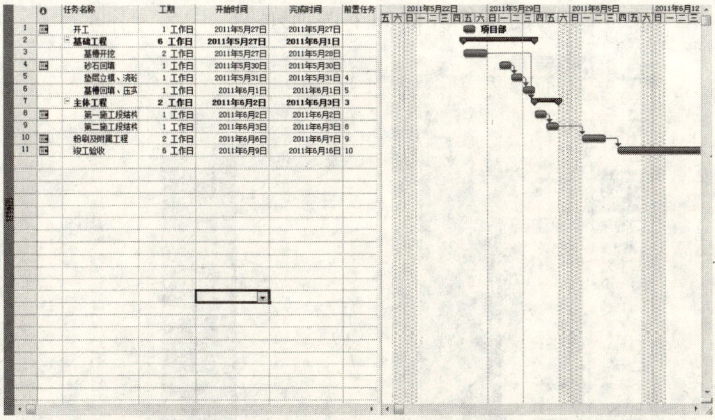

Project 2007 还有很多功能，它能迅速而有效地对项目计划进行管理、分析项目运作状态、报告项目所需时间及成本计算。它还能生成实时报告和方案分析，使项目经理和业务决策人了解项目整体情况。

试一试

公司最新任命小王为一个客户的家庭装修项目经理。今天是 2011 年 1 月 23 日，公司对小王要求是：

开始时间：2011 年 2 月 1 日正式开始装修；

结束时间：2011 年 4 月 1 日完成装修；

质量要求：符合此次合同的要求。

上网查阅有关装修工序，用 Project 2007 来完成项目管理。

任务二　制作企业订单流程图——Visio 2007 流程图模型

任务概述

Visio 2007 是一个强大的图表模型工具，它把简单的概念和易用的工具相组合，帮助用户创建出直观而系统的专业图表。

相关知识

Visio 是一种把流程视觉化的软件，使我们能轻易地把资料转换成图形。

Office Visio 2007 有两个独立版本：Office Visio Professional 2007 和 Office Visio Standard 2007。虽然两者的基本功能相同，但前者包含的功能和模板只是后者的一部分。

在使用 Visio 2007 前，需选择相应的组件进行安装，安装方式如下图所示。

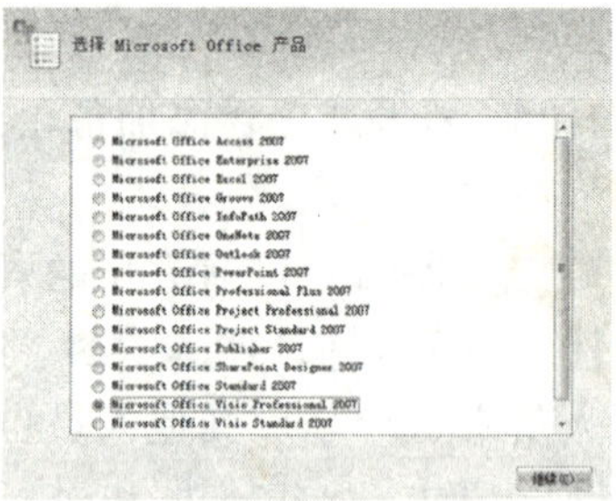

任务实施

1. 工作界面

Visio 2007 的工作界面如下图所示。

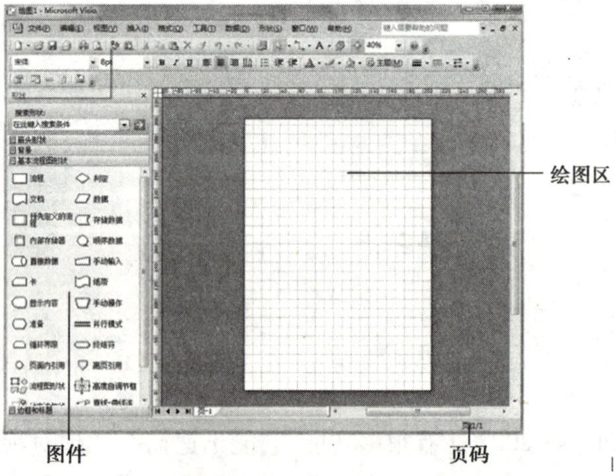

- 绘图区　这是创建绘图的区域。
- 图件　这是用来反复创建绘图的图形，共提供 158 个模具（模具是指与模板相关联的图件（或称形状）的集合。利用模具可以迅速生成相应的图形。
- 页码　显示当前页码和总页码。

2. 制作企业订单流程图

订单是客户与公司联系的纽带，使用 Visio 2007 可以表现订单处理的各个环节，帮助企业完成必要的工作任务及流程。本任务从绘图环境和基本操作入手，认识并制作简单的订单流程图。

参考光盘“素材\模块六\任务二\绘图. vsd”文件所示结果。

制作流程前，需先选择所用模板类别，Visio 2007 模板类别包括：工程、流程图、日程安排、软件和数据库、商务、网络，如下图所示。

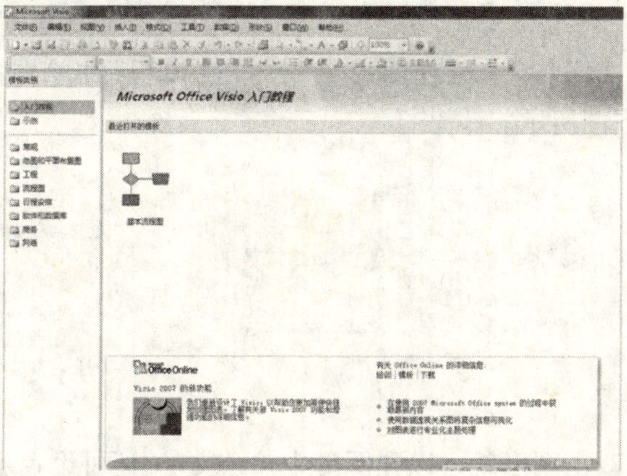

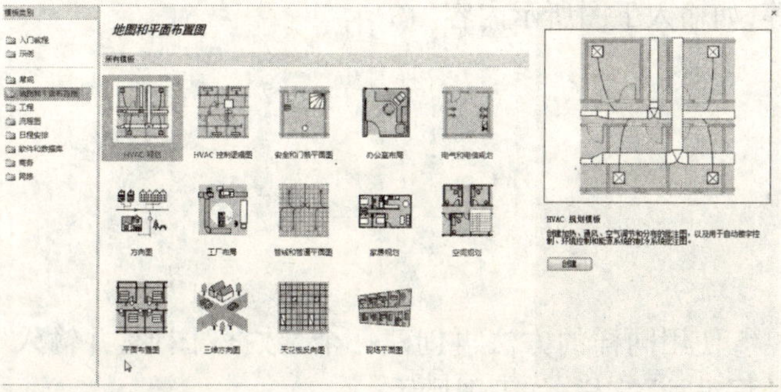

操作步骤如下：

①选择“常规”模板→“基本流程图”，如下图所示。

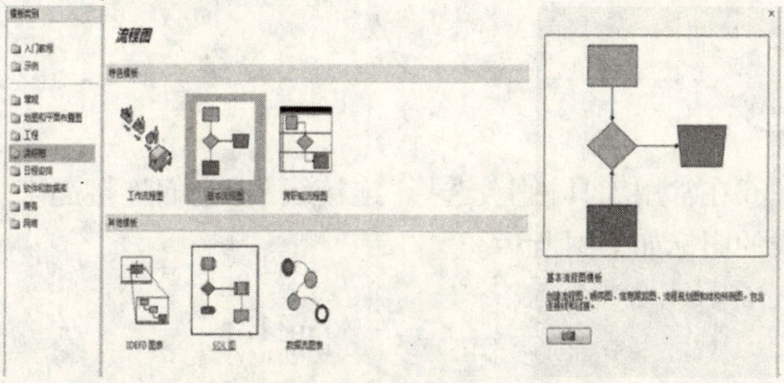

②单击“创建”按钮，出现界面如下图所示。

知识窗

流程图是系统的信息流、观点流或部件流的图形代表。在企业中，流程图主要用来说明某一过程。这种过程既可以是生产线上的工艺流程，也可以是完成一项任务必需的管理过程。

例如，一张工艺流程图能反映某个零件的制造工序。这些过程的各个阶段均用图形块表示，各图形块之间以箭头相连，代表它们在系统内的流动方向。

流程图是揭示和掌握封闭系统运动状况的有效方式。作为诊断工具，它能让管理者清楚地知道问题可能出在哪里，从而确定出可供选择的行动方案。

友情提示

Visio 2007 为我们提供了大量的模板以及无数的形状，每个模板都有不同的用途，从管线规划到计算机网络，多种多样。

可以通过 Microsoft Office Online 提供的培训教程、演示版和帮助主题来了解 Visio 2007 模板的有关信息。

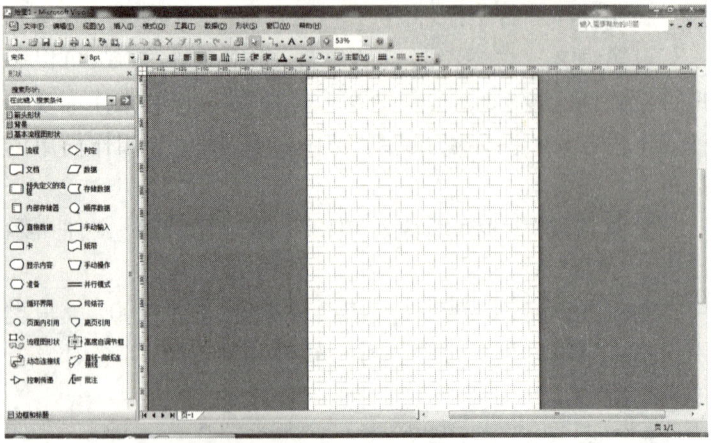

③选择“基本流程图形状”，单击“流程”往绘图区内拖拉，如下图所示。

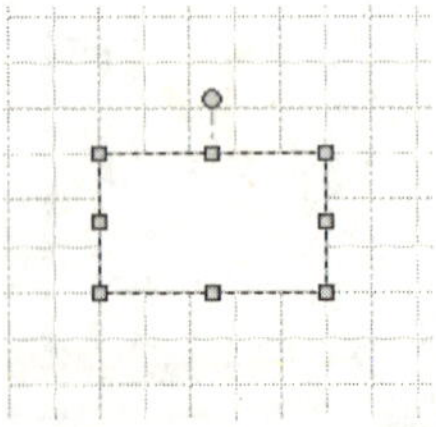

友情提示

在设计订单流程图时，首先要考虑一个订单要经过哪些环节，或由什么人来创建和接收，怎么审核，怎么把货发出去。

④双击图形就可以在图形中输入文字，还可设置字体、字号等，如输入下图所示内容。

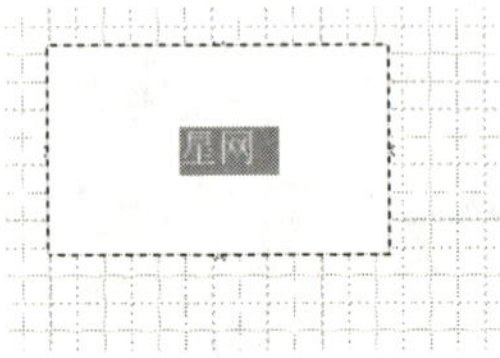

⑤使用同样的方法再创建一个“数据”图形，并输入“期初数据维护”字样，如下图所示。

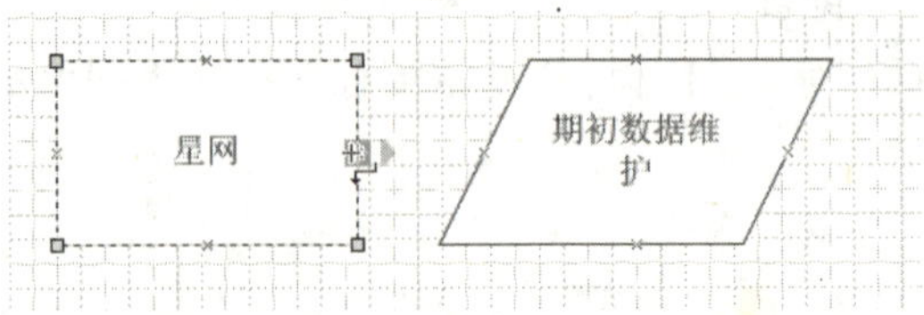

⑥在常用工具栏上，选择“连接线”把它们连接起来。连接线的图标如下图所示。

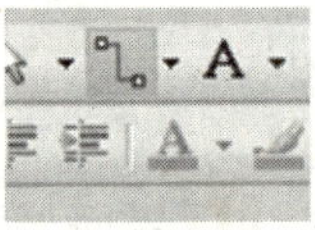

⑦单击“连接线”,出现箭头从一个流程图指到另一个流程图中“×”地方,如下图所示。

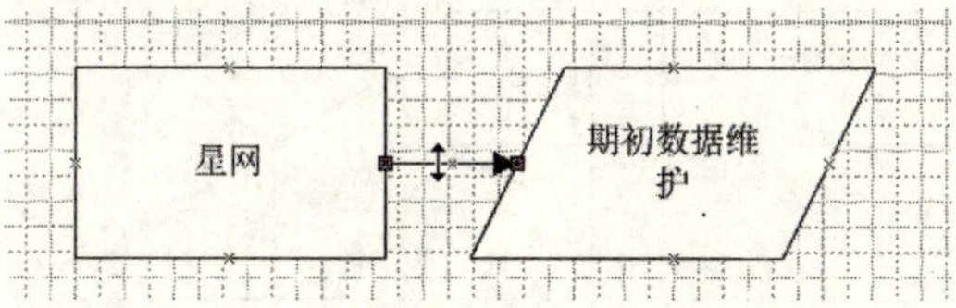

⑧再创建一个“流程”出来,用相同的方法使其与之前的流程连接并输入文字,结果如下图所示。

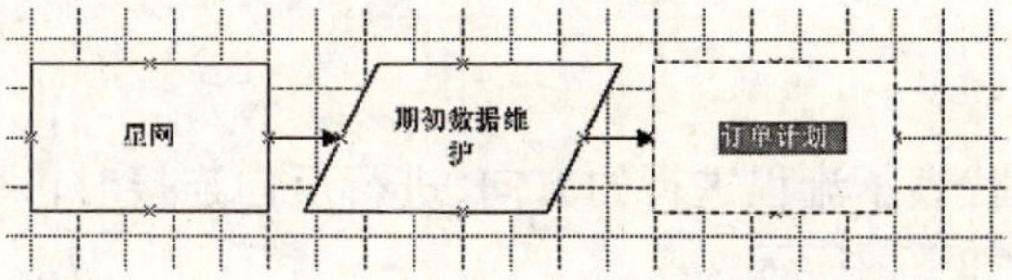

⑨创建一个“判定”图形,并与之前的流程相连,如下图所示。

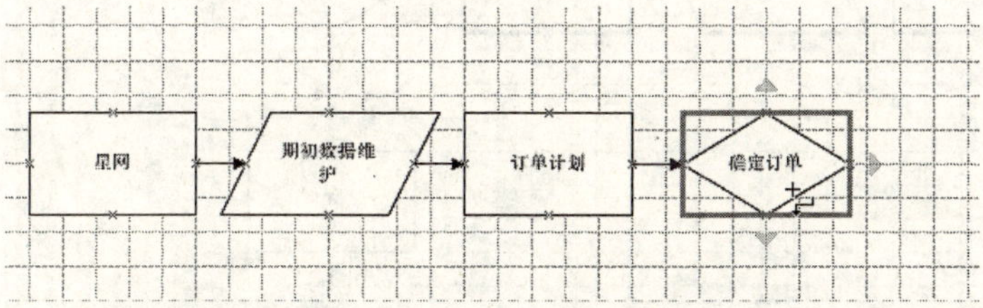

⑩由于判定结果可能为否,需要返回到之前的“订单计划”流程,因此需要在“确定订单”和“订单计划”之间再添加一条连接线,如下图所示。

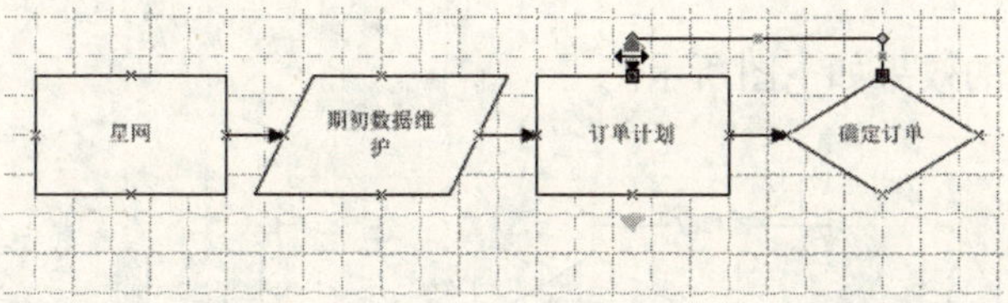

⑪在连接线的中心十字处单击,写入“需修改”文字,如下图所示。

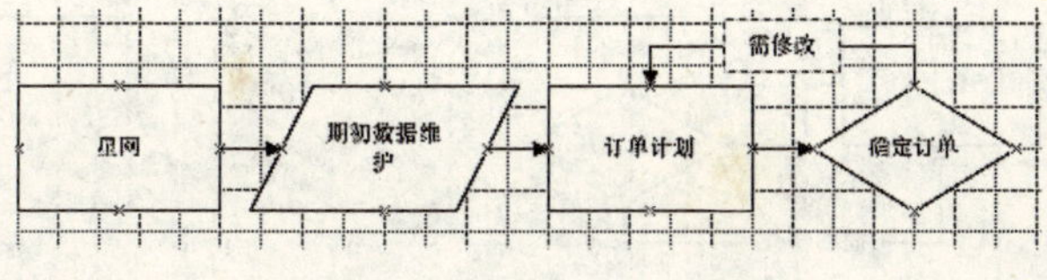

友情提示

当流程图画完后,为了方便展示,或不让别人随便修改,也可以用“另存为”的方式把它保存为图片,如 BMP 或 JPG。

试一试

用 Visio 做需求分析:

①设计一个学校的借阅图书过程流程图。

②设计一个计算机公司的售后服务过程流程图。

⑫使用同样的方法进行更多流程和文字的制作，如下图所示。

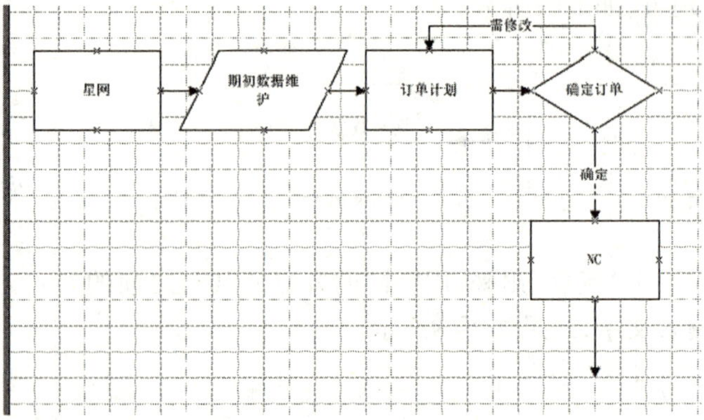

在流程中，连接线箭头代表了流程进行的方向，进行反向连接时，只需从另一对象出发进行连接即可，如下图所示。

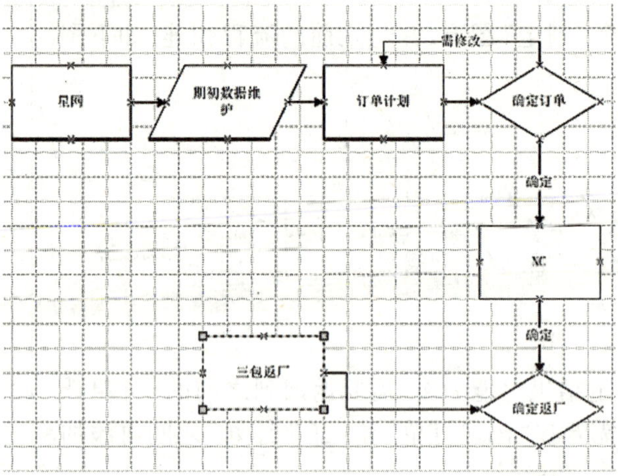

⑬流程图最终完成的效果如下图所示。

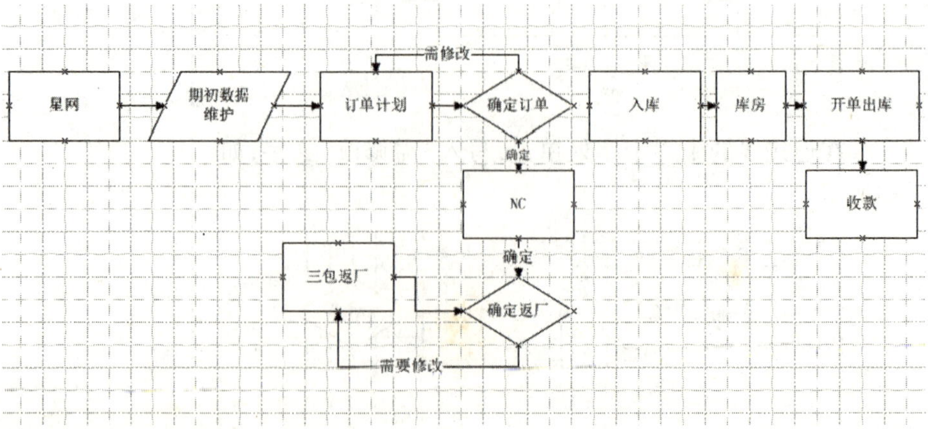

任务三　制作企业宣传海报
——Publisher 2007 企业发布介绍

任务概述

Publisher 是 Office 办公套件之一，它与 Word 功能相似，也集成了许多设计模式，用于制作企业宣传海报、名片、明信片、请柬等。本任务以制作企业简单宣传海报为例，介绍 Publisher 2007 的制作功能。

任务实施

在使用 Publisher 2007 前，找到对应的组件进行安装，如下图所示。

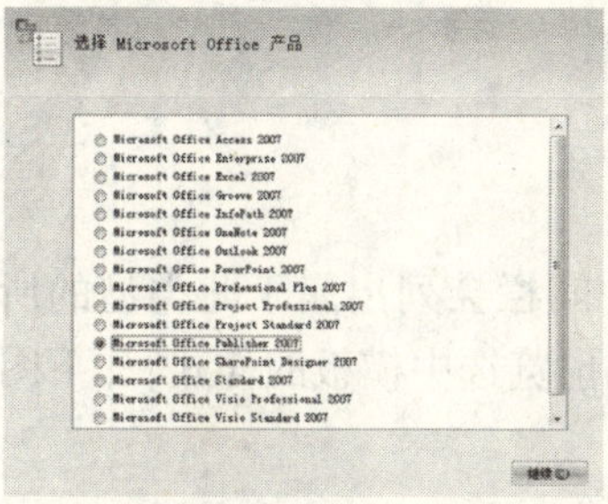

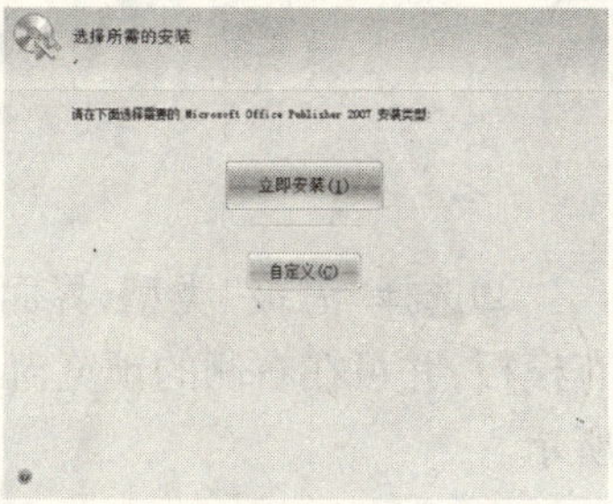

1. 工作界面

Publisher 2007 工作界面如下图所示。

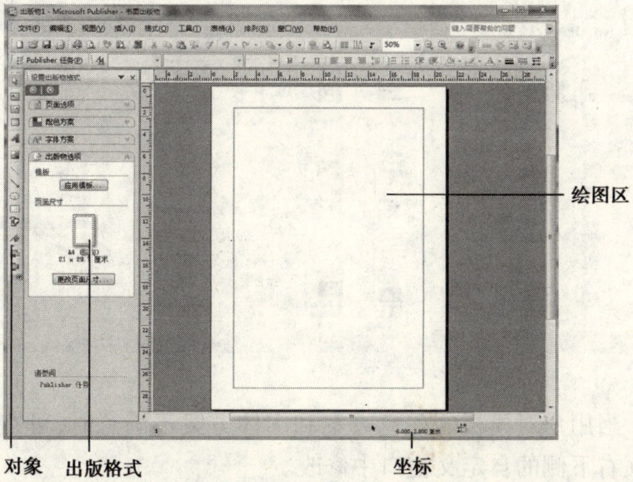

- 绘图区　这是用来绘画的地方。
- 坐标　显示当前鼠标所指绘图区的坐标。
- 出版格式　设置页面格式、字体、纸张大小。

相关知识

Publisher 2007 主要功能：设计、制作和发布新闻稿、小册子、海报、明信片、网站以及电子邮件等。

当打开 Publisher 2007 后，系统会弹出初始化窗口，在窗口的右侧可看到“出版物类型”，其中包括很多常见的出版物和印刷品的名称，例如：菜谱、广告、海报、奖状、节目单、贺卡和新闻稿等。在这个目录中我们还能看到电子邮件和网站两种类型。

●对象　一些基本常用工具，用户可以在该区域单击鼠标右键，自己添加需要的工具。

2. 制作企业宣传海报

参考光盘“素材\模块六\任务三\企业宣传海报. pub”文件所示结果。

操作步骤如下：

①启动 Publisher 2007，单击“文件”→“新建”，出现下图所示的各种类型模板。

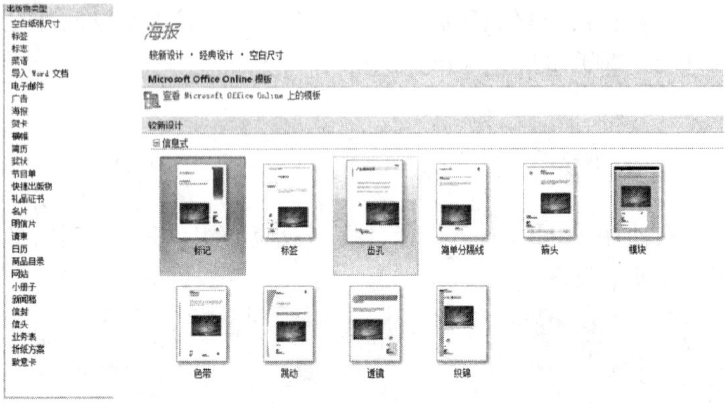

②选择“海报”类型，界面中间栏会列出属于此类型的所有模板，并可在右侧的预览窗口预览选中模板的样式，如下图所示。

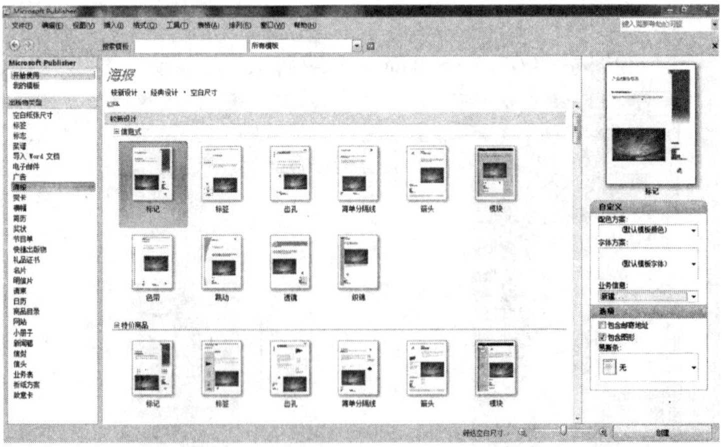

当用户对模板的配色方案和字体方案不满意时，可在对话框右下侧的自定义窗口中修改。

③双击选中的模板或者单击“创建”按钮，如下图所示的海报模板便创建好了。

知识窗

海报按其应用大致可以分为商业海报、文化海报、电影海报和公益海报等。

商业海报是宣传商品或商业服务的商业广告性海报。商业海报的设计要恰当地配合产品的格调和受众对象。

文化海报是指各种社会文娱活动及各类展览的宣传海报。展览的种类很多，不同的展览有不同的特点，需要了解展览和活动的内容才能运用恰当的方法表现其内容和风格。

电脑海报是海报的分支，其作用是吸引观众注意，增加电影票房收入，与戏剧海报、文化海报等有几分类似。

公益海报是带有一定思想性的，其海报主题包括各种社会公益、道德的宣传，或政治思想的宣传，弘扬爱心奉献、共同进步的精神等。

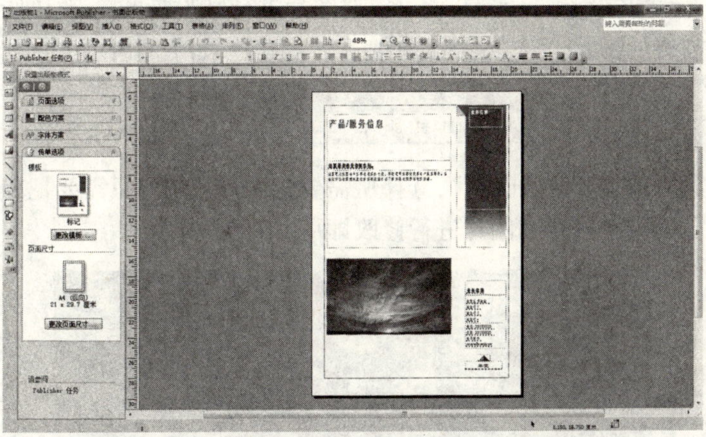

用户可对模板进行编辑，也可以更改。如果要更改模块，只需单击窗口左边的“设备出版模式”→“传单选项”→“更改模板”命令对模板进行重新设定即可。如可对海报的大小进行设置，只需要单击“更改页面尺寸”命令，在弹出的对话框中选择自己需要的尺寸，或者自己手工输入页面大小，如下图所示。

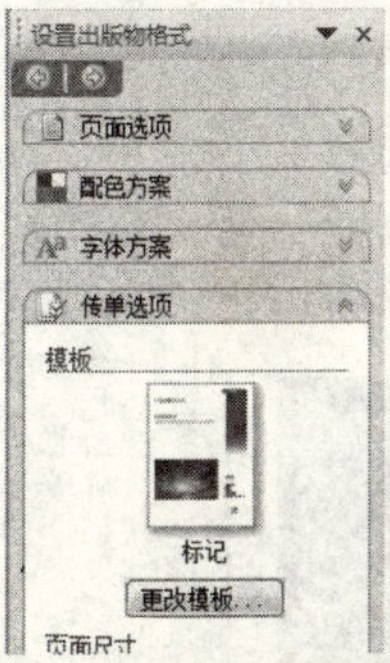

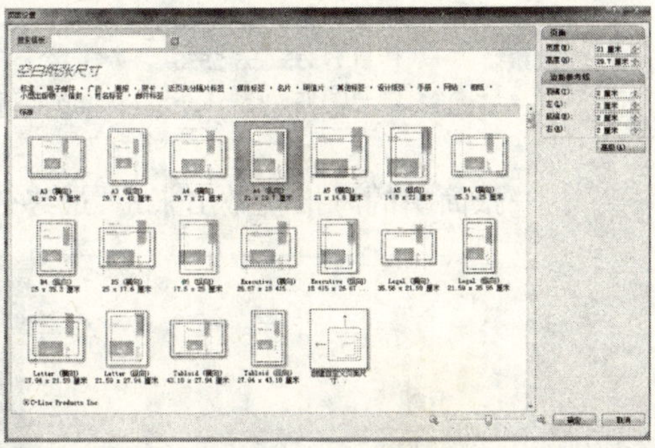

④当页面和模板选择好后，就可以对海报进行修改和编辑。先双击模板左上面的“产品/服务信息”，这时文字会自动扫黑，如下图所示，可以对标题下的内容进行编辑，如输入“力帆汽车”字样。

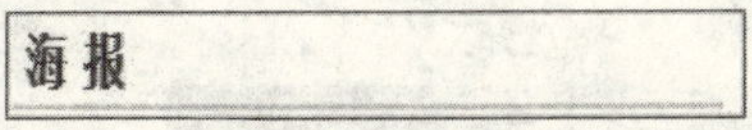

⑤输入企业相关的简介内容，如下图所示。

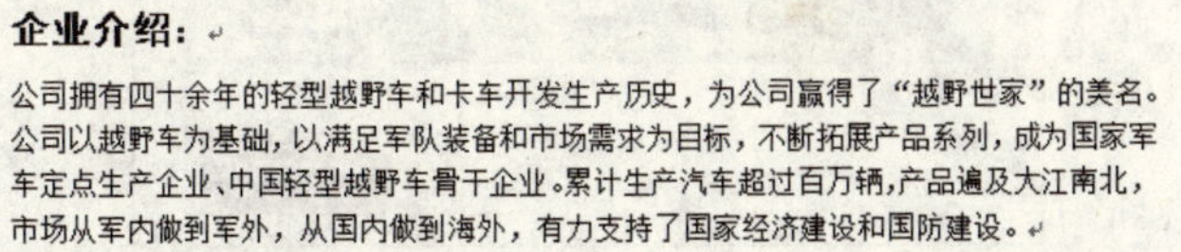

企业介绍：

公司拥有四十余年的轻型越野车和卡车开发生产历史，为公司赢得了“越野世家”的美名。公司以越野车为基础，以满足军队装备和市场需求为目标，不断拓展产品系列，成为国家军车定点生产企业、中国轻型越野车骨干企业。累计生产汽车超过百万辆，产品遍及大江南北，市场从军内做到军外，从国内做到海外，有力支持了国家经济建设和国防建设。

知识窗

海报是人们极为常见的一种招贴形式，多用于电影、戏剧、比赛、文艺演出等活动。海报中要写清楚活动的性质、活动的主办单位、时间、地点等内容。海报的语言要求简明扼要，形式新颖美观。

选择模板的时候一定要注意，要能突出产品的主题，或者与宣传的内容相匹配。

海报版式设计由图形、色彩、文字三大编排元素组成，图文编排在海报设计中尤为重要，它是海报设计语言、设计风格的重要体现。

友情提示

Publisher 还提供对图片的一些简单修改功能，比如高度、大小、颜色，等等。

⑥文字编辑完后，就可以对图片进行修改或更换，改成所需要的图片。双击图片，出现一个工具栏，如下图所示。

单击“插入图片”，选择所需要的图片。用户只需要把相应的文字内容和图片进行修改即可，如下图所示。

⑦最后输入联系方式等如下图所示。

重庆市沙坪坝区张家湾
电话：555-555-5555
传真：555-555-5555
电子邮件：someone@example.com

⑧一张简单的海报就做出来了，最终效果如下图所示。

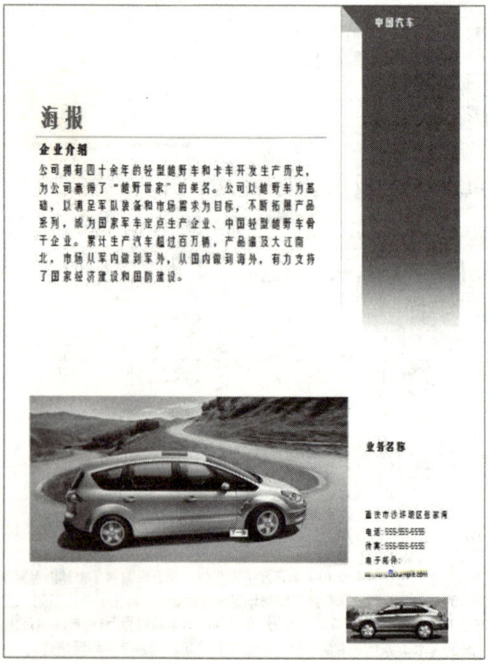

相关知识

Publisher 2007 的优点：

- 启动快速，工作高效。
- 改进的照片编辑工具使作品如虎添翼。
- 享用更多设计控件。
- 在第一时间获取信息。
- 使用新模板增强作品效果。
- 使用 Publisher 组合列表实现有针对性的邮寄。
- 轻松共享作品。

任务四　实现企业个人办公信息化——Outlook 2007 介绍

任务概述

Outlook 2007 不光能完成邮件的收发管理，还能帮助企业人员管理日常事务的时间分配。本任务从新邮件创建到时间管理，展现 Outlook 2007 在这些方面的功能。

任务实施

企业版的 Office 2007 在安装时已含有相应 Outlook 2007，如果没有也可在企业版中找到对应的组件进行安装，如下图所示。

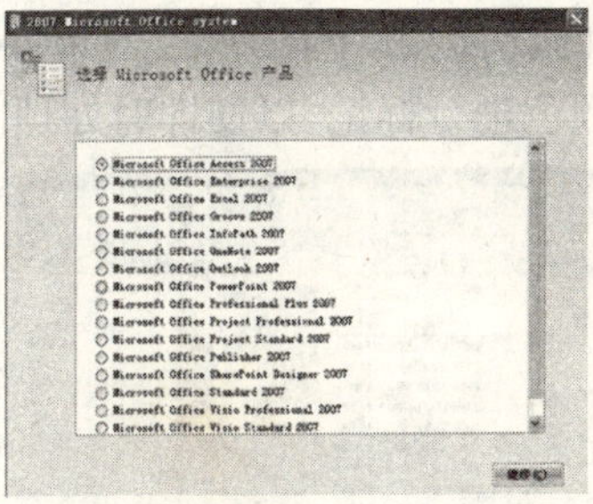

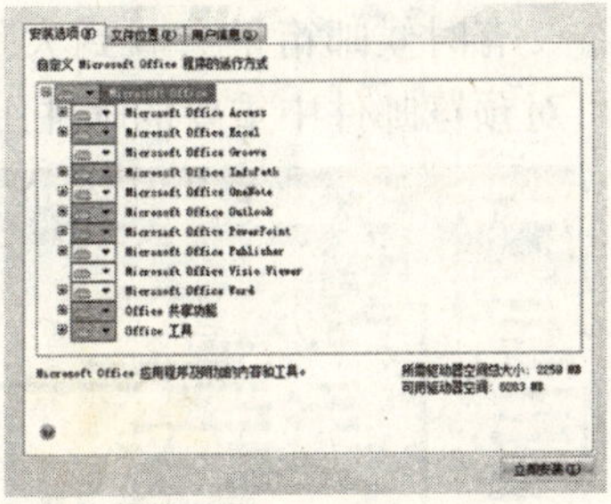

1. 工作界面

Outlook 2007 的工作界面如下：

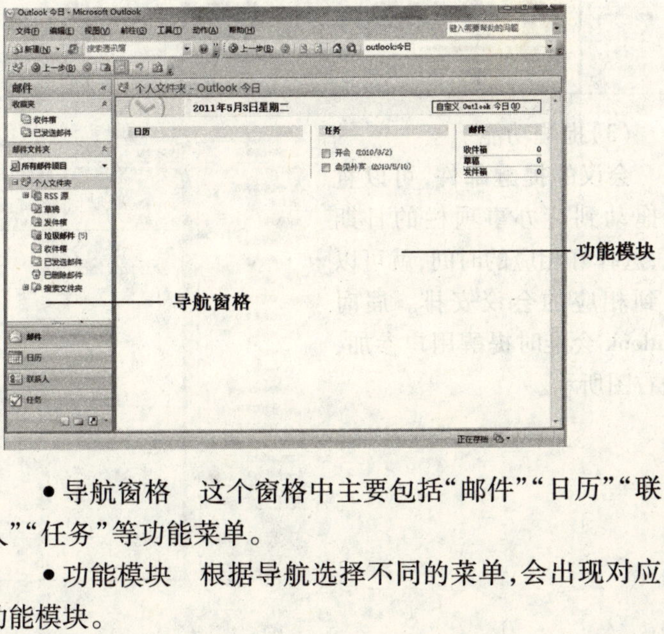

• 导航窗格　这个窗格中主要包括“邮件”“日历”“联系人”“任务”等功能菜单。

• 功能模块　根据导航选择不同的菜单，会出现对应的功能模块。

知识窗

Outlook 是用于邮件传输和协作客户端产品。它是集成在 Microsoft Office 和 Exchange Server 中的独立应用程序。Outlook 还提供与 Internet Explorer 的交互和集成功能。

电子邮件、日历和联系人管理等功能的完全集成使得 Outlook 成为许多商业用户眼中完美的客户端。

Outlook 可帮助查找和组织信息，以便无缝地使用 Office 应用程序，有助于更有效地交流和共享信息。

知识窗

当前常用的电子邮件协议有 SMTP、POP3、IMAP4，它们都隶属于 TCP/IP 协议簇，默认状态下，分别通过 TCP 端口 25、110 和 143 建立连接。

- SMTP 协议的全称是“Simple Mail Transfer Protocol”，即简单邮件传输协议。它是一组用于从源地址到目的地址传输邮件的规范，通过它来控制邮件的中转方式。SMTP 协议属于 TCP/IP 协议簇，它帮助每台计算机在发送或中转信件时找到下一个目的地。SMTP 服务器就是遵循 SMTP 协议的发送邮件服务器。SMTP 认证，简单地说就是要求必须在提供了账户名和密码之后才可以登录 SMTP 服务器，这就使得那些垃圾邮件的散播者无可乘之机。增加 SMTP 认证的目的是为了使用户避免受到垃圾邮件的侵扰。
- POP 协议负责从邮件服务器中检索电子邮件。它要求邮件服务器完成下面几种任务之一：从邮件服务器中检索邮件，并从服务器中删除这个邮件；从邮件服务器中检索邮件，但不删除它；不检索邮件，只是询问是否有新邮件到达。

2. 企业个人办公信息化

Outlook 2007 的日历管理按照时间、颜色的不同来显示事件在日程中的安排，用户可以按照制定好的日程表科学地安排工作。

(1)配置邮箱

在使用前应对 Outlook 2007 进行配置，如下图所示。

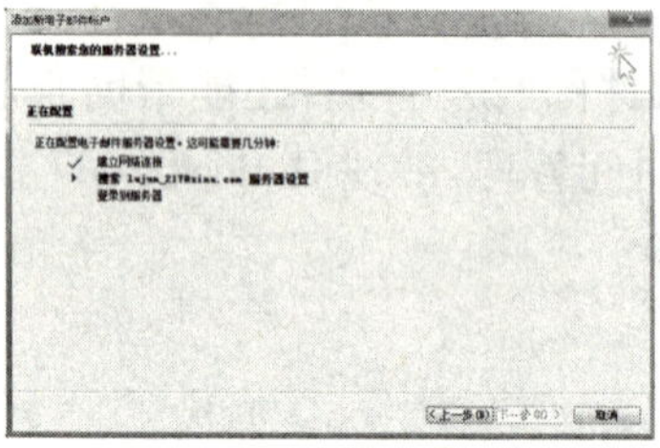

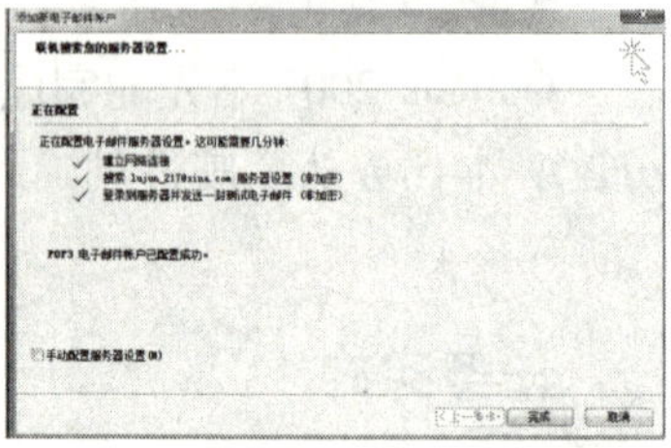

配置完成后，可在左下方看到 Outlook 的工作流程，如右图所示。

(2)邮件功能

有时候邮箱里会收到大量的邮件，如下图所示，Outlook 可对预览邮件中重要的邮件用颜色进行标记，以便即时处理。

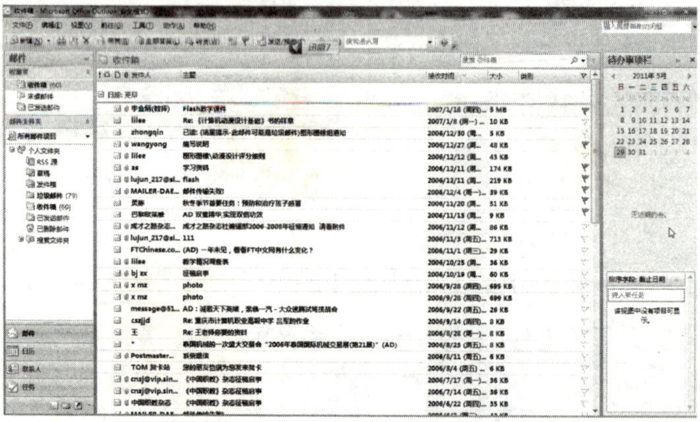

(3)提醒功能

会议的提醒邮件，可以直接拖动到待办事项栏的日期上，选择好相应的时间，就可以看到相应的会议安排。届时 Outlook 会准时提醒用户参加，如右图所示。

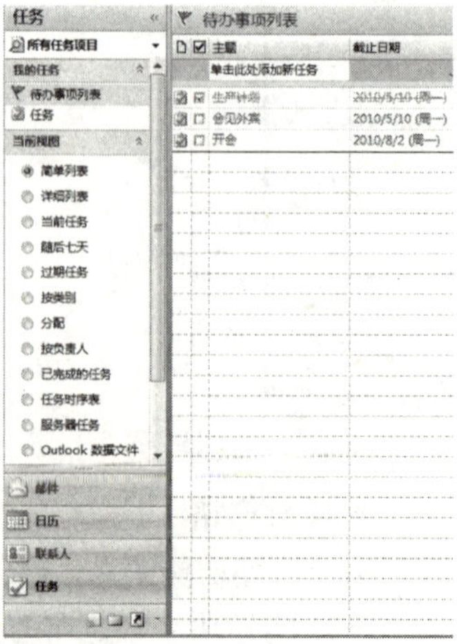

(4)日历功能

通过 Outlook 2007“待办事件栏”中的日历功能可以清楚地看到每一件事务的时间，从而更好地做出安排。同时，日历信息可以通过 E-mail 发送给其他用户，让他们也了解你的时间安排，如下左图所示。

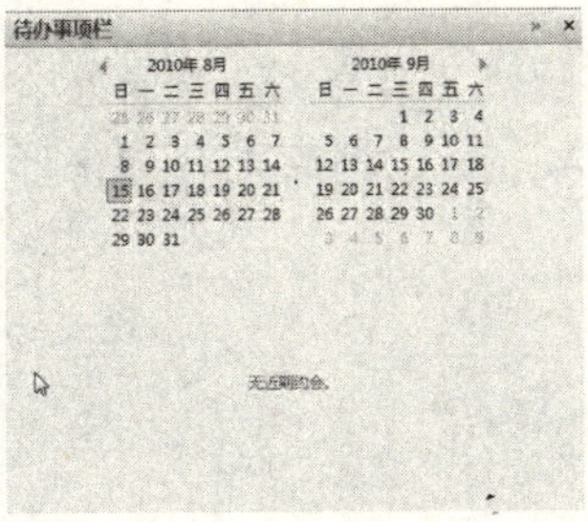

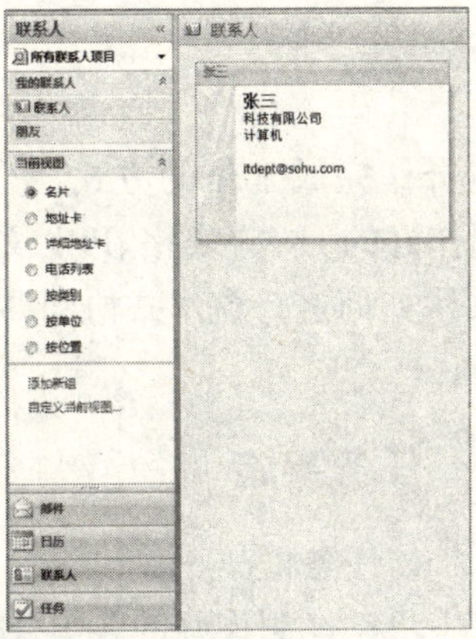

(5)联系人功能

创建详细的联系人列表以便加强连络和交流。在联系人列表中可以存储多个电话号码、多个电子邮件地址、联系人照片、电子名片、生日和周年纪念日等，并可使用不同的颜色、不同的类别加以区分，方便用户查找，如上右图所示。

(6)任务功能

Outlook 2007 可以帮助管理工作项目，跟踪项目进度。比如可以限定某任务在某时之前完成，主要步骤如下：在任务列表的空白栏中单击鼠标右键，选择“新建任务”，输入主题、内容和开始完成时间即可，如下图所示。

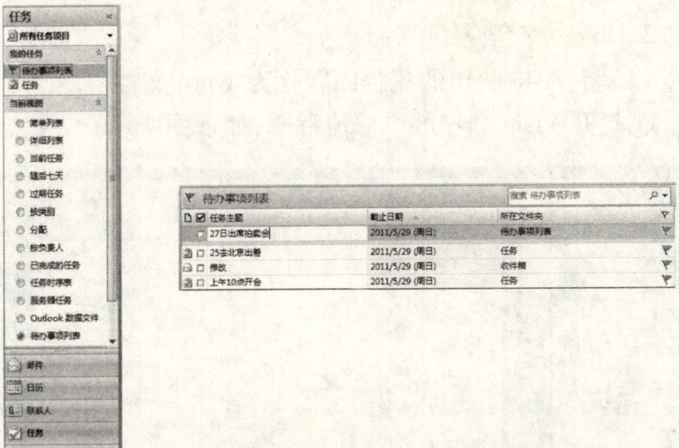

企业有了 Outlook 2007 这个优秀的软件，帮助员工合理安排时间，使得工作效率得到提高。

相关知识

Outlook 适用于 Internet（SMTP、POP3 和 IMAP4）、Exchange Server 或任何其他基于标准的、支持消息处理应用程序接口（MAPI）的通讯系统（包括语音邮件）。Outlook 基于 Internet 标准，支持目前最重要的电子邮件、新闻和目录标准，包括 LDAP、MHTML、NNTP、MIME 和 S/MIME、vCalendar、vCard、iCalendar，并且完全支持 HTML 邮件。

试一试

使用电子邮件客户端程序（如 Outlook）来发送和阅读邮件。

相关知识

Microsoft Office Outlook 2007 和 Outlook Express 有什么区别？

Microsoft Office Outlook 是包含在 Microsoft Office 中的程序，功能较多，除了收发邮件外，还包含日程管理、代办事项等各种功能。

Outlook Express 是 Windows 自带默认的邮件工具，功能简单。

任务五　制作摩托车维修记录分析报告
——流水式协同办公

任务概述

协同办公是多人通过网络合作完成工作的方式，它能够提高工作效率，降低办公成本。本任务通过将不同人员制作好的 Excel 表格、PPT 文稿、Access 数据库综合起来形成一个 Word 的分析文档为例，展示如何进行流水式协同办公。

任务实施

1. 任务框架

将已经制作好的各组件文件组合起来形成一个 Word 分析报告，如下图所示。

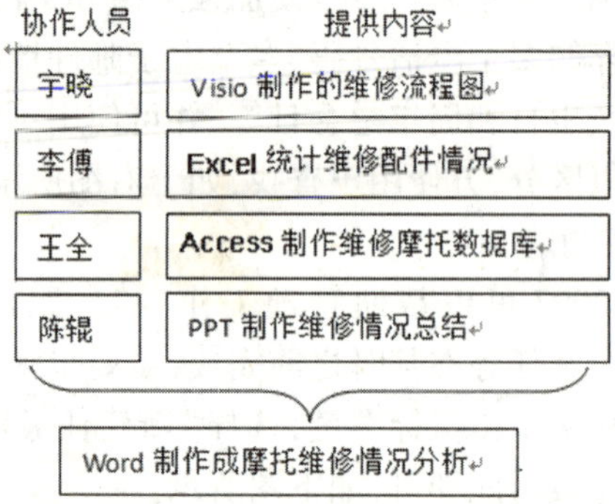

2. Office 综合应用

(1)将 Visio 制作的流程图转化为 Word 文档

①打开 Visio 制作的维修流程图，如下图所示。

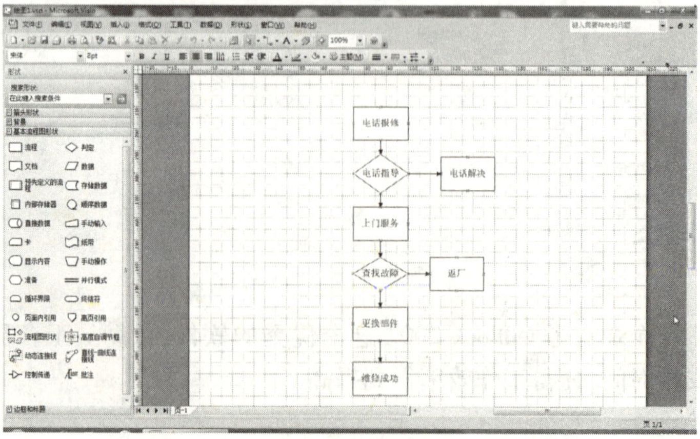

②在 Visio 中采用另存为的方式将流程图转为“. bmp”格式的图片，如下图所示。

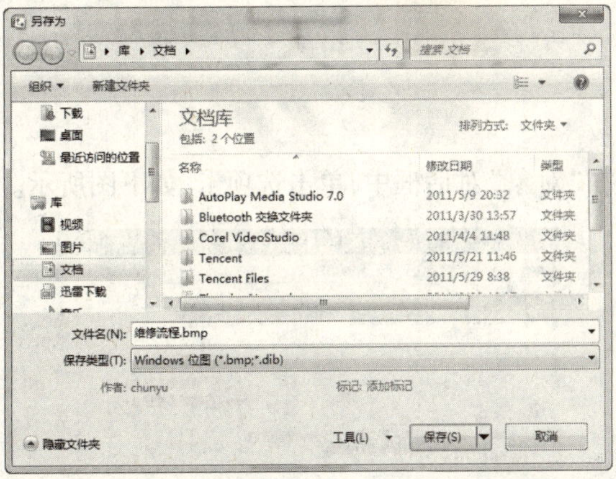

③新建 Word 文档，插入已转好格式的图片，如下图所示。

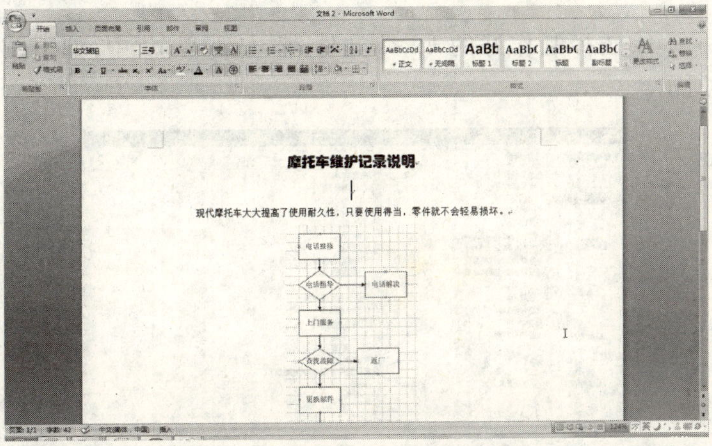

(2)将制作好的 Excel 表转化为 Word 文档

①打开已经制作完成的 Execl 统计维修配件情况表，如下图所示。

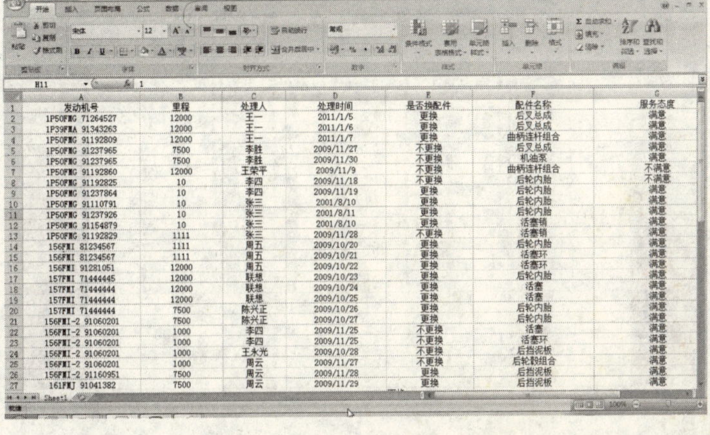

相关知识

Word 的对象是 Word 对其他应用程序的一个接口。对很多人来说，Word 不能打开 PDF 文件，其实安装一个 PDF 的插件，然后在这里插入 PDF 对象，再把 PDF 文件导入进来就可以了。

②在 Word 文档选择→“插入”→“对象”，如下图所示。

③在“对象”对话框中，单击选项卡，如下图所示。

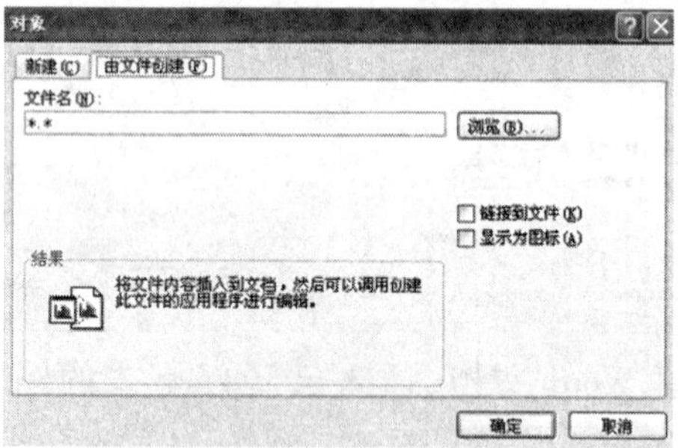

④选择制作好的 Excel 文件，插入到 Word 中，如下图所示。

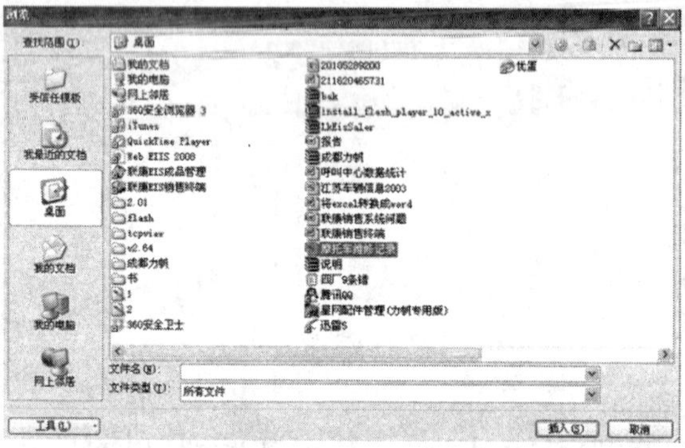

⑤最后在 Word 中显示的效果如下图所示。

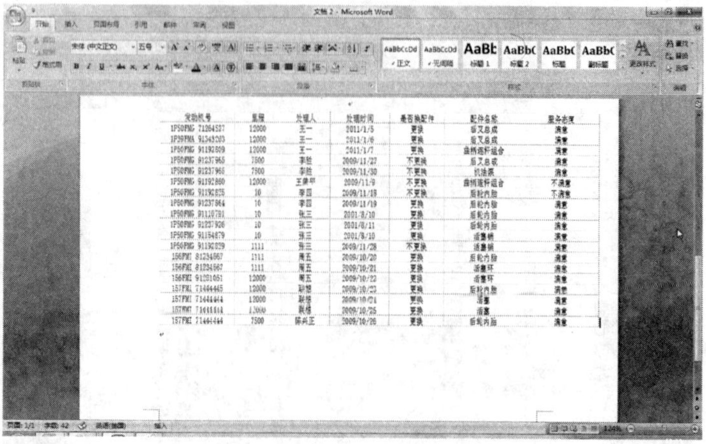

(3)将制作好的 Access 数据库文件转化为 Word 文档

①打开由 Access 建立的维修摩托数据库，如下图所示。

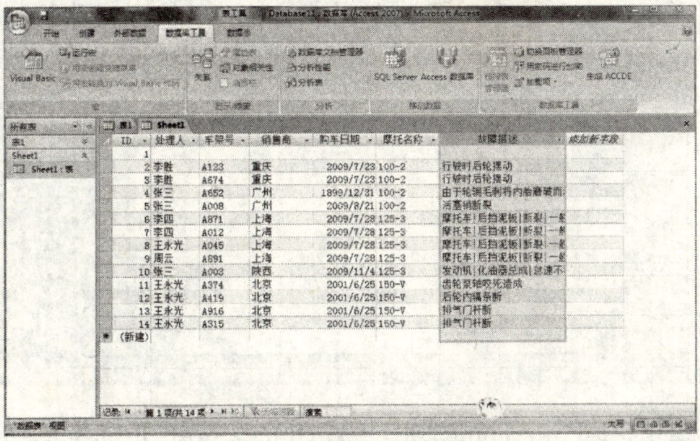

②选择“外部数据”→“导出”组→“Word”，如下图所示。

③单击“Word”，弹出“导出-RTF”对话框，如下图所示。

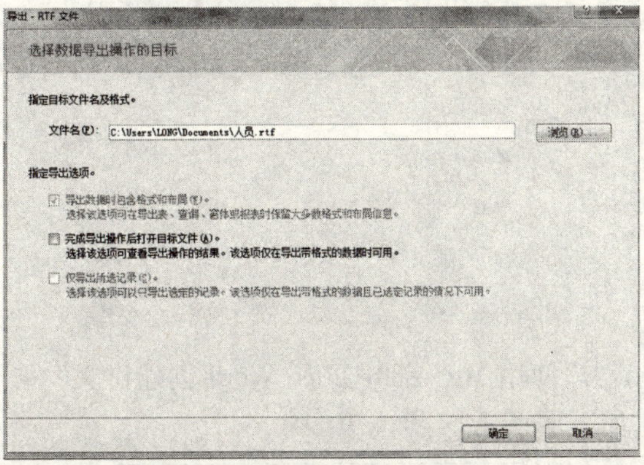

④根据向导即可将数据库导出到 Word 中，效果如下图所示。

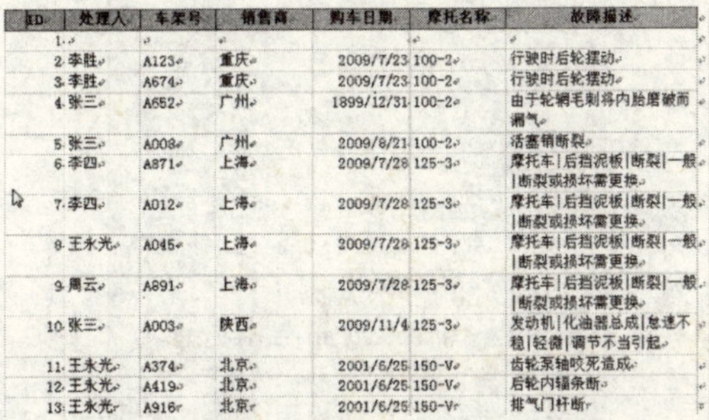

ID	处理人	车架号	销售商	购车日期	摩托名称	故障描述
1						
2	李胜	A123	重庆	2009/7/23	100-2	行驶时后轮摆动
3	李胜	A674	重庆	2009/7/23	100-2	行驶时后轮摆动
4	张三	A652	广州	1899/12/31	100-2	由于轮辋毛刺将内胎磨破而漏气
5	张三	A008	广州	2009/8/21	100-2	活塞销断裂
6	李四	A871	上海	2009/7/28	125-3	摩托车|后挡泥板|断裂|一般|断裂或损坏需更换
7	李四	A012	上海	2009/7/28	125-3	摩托车|后挡泥板|断裂|一般|断裂或损坏需更换
8	王永光	A045	上海	2009/7/28	125-3	摩托车|后挡泥板|断裂|一般|断裂或损坏需更换
9	周云	A891	上海	2009/7/28	125-3	摩托车|后挡泥板|断裂|一般|断裂或损坏需更换
10	张三	A003	陕西	2009/11/4	125-3	发动机|化油器总成|怠速不稳|轻微|调节不当引起
11	王永光	A374	北京	2001/6/25	150-V	齿轮泵轴咬死造成
12	王永光	A419	北京	2001/6/25	150-V	后轮内辐条断
13	王永光	A916	北京	2001/6/25	150-V	排气门杆断

(4)将制作好的 PPT 演示文稿转化为 Word 文档

①打开由 PPT 制作好的维修情况总结演示文稿，如下图所示。

相关知识

将 Word 文本转换成 Access：

①在 Word 中，将文件另存为用逗号分隔或用制表符分隔的文本文件。

②切换到 Microsoft Access 2007，打开新的或已有的数据库。

③单击“数据库”窗口的“表”选项卡。

④选择“文件”→“获取外部数据”，然后单击“导入”按钮。

⑤单击“文件类型”框中的“文本文件”命令。

⑥在“文件名”框中，输入要导入的文本文件的名称。

⑦单击“导入”按钮，根据“导入文本向导”对话框中的引导进行操作。

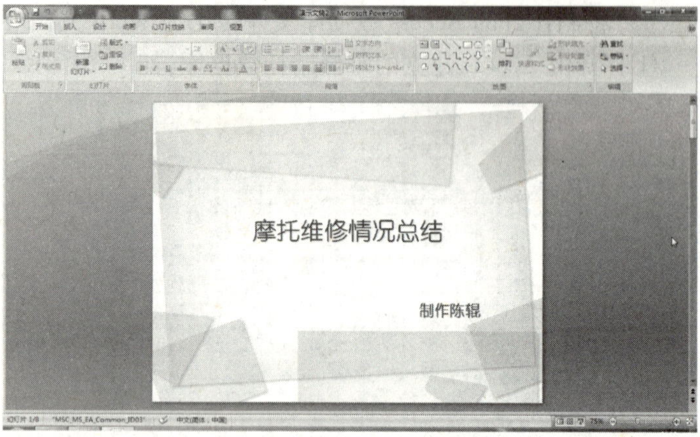

②选择 PowerPoint 2007 的“Office”按钮下拉菜单→“发布”,如下图所示。

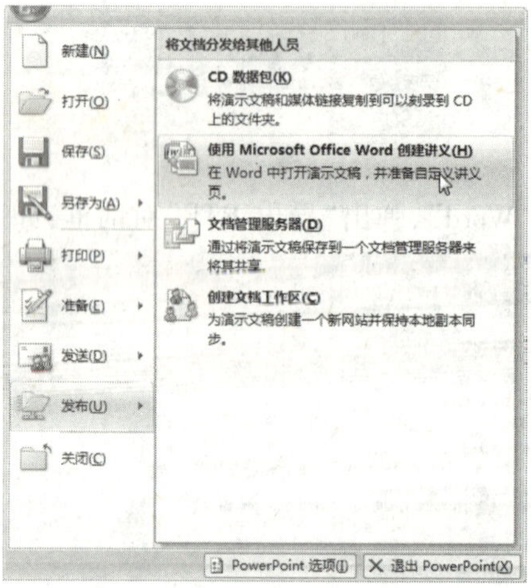

③单击“使用 Microsoft Office Word 创建讲义”→“只使用大纲”，如下图所示。

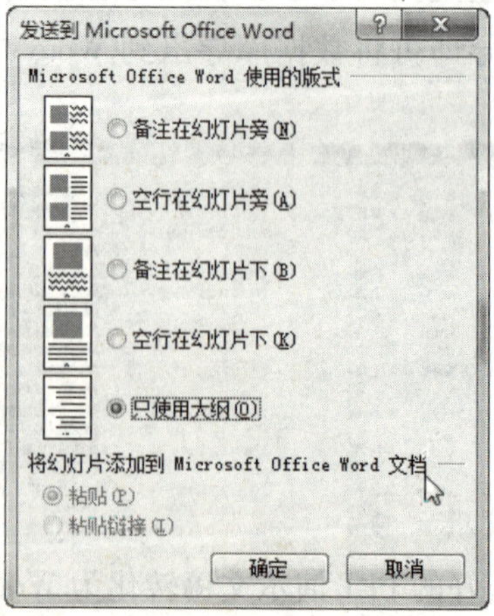

④单击“确定”按钮，便将 PPT 的内容添加到 Word 文稿中，如下图所示。

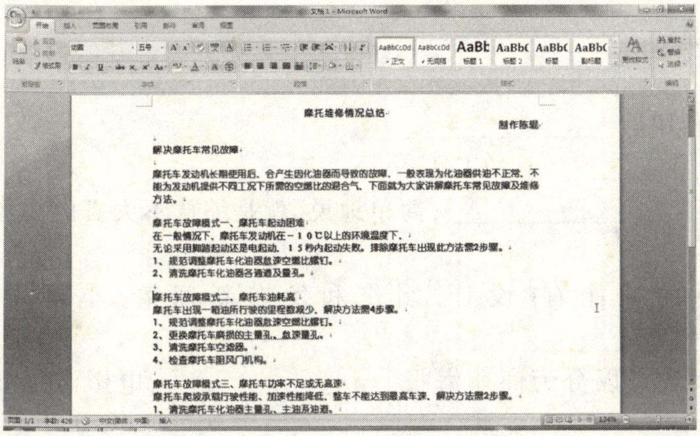

⑤图片可以通过手动插入的方式添加，如下图所示。

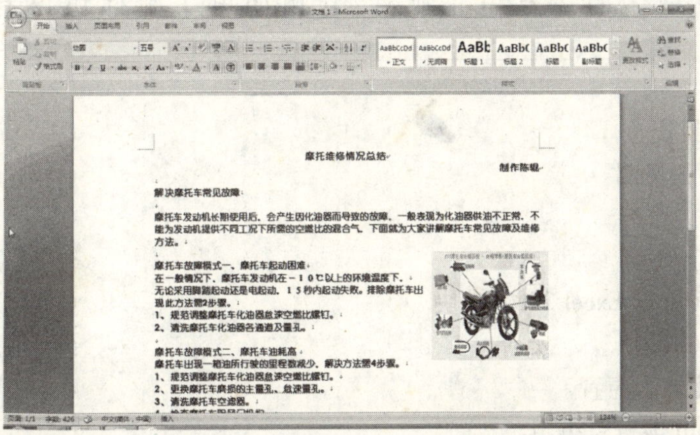

(5)综合所有文稿

最后，将转化的所有 Word 文档综合起来进行编辑，形成文稿。到此，各组件所制作的各部分内容综合制作成了一篇新的分析报告。这就是各组件人员之间的流水协同办公。

友情提示

曾经用过的文档会随着其他文档的使用在“最近打开的文档”列表中逐渐下降直至消失，如果希望一些重要文档能停留在“最近打开的文档”列表中，该怎么办呢？

单击 Word 2007 左上角 Office 按钮，在“最近使用的文档”中找到需要长期保留的那个文档名，然后单击后面的加锁符号就可以了。

学习评价

一、填空题

1. Project 2007 的扩展名是________________。

2. 甘特图又称为________________、________________。

3. Project 2007 的主要是作用是________________。

4. Visio 是一个用来画________________的工具。

5. 矢量图[vector]，也称为________________，简单地说，就是缩放不失真的图像格式。

6. Publisher 2007 主要的功能有：设计、制作和发布新闻稿、小册子、________________、明信片、________________。

7. 海报按其应用不同大致可以分为商业海报、________________、电影海报和________________等。

8. 当你打开 Publisher 2007 后，系统会弹出初始化窗口，在窗口的右侧会看到“________________”。

9. 在 Outlook 中，用得最多的还是电子邮件，常用的电子邮件协议有________________、________________、________________。

二、判断题

1. Projcet 2007 能统计项目资金。 (　　)

2. Visio 2007 画的图不是矢量图。 (　　)

3. Visio 2007 能处理图片。 (　　)

4. Publisher 2007 能排版。 (　　)

5. 不能在 Word 2007 里面添加 Excel 2007 模块。 (　　)

6. PowerPoint 能导入到 Word 中。 (　　)

7. PowerPoint 2007 中不能加入声音。 (　　)

8. 把幻灯片内容导入 Word 能进行编辑。 (　　)